大学计算机基础实验教程

主　编◎周淑贤
副主编◎刘震宇　毛湘秀　周　培
编委会成员◎周洁昕　白贞武　王传立

湖南教育出版社·长沙

图书在版编目（CIP）数据

大学计算机基础实验教程/周淑贤主编. — 长沙：湖南教育出版社，2024.8
ISBN 978-7-5754-0236-1

Ⅰ.①大… Ⅱ.①周… Ⅲ.①电子计算机—高等学校—教材 Ⅳ.①TP3

中国国家版本馆CIP数据核字（2024）第100992号

大学计算机基础实验教程
DAXUE JISUANJI JICHU SHIYAN JIAOCHENG

责任编辑：	郝诗晗　夏克军
责任校对：	刘婧琦
出版发行：	湖南教育出版社（长沙市韶山北路443号）
网　　址：	www.bakclass.com
电子邮箱：	hnjycbs@sina.com
微 信 号：	湘教智慧云
移动应用：	贝壳网App
客服电话：	0731-85486979
经　　销：	湖南省新华书店
印　　刷：	湖南省众鑫印务有限公司
开　　本：	787 mm×1092 mm　16开
印　　张：	15.5
字　　数：	302 000
版　　次：	2024年8月第1版
印　　次：	2024年8月第1次印刷
书　　号：	ISBN 978-7-5754-0236-1
定　　价：	36.00元

本书若有印刷、装订错误，可向承印厂调换

内容提要

本书是与《大学计算机基础》（王传立主编，湖南教育出版社）配套使用的实验教程。

全书共115个实验任务，通过学习本书，学生能够提高对Windows 10操作系统的文件管理、用户管理和设备管理的操作应用能力，熟练掌握WPS Office 2019在文字、表格和演示等方面的应用，并熟悉利用计算机分析问题、解决问题的基本方法。

本书既可作为高等院校学习大学计算机基础课程的配套实验用书，也可以作为计算机等级考试的辅导教材，还可以作为从事计算机应用的科技人员的参考书或培训教材。

前言

本书是与《大学计算机基础》（王传立主编，湖南教育出版社）配套使用的实验教程。根据教育部高等学校大学计算机课程教学指导委员会提出的有关大学计算机基础课程的教学基本要求（白皮书）编写而成。

全书共分为五章。第一章为 Windows 10 操作系统应用，第二章为 WPS 文字处理，第三章为 WPS 表格处理，第四章为 WPS 演示文稿，第五章为程序设计基础。每章配有思考题并提供参考答案。

本书将实验任务分为"验证性实验"和"拓展性实验"两类。"验证性实验"给出了详细的操作步骤，侧重于基本操作和对应用的理解。"拓展性实验"介绍重要知识点或操作要点，侧重于对综合应用的考核，要求学生能够触类旁通、举一反三。

同时，为方便教师的实验管理，编者组织开发了一套与实验教材配套使用的实验系统。该系统采用 C/S 模式，能够自动完成实验的考勤、操作评价并生成实验报告。提供的单元测试功能可作为实验课程考核的主要依据。该实验系统的单机版可供学生自学使用。

本教材第一章由毛湘秀编写，第二章由白贞武编写，第三章由周培编写，第四章由周淑贤编写，第五章由刘震宇编写，全书由王传立统稿。本书在编写过程中得到中南林业科技大学计算机与信息工程学院领导以及计算机基础部全体老师的大力支持，在此一并表示感谢。

由于编者水平有限，书中如有错误或不当之处，恳请专家、老师和读者批评指正。

目录 CONTENT

第一章　Windows 10 操作系统应用

第一节　验证性实验　1
- 任务1　桌面管理　1
- 任务2　日期时间设置　4
- 任务3　定制任务栏外观　6
- 任务4　自定义"开始"菜单　8
- 任务5　个性化设置　9
- 任务6　输入法管理　12
- 任务7　文件管理　14
- 任务8　设置屏幕保护程序　18
- 任务9　用户管理　20
- 任务10　文件共享　23

第二节　拓展性实验　26
- 任务1　文件的删除与恢复　26
- 任务2　文件和文件夹的压缩与解压缩　28
- 任务3　库操作　29
- 任务4　文件搜索　30
- 任务5　系统维护　31
- 任务6　Microsoft Edge应用　32
- 任务7　应用命令行窗口　33
- 任务8　创建虚拟盘　36
- 任务9　利用USB接口使用硬盘和光驱　37
- 任务10　配置存储感知　38
- 任务11　使用OneDrive　40
- 任务12　磁盘分区管理　42
- 任务13　电脑与手机之间传送文件　43
- 任务14　添加、删除Windows启动项　44
- 任务15　系统备份与还原　46
- 任务16　使用Microsoft Clipchamp　47
- 任务17　系统启动优化　48

思考题　50

第二章　WPS 文字处理

第一节　验证性实验　53
- 任务1　特殊字符的输入　53
- 任务2　设置WPS文字选项　57
- 任务3　设置字符格式与段落格式　59
- 任务4　查找与替换　66
- 任务5　使用项目符号和编号　68
- 任务6　页面设置与分栏　71
- 任务7　公式编辑　75
- 任务8　表格处理　76
- 任务9　替换图片背景　79
- 任务10　利用形状和艺术字绘制组合图形　80
- 任务11　创建页眉与页脚　84
- 任务12　设置制表位　86
- 任务13　WPS文字与PDF文件的相互转换　87
- 任务14　生成网站的二维码　88

第二节 拓展性实验	89	

- 任务1 定义与使用样式　89
- 任务2 创建文档大纲和目录　90
- 任务3 文档审阅　93
- 任务4 邮件合并　94
- 任务5 文档保护　96
- 任务6 使用WPS截屏和屏幕录制功能　98
- 任务7 使用朗读工具　99
- 任务8 插入脚注和尾注　100
- 任务9 创建文档部件　101
- 任务10 创建自动索引　102
- 任务11 创建书签　103
- 任务12 图索引与表索引　104
- 任务13 应用题注　104
- 任务14 创建与应用模板　106
- 任务15 绘制图章　108
- 任务16 添加分割线　109

思考题　110

第三章　WPS 表格处理

第一节 验证性实验　115

- 任务1 工作表的更名、复制与创建　115
- 任务2 调整行高、列宽　117
- 任务3 序列填充　117
- 任务4 设置单元格格式　119
- 任务5 公式应用　122
- 任务6 数据排序　127
- 任务7 数据筛选　129
- 任务8 分类汇总　131
- 任务9 绘制函数图象　134
- 任务10 绘制簇状柱形图　135

第二节 拓展性实验　136

- 任务1 自定义序列　136
- 任务2 智能填充　136
- 任务3 应用选择性粘贴　138
- 任务4 空行、空列与空单元格的处理　140
- 任务5 自定义单元格格式　142
- 任务6 高级筛选　145
- 任务7 设置数据有效性　146
- 任务8 使用SUMIF函数　148
- 任务9 使用LOOKUP函数　149
- 任务10 使用数组　151
- 任务11 日历制作　156
- 任务12 名称管理　157
- 任务13 编辑图表　158
- 任务14 使用数据透视表　160
- 任务15 工作簿的保护　162
- 任务16 使用条件格式　163
- 任务17 创建动态图表　168
- 任务18 单变量求解　169
- 任务19 规划求解　170
- 任务20 多图表应用　171
- 任务21 合并计算　173
- 任务22 使用切片器　174

思考题　176

第四章　WPS 演示文稿

第一节 验证性实验　181

- 任务1 合并形状　181
- 任务2 艺术字贴图　185
- 任务3 应用模板与版式　186
- 任务4 动作设置　189
- 任务5 幻灯片切换　191
- 任务6 自定义动画　192

第二节 拓展性实验　195

- 任务1 动画触发器的应用　195

| 任务2 | 设置对象属性与动作路径动画 | 196 |

任务3	应用母版	197
任务4	演示文稿的保存与发布	198
任务5	应用智能图形	199
任务6	应用图表	200
任务7	自动抠图	201
任务8	使用图片填充形状	202
任务9	制作云彩动态效果	203
任务10	幻灯片设计综合案例	204
任务11	插入音频与视频	205
任务12	思维导图的制作	206

思考题 207

第五章 程序设计基础

第一节 验证性实验 210
任务1	建立数学模型	210
任务2	算法设计	212
任务3	绘制流程图	213
任务4	程序的编写与调试	214
任务5	编写程序文档	218

第二节 拓展性实验 219
任务1	创建类	219
任务2	数组操作	220
任务3	链表操作	223

思考题 225

附录 思考题参考答案 229

第一章

Windows 10 操作系统应用

第一节 验证性实验

任务 1 桌面管理

【任务描述】

1. 在桌面创建 Windows 10 计算器的快捷方式，该快捷方式的名称为计算器。（如无特殊说明，本书所涉及的 Windows 操作系统均为 Windows 10，以下简称 Windows。）
2. 修改桌面图标的排列方式为"名称"。
3. 修改电源设置：按下电源按钮时不采取任何操作。

【操作步骤】

1. 在桌面创建 Windows 计算器快捷方式
（1）双击桌面"此电脑"图标。
（2）右击 C:\Windows\System32\calc.exe 文件。
（3）单击弹出菜单中的"发送到"→"桌面快捷方式"命令。
（4）右击桌面生成的"calc.exe – 快捷方式"图标。
（5）单击弹出菜单的"重命名"命令。
（6）输入"计算器"后按回车键。
2. 修改桌面图标的排列方式
（1）在桌面空白区域右击鼠标。
（2）单击弹出菜单的"排列方式"的"名称"列表项。

3. 修改电源开关功能

（1）右击"开始"菜单按钮。

（2）单击弹出菜单的"电源和睡眠"选项。

（3）在弹出的窗口（如图1.1）中单击"其他电源设置"。

（4）在弹出的窗口（如图1.2）中单击窗口左侧的"选择电源按钮的功能"。

（5）弹出图1.3所示窗口，在"按电源按钮时"右侧的下拉列表中选择"不采取任何操作"。

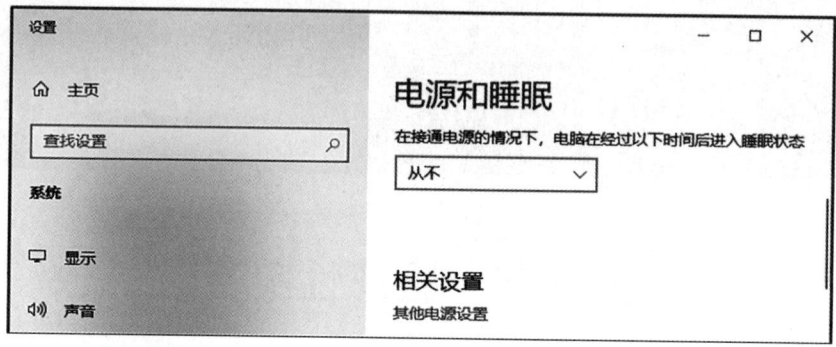

图1.1 "电源和睡眠"窗口

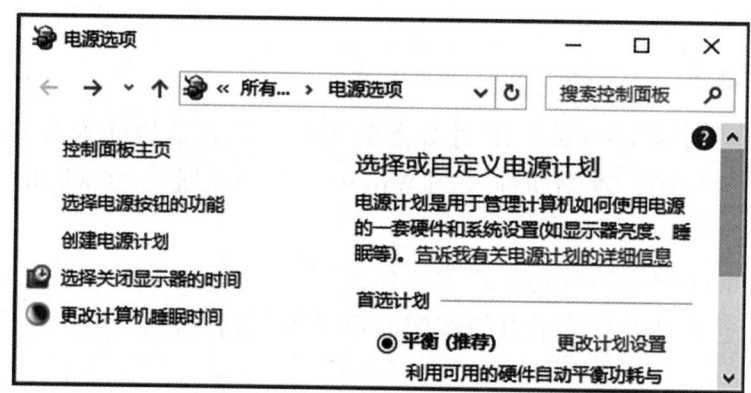

图1.2 "电源选项"窗口

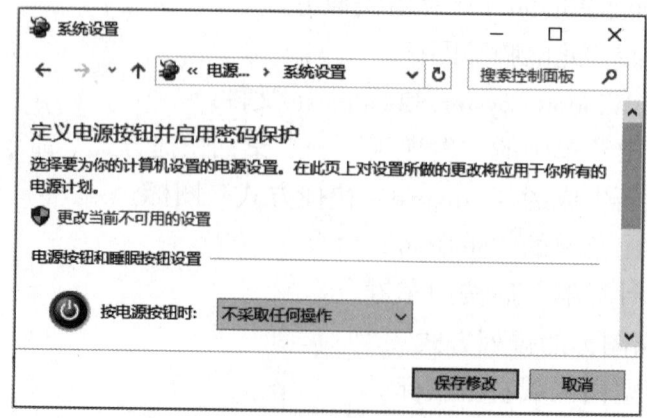

图1.3 "系统设置"窗口

【特别提示】

1. Windows 启动后，在屏幕上显示的就是 Windows 桌面。Windows 桌面一般包括以下几个部分：

（1）系统图标。包括"网络""此电脑""回收站"等图标。

（2）快捷方式图标。如图 1.4 所示，应用程序、文件或文件夹的快捷方式，图标左下角有一个小正方形，正方形内有一个从左下角到右上角的小箭头。为了快速访问，均可在 Windows 桌面创建文件、文件夹或应用程序的快捷方式。

图 1.4　桌面图标

（3）文件或文件夹。Windows 桌面可以创建文件或文件夹，这些文件或文件夹应该只是临时的，不建议长期保存。

（4）任务栏。默认显示在 Windows 桌面底部，主要包括：

①"开始"菜单按钮，用于文件或应用程序的快速打开。

②"快速启动"按钮区，用于放置文件或应用程序的快捷图标。

③程序按钮区，用于显示活动程序（正在运行的程序）的图标。

④通知区域，用于显示时间、网络连接、音量等信息。

2. 有时为了应用的方便，也可将打开应用程序的快捷方式固定到开始屏幕。操作方法是：右击应用程序的快捷方式图标，再单击弹出菜单的"固定到开始屏幕"命令。

注意：也可将程序固定到任务栏。程序固定到开始屏幕或任务栏后，不会改变程序的保存位置。取消固定也不会删除程序文件。

3. 必要时，可以不显示桌面图标。操作方法是：右击桌面空白区域，单击"查看"→"显示桌面图标"命令。再次执行该命令可恢复桌面图标的显示。

4. Windows 桌面实际上是一个特殊的系统文件夹，其默认位置是 C:\Users***\Desktop（*** 是登录电脑的用户名称，如果登录电脑的用户名称是 HappyBoy，则桌面对应的文件夹是 C:\Users\HappyBoy\Desktop）。重装系统时 C 盘会被格式化，因此，用户的文件不建议保存在桌面。

也可以将其他盘的文件夹指定为 Windows 桌面。主要操作步骤如下：
（1）使用组合键 Win+E，打开 Windows 资源管理器。
（2）在 Windows 资源管理器中右击"桌面"图标，单击"属性"命令。
（3）在弹出的"桌面属性"对话框中单击"位置"选项卡，如图 1.5 所示。

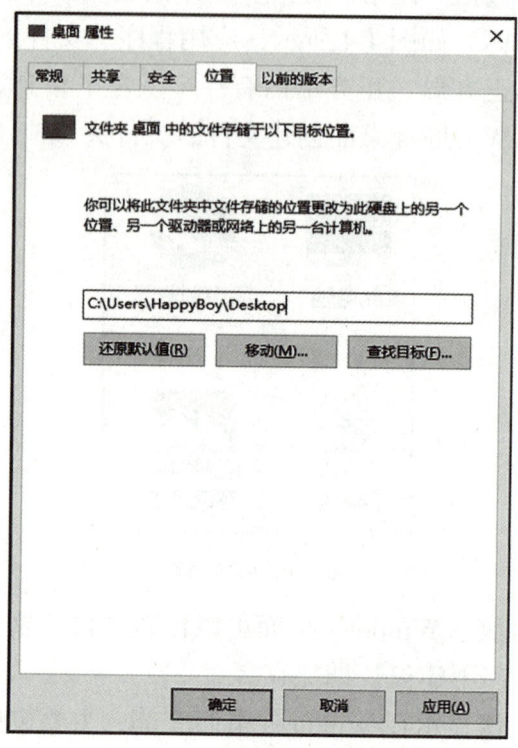

图 1.5 "桌面属性"对话框

（4）单击"移动"按钮。
（5）在弹出的窗口中选择一个文件夹后单击"选择文件夹"按钮。
（6）单击"确定"按钮。

在图 1.5 中单击"还原默认值"按钮，可以将桌面文件夹修改为 Windows 的默认位置。

任务 2　日期时间设置

【任务描述】

1. 将计算机系统日期修改为 2024 年 2 月 23 日 16 时 21 分。
2. 将计算机系统日期与时间服务器 time.windows.com 同步。

【操作步骤】

1. 修改计算机系统日期
（1）单击 Windows "开始"菜单。

（2）单击"设置"按钮（快捷键为 Win+I）。

（3）在弹出的窗口（如图 1.6）中单击"时间和语言"。

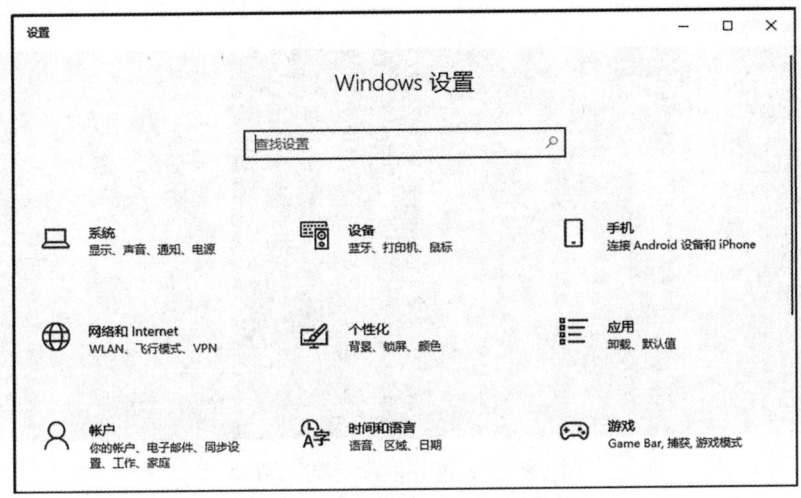

图 1.6 "Windows 设置"窗口

（4）在弹出的窗口（如图 1.7）中将"自动设置时间"滑块向左拖动（默认为"开"的状态，需设置为"关"的状态）。

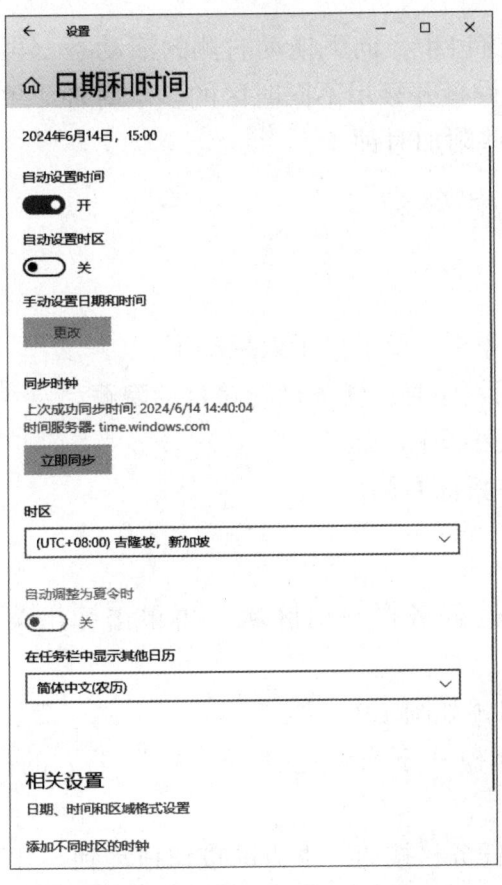

图 1.7 "日期和时间"设置窗口

（5）单击"手动设置日期和时间"下方的"更改"按钮。

（6）在弹出的窗口（如图 1.8）中更改日期和时间后单击"更改"按钮。

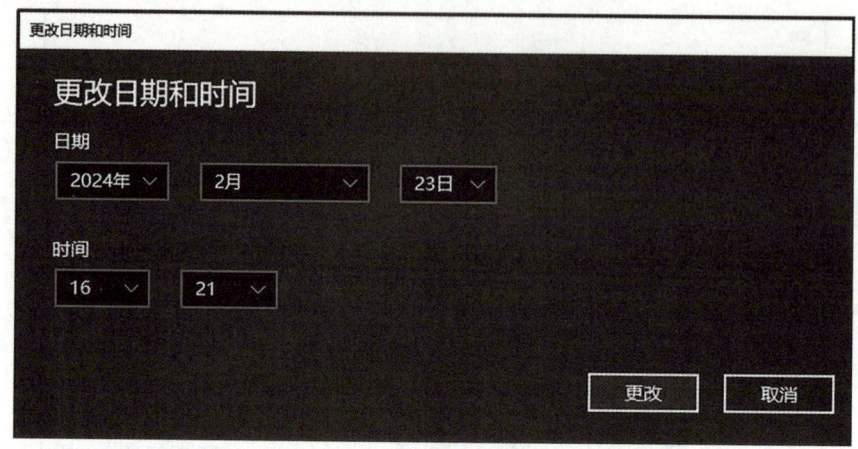

图 1.8 "更改日期和时间"窗口

2．将计算机系统日期与时间服务器 time.windows.com 同步。

单击图 1.7 所示窗口中的"立即同步"按钮即可。

【特别提示】

在图 1.7 所示的窗口中，向下拖动右侧的滚动条，再单击"添加不同时区的时钟"选项，可以设置并显示不同时区的多个时钟。单击任务栏上的时钟或悬停在其上可查看这些附加时钟。

任务 3　定制任务栏外观

【任务描述】

设置 Windows 任务栏，要求显示效果如下：

1．操作其他应用程序时，任务栏能够自动隐藏。

2．任务栏上使用小图标。

3．任务栏显示在桌面右侧。

【操作步骤】

1．右击 Windows 任务栏空白区域，再单击弹出菜单的"任务栏设置"命令。

2．在弹出的窗口（如图 1.9）中：

（1）将"在桌面模式下自动隐藏任务栏"下方的按钮拖动到"开"的状态。

（2）将"使用小任务栏按钮"下方的按钮拖动到"开"的状态。

（3）在"任务栏在屏幕上的位置"下方的列表中选择"靠右"。

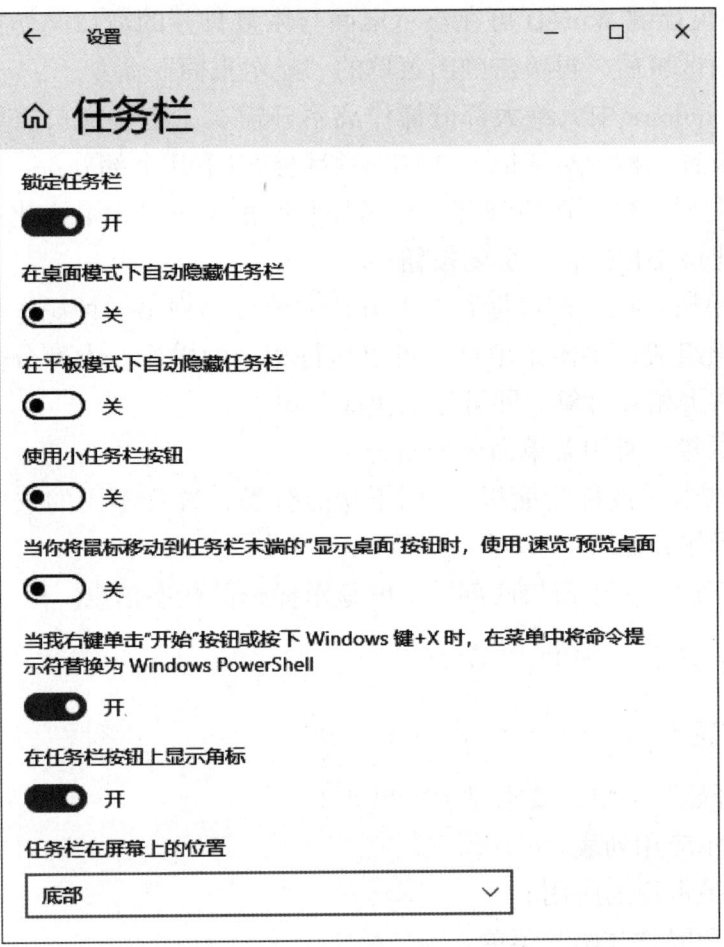

图 1.9 "任务栏设置"窗口

【特别提示】

1．需要激活 Windows 才能设置任务栏。

2．根据需要，也可在任务栏上显示其他工具栏。

操作方法：右击任务栏空白处，再单击"工具栏"菜单的列表项。

也可单击"工具栏"列表项中的"新建工具栏"命令，将选定的文件夹作为工具栏添加到任务栏上。

3．在未锁定任务栏（见图 1.9，"锁定任务栏"状态为"关"）时，也可通过按下鼠标左键直接拖动任务栏来确定任务栏的位置（任务栏只能显示在桌面底部、顶部、左侧或右侧）。

4．桌面图标不宜过多。必要时，可考虑将桌面图标直接拖放到任务栏上。

5．当启动的应用程序较多时，可直接在任务栏上单击相应程序图标，使之成为当前操作窗口。或按组合键 Alt+Tab 或 Alt+Esc 选择。

6. 使用组合键 Win+D 可在显示桌面与恢复打开的窗口间切换。或者，右击任务栏空白区域后，再单击弹出菜单的"显示桌面"命令。

7. 在 Windows 中，绝大部分操作离不开窗口（有些窗口需要用户进行相应的输入或设置，称为对话框）。窗口一般包括以下几个部分：

（1）标题栏。位于窗口顶部，包括控制图标（可最大最小化或关闭窗口）、标题、最大化最小化按钮、关闭按钮。

（2）菜单栏。位于窗口标题栏下方，主要分类列出各种操作命令。各分类菜单由菜单项组成，单击菜单项，可以执行相应的操作。大部分窗口还提供了快捷菜单（右击相关对象，即可显示快捷菜单）。

（3）工具栏。常用菜单命令的整合。

（4）选项卡（或称为面板）。用于功能分类，选择不同的选项卡，窗口会显示不同的操作界面。

（5）状态栏。位于窗口底部，一般显示操作的状态信息。

任务 4　自定义"开始"菜单

【任务描述】

设置"开始"菜单，要求显示效果如下：

1. 不显示应用列表。
2. 显示最常用的应用。
3. 使用全屏"开始"菜单。
4. 偶尔在"开始"菜单中显示建议。

【操作步骤】

1. 右击 Windows 桌面空白区域，再单击弹出菜单的"个性化"命令（快捷键为 Win+I）。

2. 打开如图 1.10 所示窗口，在窗口左侧单击列表项"开始"。

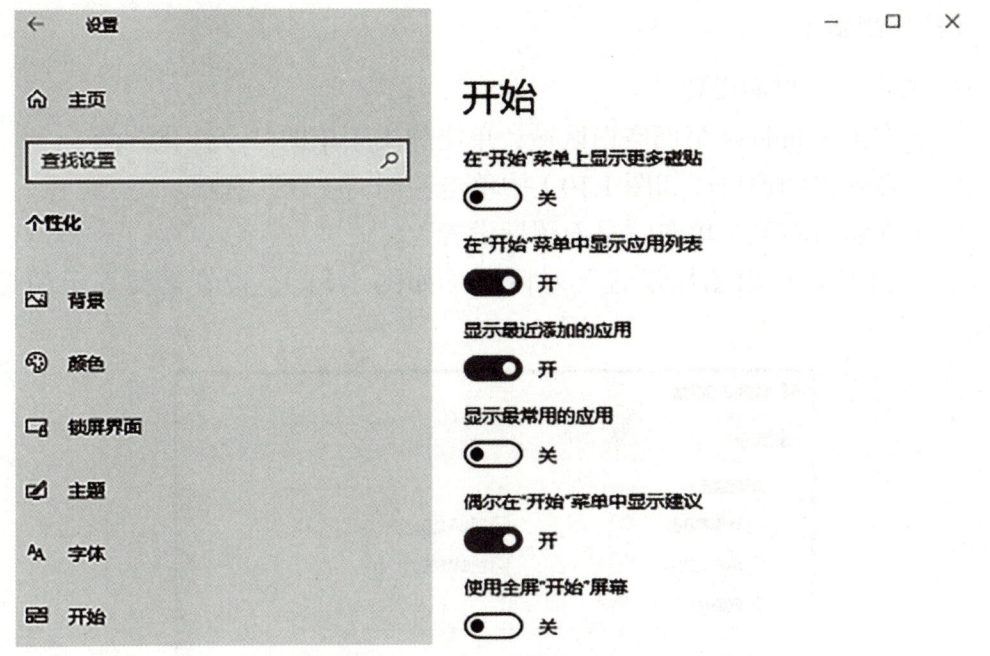

图 1.10 "开始"菜单设置窗口

3．在窗口右侧设置相应选项的开或关。

【特别提示】

在"开始"菜单中还可以设置以下内容：

1．在"开始"菜单上显示更多磁贴。

2．在"开始"菜单中显示应用列表。

3．显示最近添加的应用。

4．在"开始"菜单或任务栏的跳转列表中及文件资源管理器的"快速使用"中显示最近打开的项。

5．选择哪些文件夹显示在"开始"菜单上。

任务 5　个性化设置

【任务描述】

1．Windows 桌面：不显示"网络"图标。

2．显示器：在 Windows 中不显示动画、不启用透明效果。

3．颜色滤镜：打开颜色滤镜，允许使用快捷键打开或关闭滤镜，使用"灰度"滤镜。

4．背景：选择图片 C:\mybk.jpg，契合度为"填充"。

【操作步骤】

1．Windows 桌面设置

（1）右击 Windows 桌面空白区域，单击弹出菜单的"个性化"命令。

（2）在弹出的窗口（如图 1.10）中单击左侧"主题"选项。

（3）在窗口右侧中单击"桌面图标设置"。

（4）打开"桌面图标设置"对话框（如图 1.11），设置需要显示的桌面图标。

图 1.11 "桌面图标设置"对话框

2．显示器设置

（1）在图 1.10 所示的窗口中，单击窗口左侧的"主题"项。

（2）单击窗口右侧的"高对比度设置"。

（3）单击弹出的窗口左侧的"显示器"项。

（4）在弹出的窗口（如图 1.12）中完成相关设置。

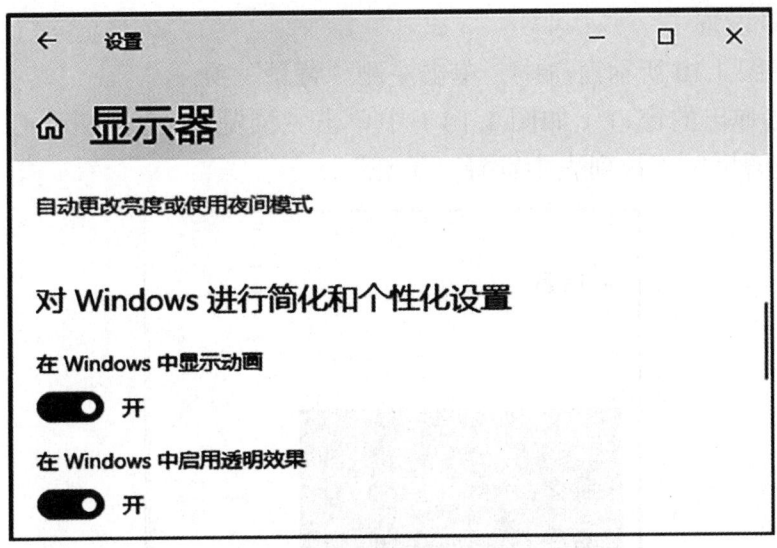

图 1.12 "显示器"设置窗口

3．设置颜色滤镜

（1）在图 1.10 所示的窗口中，单击窗口左侧的"主题"项。

（2）单击窗口右侧的"高对比度设置"。

（3）单击弹出的窗口左侧的"颜色滤镜"项。

（4）在弹出的窗口（如图 1.13）中完成相关设置。

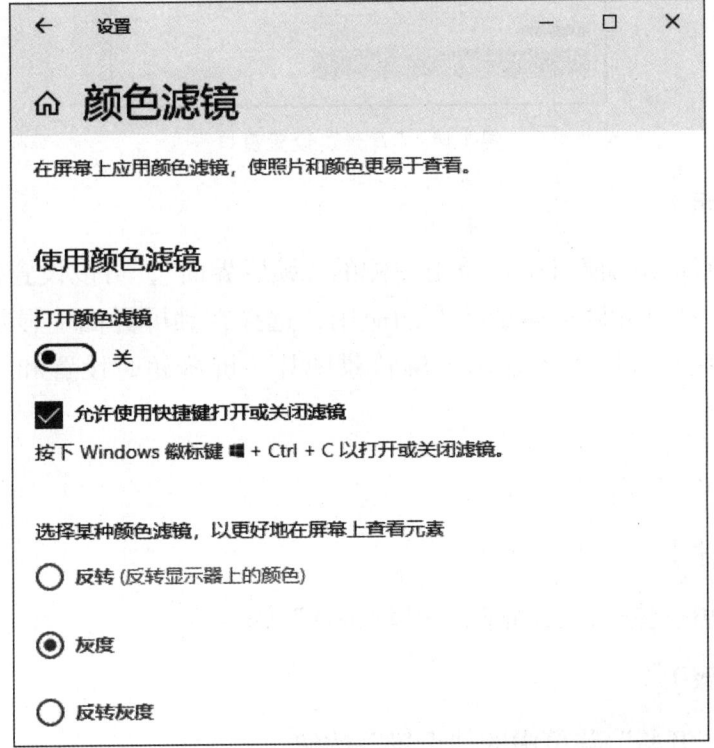

图 1.13 "颜色滤镜"设置窗口

4. 背景设置

（1）在图1.10所示窗口中，单击左侧"背景"项。

（2）在弹出的窗口（如图1.14）中单击"浏览"，选择图片C:\mybk.jpg，在"选择契合度"下拉列表中选择"填充"。

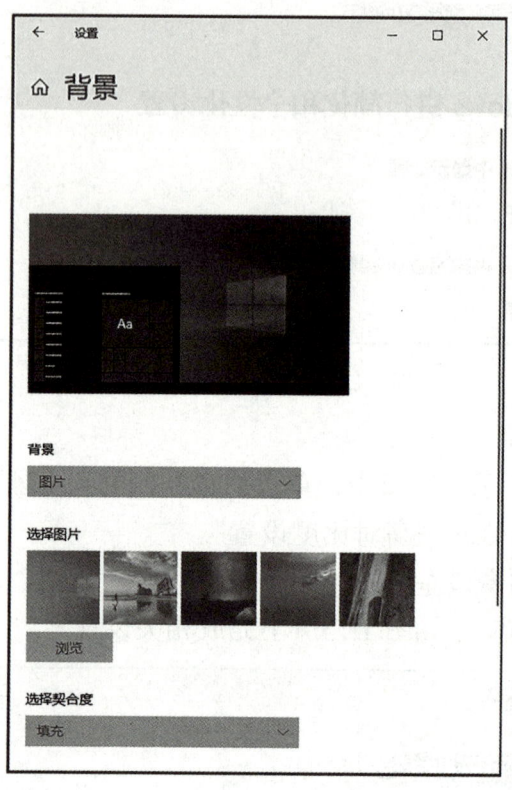

图1.14 "背景"设置窗口

【特别提示】

在图1.10所示的窗口中，单击左侧的"锁屏界面"，可以设置锁屏背景（可以选择在锁屏界面上显示详细状态的应用，选择在锁屏界面上显示快速状态的应用）、设置在登录屏幕上显示锁屏背景图片、屏幕超时设置和屏幕保护程序设置。

任务6 输入法管理

【任务描述】

添加一种中文输入法，删除"微软拼音"输入法。

【操作步骤】

1. 单击"开始"菜单中的"设置"按钮。

2. 在打开的窗口（参考图1.6）中单击"时间和语言"。

3. 在打开的窗口（参考图1.15）中单击窗口左侧的"语言"。

4. 在打开的窗口（参考图1.15）中单击"首选语言"部分的"中文（简体，中国）"。

5. 单击"选项"按钮。

6. 在打开窗口（参考图1.16）的"键盘"部分：

（1）单击"添加键盘"命令，可以添加输入法。

（2）单击已安装的输入法后，可通过单击"删除"按钮删除输入法。

【特别提示】

1. 通过网络或第三方提供的输入法安装程序，也可直接添加新的输入法。

2. 按Win+空格键（或Ctrl+Shift键）可切换输入法。

3. 在中文输入法状态下，按Shift键（或Ctrl+空格键）可进行中/英文模式切换。在图1.15所示窗口中单击"选项"，在弹出的窗口中单击"按键"可修改中/英文模式切换设置。

4. 在图1.15所示窗口中，单击"键盘"，在弹出的窗口中：

（1）单击"输入语言热键"可以设置输入语言的热键。如：在输入语言之间的切换热键、切换到特定输入法的热键。

（2）选择"使用桌面语言栏（如果可用）"。

（3）允许为每个应用窗口使用不同的输入法。

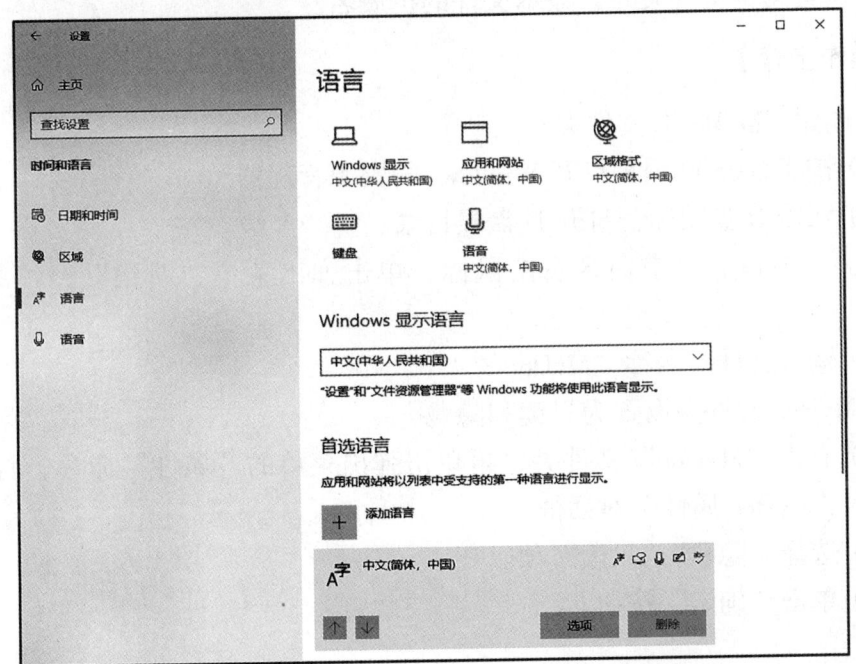

图1.15 "语言"设置窗口

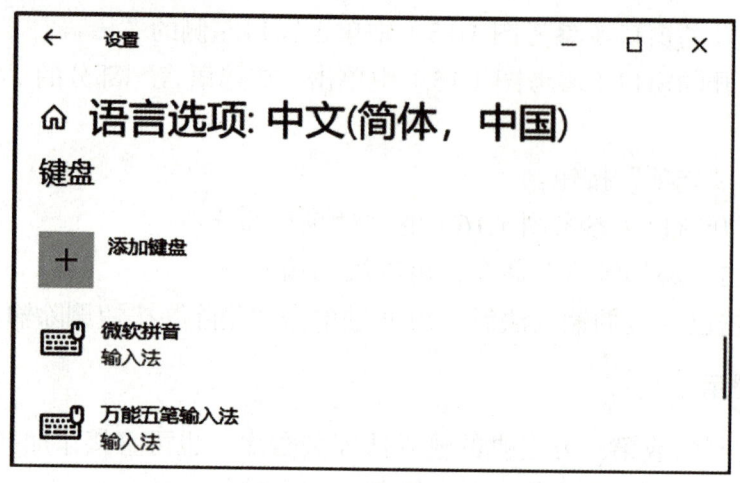

图 1.16 "语言选项"设置窗口

任务 7　文件管理

【任务描述】

1．在 D 盘的根目录创建一个名为"MyDoc"的文件夹，并将该文件夹设置为只读、隐藏。

2．在 D 盘根目录创建一个名为"MyInfs.xbw"的文件，并设置其默认打开程序为"记事本"。

3．设置浏览文件夹时，显示文件的扩展名。

【操作步骤】

1．创建"MyDoc"文件夹

（1）按组合键 Win+E 打开 Windows 的资源管理器。

（2）双击 D 盘图标，打开 D 盘根目录。

（3）在窗口右侧空白区右击鼠标，单击弹出菜单"新建"→"文件夹"命令。

（4）输入文件夹名称"MyDoc"。

2．MyDoc 文件夹设置为只读和隐藏

（1）右击"MyDoc"文件夹，再单击弹出菜单的"属性"命令，打开如图 1.17 所示"MyDoc 属性"对话框。

（2）选择"隐藏""只读"项。

（3）单击"确定"按钮。

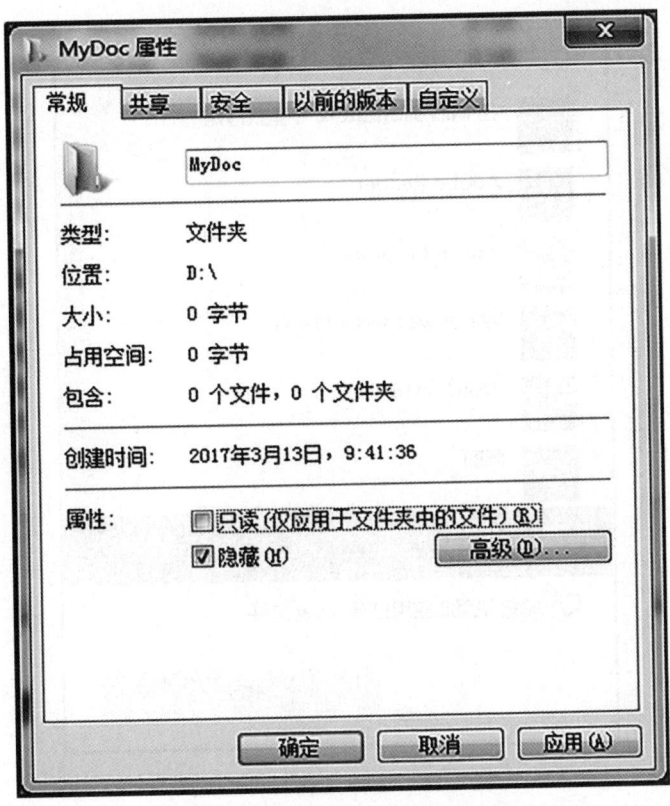

图 1.17 "MyDoc 属性"对话框

3．创建 MyInfs.xbw 文件

（1）按键 Win+E 打开 Windows 的资源管理器。

（2）双击 D 盘图标。

（3）在窗口右侧空白区右击鼠标，单击弹出菜单"新建"→"文本文档"命令。

（4）输入文件名"MyInfs.xbw"。

4．设置 MyInfs.xbw 文件默认打开程序

（1）右击 MyInfs.xbw 文件图标。

（2）在弹出的菜单中单击"打开方式"→"更多应用"命令。

（3）选择"记事本"图标，如图 1.18 所示。

（4）选择"始终使用此应用打开 .xbw 文件"选项后，单击"确定"按钮。

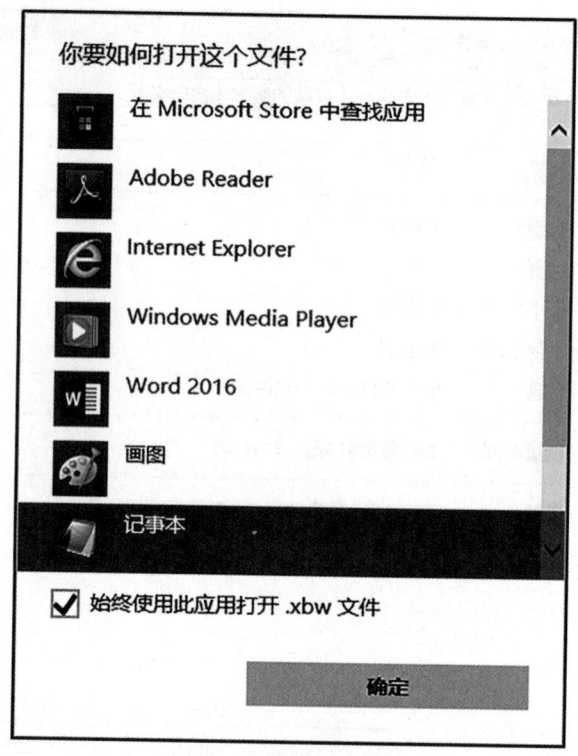

图 1.18　选择文件打开方式

5. 显示文件的扩展名

（1）按键 Win+E 打开 Windows 的资源管理器。

（2）单击"查看"选项卡。

（3）在"显示/隐藏"组中勾选"文件扩展名"。

【特别提示】

1. 注意"硬盘"与"C 盘"的区别。硬盘是存储计算机数据的主要设备，为了管理数据的方便，在安装操作系统时，一般需对硬盘进行分区，将硬盘划分为几个相对独立的区域，这些区域称为逻辑盘。在"计算机"管理窗口中看到的"C""D""E"等盘符标识，就是指这些逻辑盘。

2. "文件"是指保存在计算机中的各种数据。其名称由主文件名+文件扩展名组成。文件名一般体现文件的内容，而扩展名用来标识文件的类型。常见的文件扩展名有：

.txt，指文本文件，可使用 Windows 的记事本进行编辑。

.exe，指应用程序文件，双击可直接运行。

.bmp，.jpg，.gif，.ico，.png，常用图像文件。

.docx，.xlsx，.pptx，Microsoft Office 文件。

.mpg，.avi，.mov，常用视频文件。

.mp3、.wmv、.ra、.wav，常用音频文件。

3．"文件夹"用于存储文件，也可以在文件夹中创建子文件夹，方便文件的分类管理。

4．文件和文件夹命名规则：

（1）不得超过 255 个字符（一个汉字为两个字符）。

（2）不得使用以下字符：＜＞\/|:"＊？。

（3）不区分大小写。

（4）在同目录中不得重名。

（5）不能以空格开头。

5．"根目录"是指磁盘的顶层目录。如："D:\"表示 D 盘根目录。

6．在"资源管理器"中选择文件或文件夹的方法主要有以下几种：

（1）选择单个文件或文件夹

① 鼠标移到文件或文件夹图标上再单击鼠标。

② 直接输入文件或文件夹名称的首字符。例如，打开 D 盘根目录后，直接在键盘上输入字符"大"，则第一个以"大"字符开头的文件（或文件夹）会被自动选择。

③ 选择一个文件或文件夹，再使用键盘上的光标键（↑、↓、→、←）进行选择。

（2）选择多个文件或文件夹（位置相邻）

① 按下鼠标左键并拖动鼠标，选择框内的文件和文件夹均会被自动选择。

② 单击第一个文件或文件夹后，按下 Shift 键，再单击最后一个文件或文件夹，可以选择第一个到最后一个的所有文件或文件夹。

③ 选择第一个文件或文件夹后，按下 Shift 键，使用键盘上的光标键（↑、↓、→、←）进行选择。

（3）选择多个文件或文件夹（位置不相邻）：选择第一个文件或文件夹后，按下 Ctrl 键，再依次单击需要选择的其他文件或文件夹。

（4）选择全部文件和文件夹：按组合键 Ctrl+A。

7．文件或文件夹隐藏后可恢复显示，操作步骤如下：

（1）如果资源管理器没有打开，按组合键 Win+E 打开资源管理器。

（2）单击"查看"，打开"查看"选项卡（如图 1.19），勾选"隐藏的项目"。或者，单击"查看"选项卡的"选项"命令，打开"文件夹选项"窗口，在"查看"选项卡的"高级设置"列表中选择"显示隐藏的文件、文件夹和驱动器"。

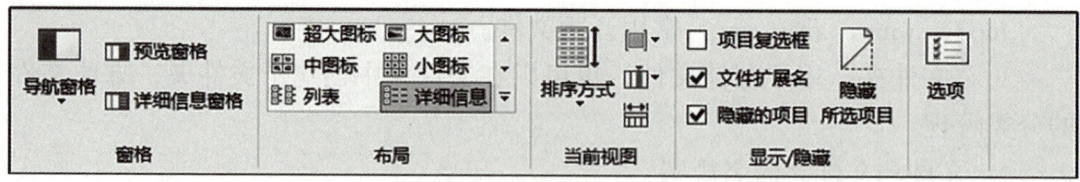

图 1.19 "查看"选项卡

8. 创建文本文档时，如果资源管理器隐藏了文件的扩展名，则输入文件名为 MyInfs.xbw 时，文件的实际名称是 MyInfs.xbw.txt。在图 1.19 中勾选"文件扩展名"选项，可显示文件扩展名。

9. 即使隐藏文件扩展名，也只是隐藏了 Windows 已知文件类型的扩展名，未知文件类型的扩展名是不会被隐藏的。

10. 移动或复制文件或文件夹有以下几种方法：

（1）使用快捷键（Ctrl+X，Ctrl+C，Ctrl+V）。

（2）使用"编辑"菜单中的剪切、复制和粘贴命令。

（3）使用弹出菜单的剪切、复制和粘贴命令。

（4）使用拖动的方法。但要注意以下几点：

① 将文件或文件夹在所在文件夹内拖动，未进行任何实质性操作。

② 按下 Ctrl 键后，将文件或文件夹在所在文件夹内拖动，为复制操作。

③ 按下 Ctrl 键后，将文件或文件夹从一个文件夹拖放到另一个文件夹，为复制操作。

④ 将文件或文件夹从一个文件夹拖放到另一个文件夹：

- 如果前后两个文件夹的顶层目录（根目录）相同，为移动操作。
- 如果前后两个文件夹的顶层目录（根目录）不同，为复制操作。

任务 8 设置屏幕保护程序

【任务描述】

设置屏幕保护程序，要求如下：

1. 屏幕保护程序为"变幻线"。
2. 等待时间为 6 分钟。
3. 在恢复时显示登录屏幕。

【操作步骤】

1. 右击 Windows 桌面空白区域，单击弹出菜单的"个性化"命令。

2. 在打开的窗口中，在"查找设置"输入框输入"屏幕保护"，单击弹出菜单的"更改屏幕保护程序"命令。

3. 在打开的窗口（如图 1.20）中：

（1）在"屏幕保护程序"下方的列表中选择"变幻线"。
（2）在"等待"右侧的输入框中输入"6"。
（3）选择"在恢复时显示登录屏幕"选项。
（4）单击"确定"按钮，并关闭之前打开的所有窗口。

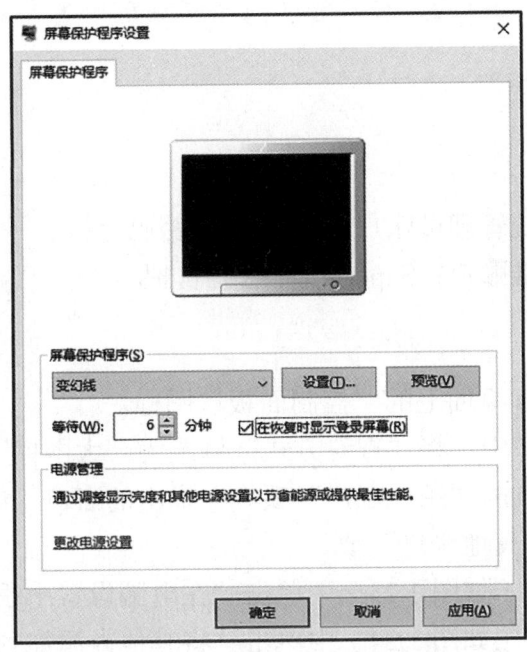

图 1.20 "屏幕保护程序设置"窗口

【特别提示】

1．系统给出的屏幕保护程序中，有些程序可进一步设置各项参数。例如，选择"3D 文字"作为屏幕保护程序时，可单击"设置"按钮进行相应的参数设置，如字体、文字、旋转类型等，如图 1.21 所示。

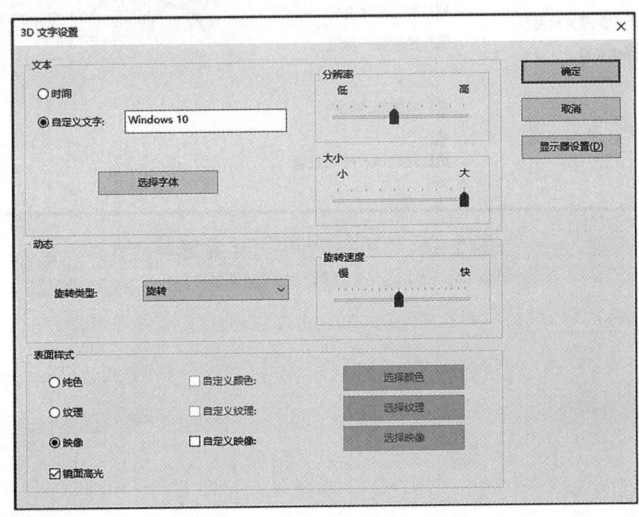

图 1.21 "3D 文字设置"窗口

2. 在设置的时间内未进行键盘或鼠标操作，将启动屏幕保护程序。启动后，再操作键盘或鼠标，将恢复到屏幕保护程序启动前的状态；如果设置时已经选择"在恢复时显示登录屏幕"选项，则显示登录界面，要求输入密码。但是，如果启动屏幕保护程序后立即操作键盘或鼠标，则直接恢复操作界面，不显示登录界面。

任务 9　用户管理

【任务描述】

1. 创建一个系统管理员账户：CAdmin，密码自拟。
2. 创建一个标准账户：SuperBoy，密码自拟。

【操作步骤】

1. 单击 Windows 桌面上的"控制面板"图标。
2. 在打开的窗口中，将"查看方式"修改为"大图标"。
3. 单击窗口下方的"用户账户"项。在弹出的窗口（如图 1.22）中：
（1）单击"管理其他账户"项。
（2）在弹出窗口（如图 1.23）中单击"在电脑设置中添加新用户"。
（3）在弹出窗口（如图 1.24）中单击"将其他人添加到这台电脑"。

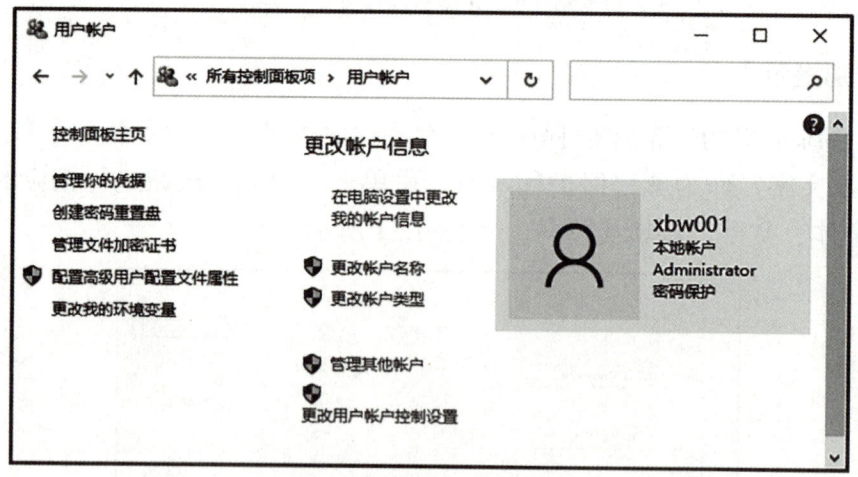

图 1.22　"用户账户"设置窗口

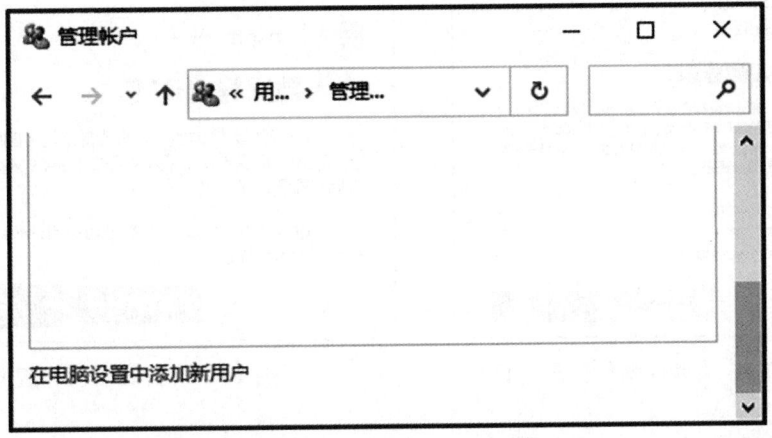

图 1.23 "管理账户"设置窗口

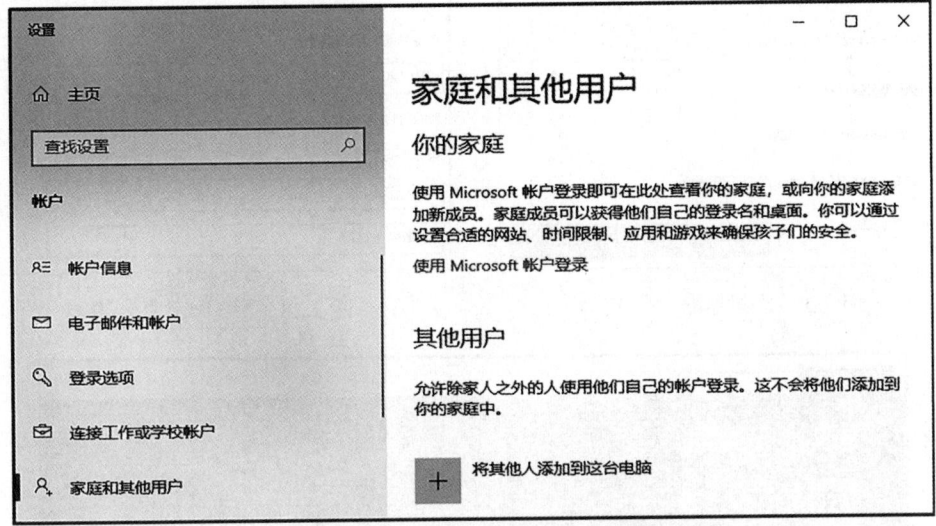

图 1.24 "家庭和其他用户"设置窗口

（4）在弹出窗口（如图 1.25）中，单击"我没有这个人的登录信息"。

（5）在弹出窗口（如图 1.26）中，单击"同意并继续"。

（6）在弹出窗口（如图 1.27）中单击"添加一个没有 Microsoft 账户的用户"。

（7）在弹出窗口（如图 1.28）中设置用户名、密码和安全问题。

（8）成功创建账户后，会在图 1.24 所示的窗口中显示账户信息。单击创建的账户，再单击"更改账户类型"，在弹出的窗口（如图 1.29）中可更改账户类型（有两个选项："标准用户"或"管理员"）。

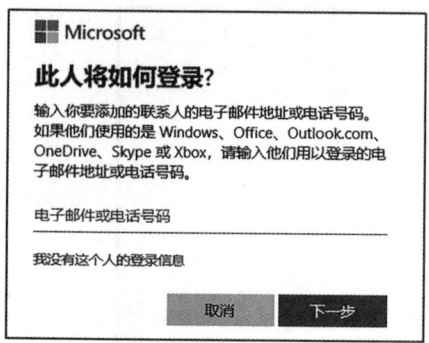
图 1.25 "选择如何登录"窗口

图 1.26 "导出许可"窗口

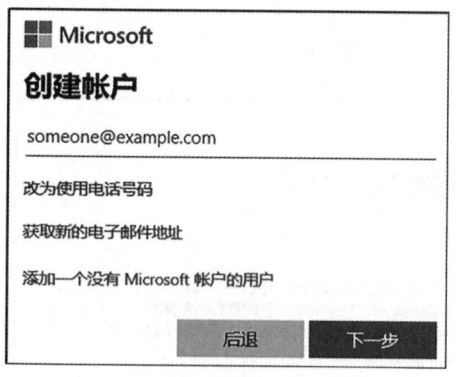
图 1.27 "创建账户"窗口
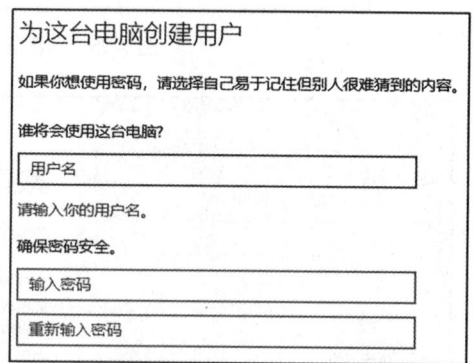
图 1.28 "添加用户"窗口

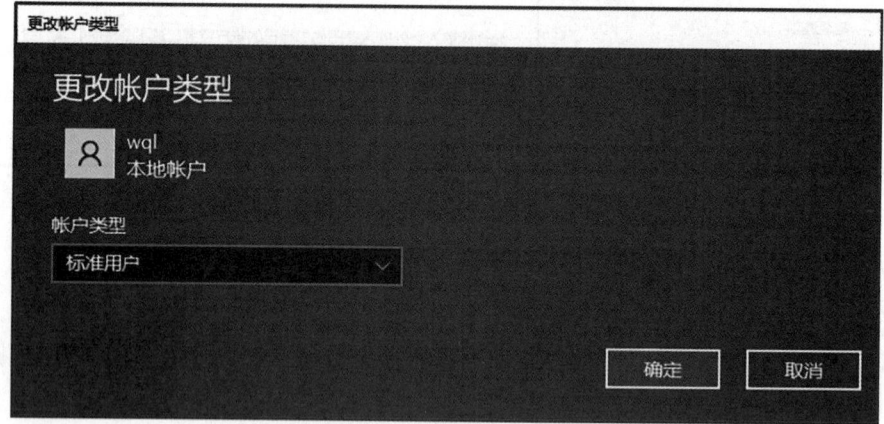
图 1.29 "更改账户类型"窗口

【特别提示】

1. 只有管理员账户才能创建或删除账户。

2. 管理员有计算机的完全访问权，可以做任何需要的修改。标准用户只能更改不影响其他用户或计算机安全的系统设置。

3. 创建多个账户后，系统启动时会显示登录屏幕，可以选择用户登录。

任务 10　文件共享

【任务描述】

在 D 盘根目录创建一个名为 "MyFiles" 的文件夹，并将其设置为共享，为每一个用户提供读取权限。

【操作步骤】

1．创建文件夹 D:\MyFiles

（1）按键 Win+E 打开 Windows 资源管理器。

（2）双击 D 盘图标打开 D 盘根目录。

（3）右击根目录文件列表区，再单击弹出菜单的 "新建" → "文件夹" 命令。

（4）输入文件夹名称 "MyFiles"。

2．设置共享

右击文件夹 "MyFiles"，再单击弹出菜单的 "属性" 命令，在打开的 "MyFiles 属性" 对话框中单击 "共享" 选项卡（如图 1.30），在该选项卡中：

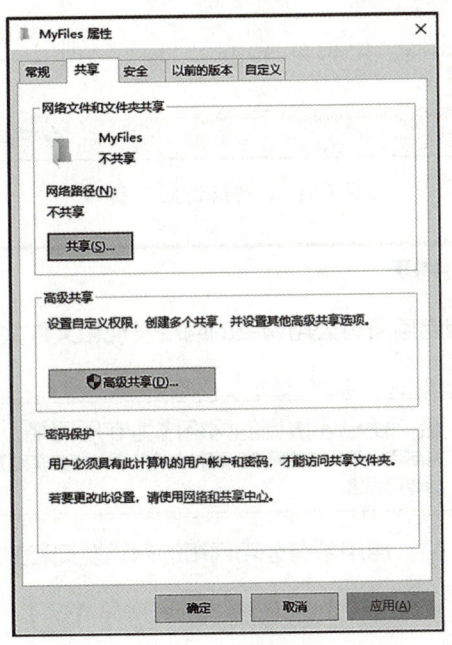

图 1.30　"MyFiles 属性" 对话框

（1）单击 "共享" 按钮。

（2）在弹出的 "网络访问" 窗口（如图 1.31）中单击 "添加" 按钮左侧的下拉按钮。

（3）在弹出的列表项中选择 "Everyone"。

（4）单击"添加"按钮。

（5）在"添加"按钮下方列表中将"Everyone"的"权限级别"修改为"读取"。

（6）单击"共享"按钮，关闭"网络访问"窗口。

（7）在弹出的窗口（如图1.32）中单击"是，启用所有公用网络的网络发现和文件共享"。

（8）单击"完成"按钮。

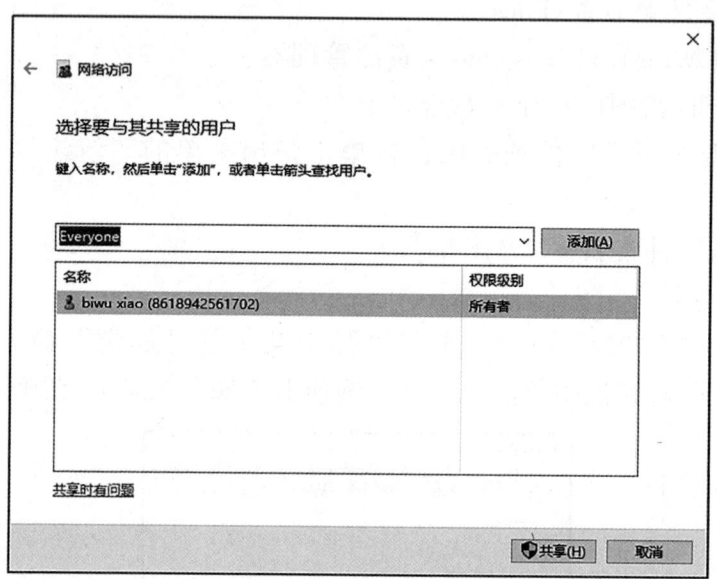

图1.31 "网络访问"窗口

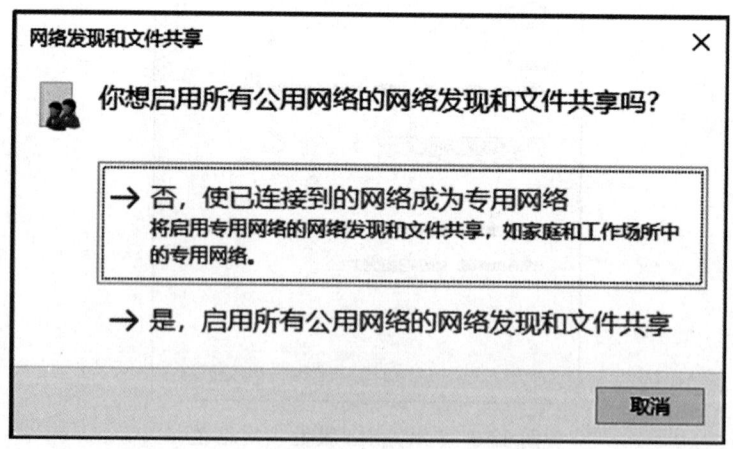

图1.32 "网络发现和文件共享"窗口

3. 启用无密码保护的共享

（1）右击Windows桌面的"网络"图标，再单击弹出菜单的"属性"命令。

（2）在弹出窗口（如图1.33）中，单击窗口左侧的"更改高级共享设置"项。

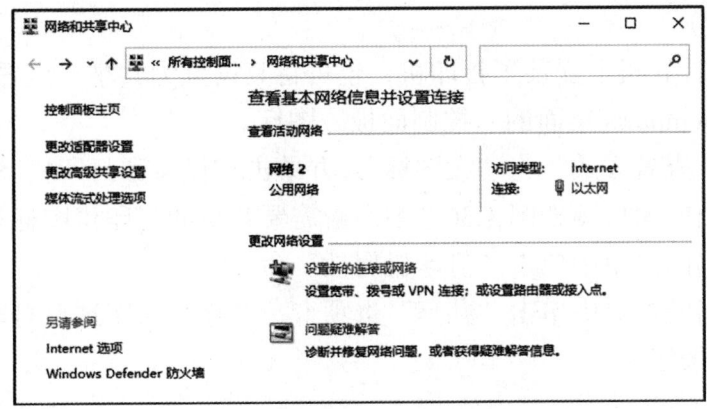

图 1.33 "网络和共享中心"窗口

（3）在弹出窗口（如图 1.34）中，"所有网络"设置项选择"无密码保护的共享"。

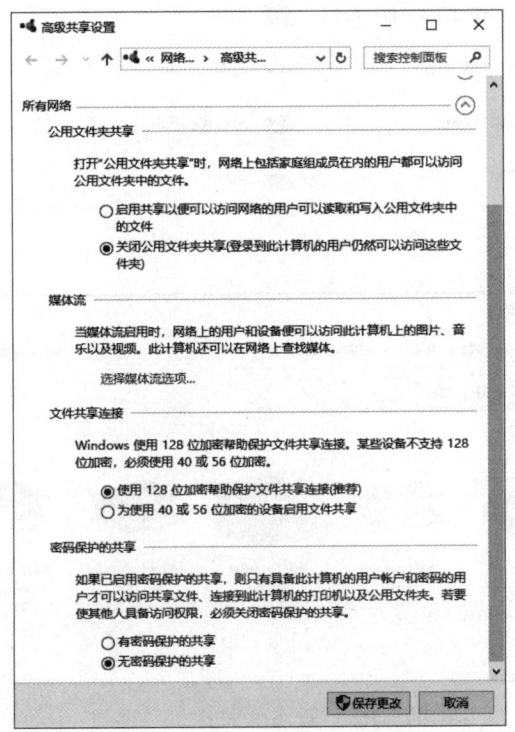

图 1.34 "高级共享设置"窗口

（4）在"来宾或公用"选择"启用网络发现"和"启用文件和打印机共享"。
（5）在"专用"选择"启用网络发现"和"启用文件和打印机共享"。

【特别提示】

局域网内的计算机设置了共享文件夹后（共享用户为 Everyone），该局域网内的所有计算机均可读取该文件夹内的文件。如果权限级别为"读/写"，则局域网内的所有计算机均可对该文件夹进行读写操作（如删除文件、添加文件、修改文件内容）。

如果一台计算机上安装了打印机，也可将其设置为共享。设置方法如下：

1. 单击 Windows 桌面的"控制面板"图标。
2. 选择"查看方式"为"大图标"，并单击"设备和打印机"（如图 1.35）。
3. 在弹出的窗口（如图 1.36）中右击需要共享的打印机图标。
4. 在弹出的菜单中单击"打印机属性"命令。
5. 在弹出的窗口中单击"共享"选项卡，选择"共享这台打印机"选项后单击"确定"按钮。

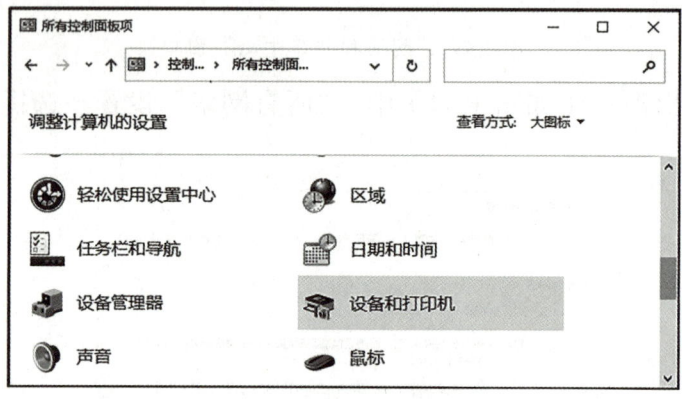

图 1.35　控制面板

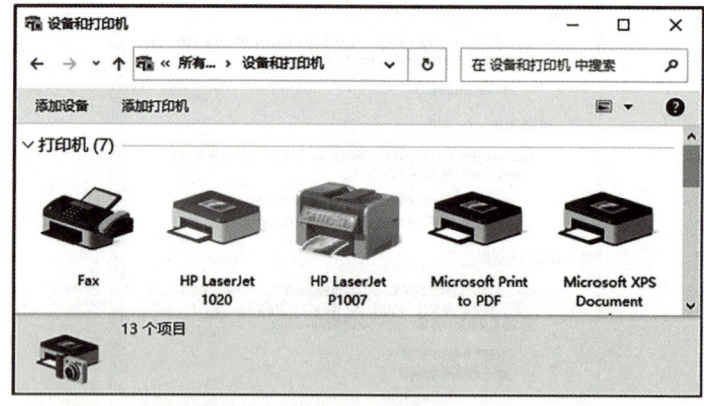

图 1.36　"设备和打印机"窗口

第二节　拓展性实验

任务 1　文件的删除与恢复

【任务描述】

打开 Windows 回收站，完成以下操作：

1．恢复最近删除的文件。

2．设置删除 D 盘数据时不将其移到回收站。

3．显示删除确认对话框。

【特别提示】

1．默认情况下，删除的文件和文件夹会移到 Windows 的回收站。如果删除时不必移到回收站，有以下两种方法：

（1）按组合键 Shift+Del 删除文件或文件夹。

（2）在桌面上右击"回收站"图标，再单击弹出菜单的"属性"命令，在弹出的对话框（如图 1.37）中，选择"不将文件移到回收站中。移除文件后立即将其删除"，则以后按 Del 键直接删除而不移到回收站。

2．删除 U 盘中的文件或文件夹时，不会移到回收站。

3．删除后的文件移到回收站是可以恢复的。

恢复方法：双击桌面上的"回收站"图标，再右击需要恢复的文件，在弹出菜单中单击"还原"命令即可。

4．如果删除后的文件没有移到回收站，Windows 没有提供恢复工具，必须利用第三方软件才能恢复这些删除的数据。利用第三方软件甚至可以从格式化后的磁盘恢复文件。如果文件删除后在原磁盘重新写入数据，则新数据可能覆盖原文件，导致数据恢复失败。

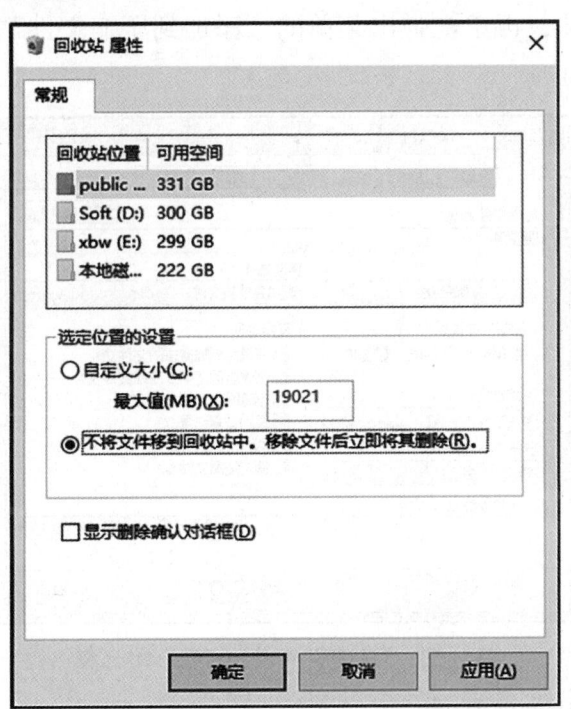

图 1.37 "回收站属性"对话框

任务2 文件和文件夹的压缩与解压缩

【任务描述】

1．创建文件夹 D:\Datas。

2．在 D:\Datas 文件夹中新建两个文件 a.txt，b.txt 和一个文件夹 Infs。

3．将记事本程序 notepad.exe（在计算机中搜索该程序）复制到 D:\Datas。

4．将文件夹 D:\Datas 中所有文件和文件夹压缩为自解压文件 myDatas.exe。要求如下：

（1）解压位置：C:\newData。

（2）解压后在桌面创建 notepad.exe 的快捷方式（名称为"记事本"）。

（3）解压后运行 notepad.exe。

（4）解压时不显示任何窗口和提示。

（5）覆盖方式：覆盖所有文件。

（6）更新方式：解压并更新文件。

【特别提示】

WinRAR 压缩软件能够很好地满足任务要求，可从网上免费下载并安装到计算机上。其操作要点如下：

1．打开资源管理器，选择需要压缩的文件和文件夹。

2．右击选择项，再单击弹出菜单的"添加到压缩文件"命令，在弹出的对话框（如图 1.38）中：

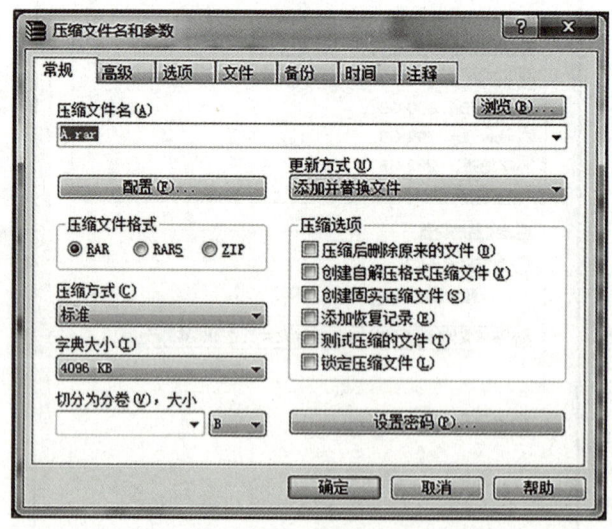

图 1.38 "压缩文件名和参数"对话框

（1）选择"创建自解压格式压缩文件"选项。

（2）在"压缩文件名"下方的输入框中输入"myDatas.exe"。

（3）单击"设置密码"按钮，在弹出的窗口输入密码后单击"确定"按钮。

3．单击"高级"选项卡中的"自解压选项"按钮，在弹出的对话框（如图1.39）中：

（1）在"解压路径"下方的输入框输入"C:\newData"。

（2）单击"高级"选项卡中的"添加快捷方式"。

（3）在弹出的对话框（如图1.40）中进行相应设置（一般只需设置"源文件名"和"快捷方式名"）后，单击"确定"按钮。

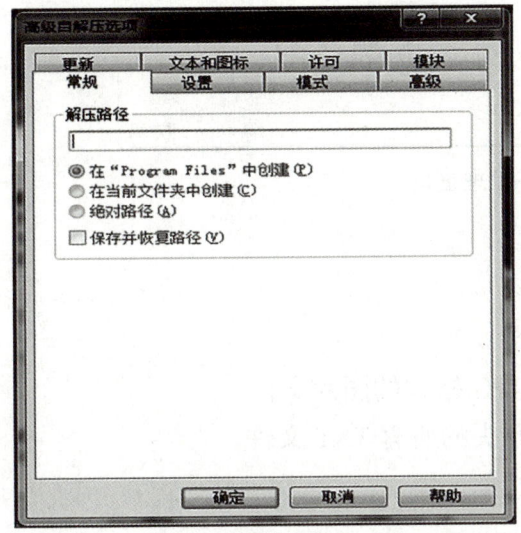

图1.39 "高级自解压选项"对话框

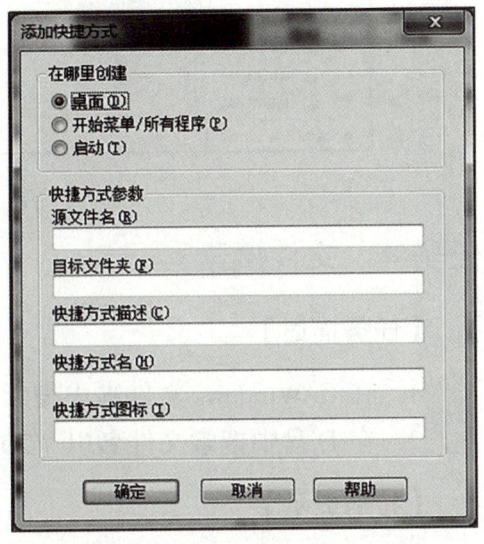

图1.40 "添加快捷方式"对话框

4．必要时，也可在图1.39所示的对话框中通过"模式"选项卡设置安静模式，通过"更新"选项卡设置"更新方式"和"覆盖方式"，通过"设置"选项卡设置解压前后需运行的程序。

任务3　库操作

【任务描述】

1．创建文件夹：D:\DOC，D:\XLS，D:\PPT。

2．创建库：MyInfs。

3．将上面创建的3个文件夹包含到库MyInfs中。

【特别提示】

1．库可以包含不同位置的文件夹，以方便文件管理。系统默认创建了6个库：保存的图片、本机照片、视频、图片、文档、音乐，如图1.41所示。

2．在图1.41中，右击空白区域，再单击弹出菜单的"新建"→"库"命令可创建新库。也可对已创建的库进行重命名、删除等操作。

3．在资源管理器中，右击文件夹图标，再单击弹出菜单的"包含到库中"子菜单项，即可将选择的文件夹包含到库中。

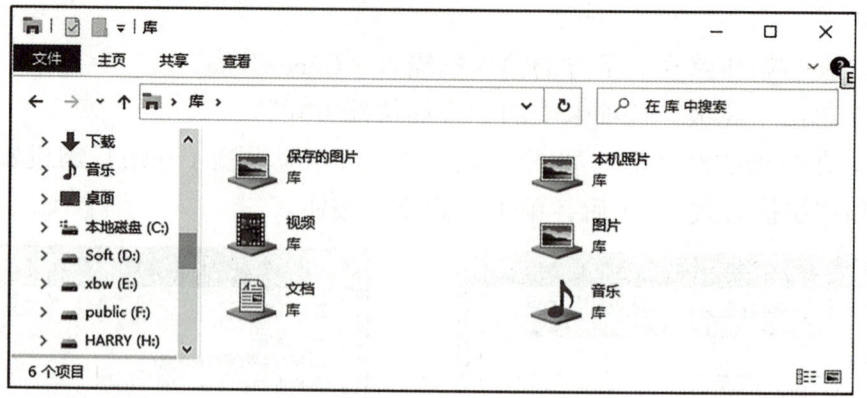

图 1.41 "库"管理窗口

任务 4 文件搜索

【任务描述】

1．在 C:\Windows 文件夹中搜索所有 JPG 格式的图片文件。
2．在 D 盘中搜索文件名以"2017"开头的所有 TXT 文件。

【特别提示】

1．在 Windows 的资源管理器中，选择磁盘或文件夹后，在搜索框（位于窗口右上部）输入搜索的文件名即可完成搜索。文件名可使用通配符"*"（代表任意个任意字符）和"?"（代表任意一个字符）。

2．利用搜索工具（如图 1.42），可添加搜索筛选器。如修改日期、文件大小等。

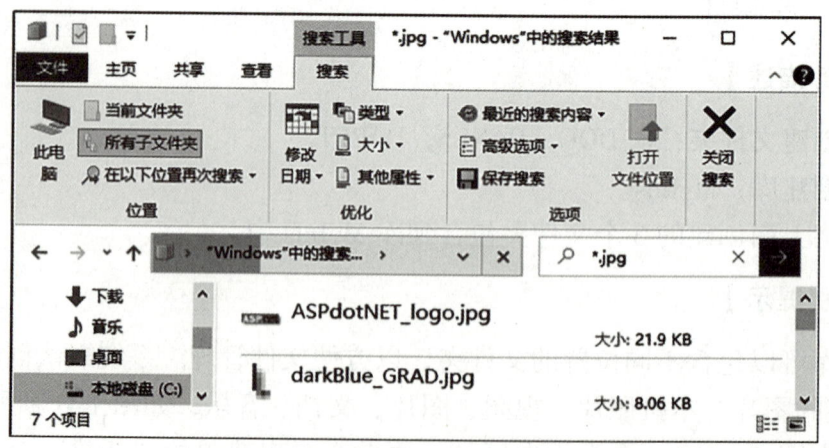

图 1.42 文件搜索

任务 5　系统维护

【任务描述】

1. 检查并修复磁盘的逻辑错误。
2. 对 D 盘进行清理。
3. 启用 Windows 防火墙。

【特别提示】

1. 磁盘出现逻辑错误，易造成计算机死机或蓝屏，系统运行速度也会变慢。因此，需对磁盘进行定期检查。可在资源管理器中，右击磁盘，再单击弹出菜单的"属性"命令，在打开的窗口中，单击"工具"选项卡下"检查"按钮（如图 1.43）进行操作。

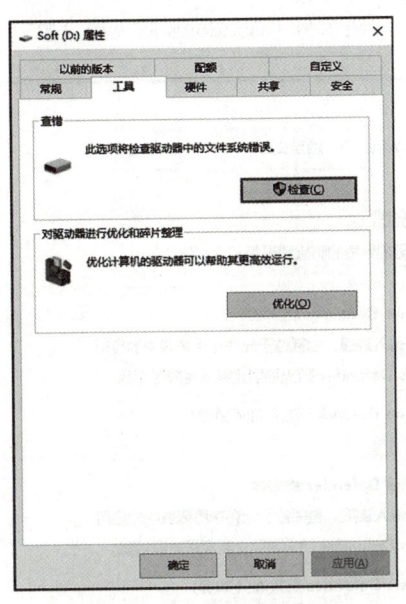

图 1.43　"工具"选项卡

2. 在图 1.43 中，单击"优化"按钮可以优化驱动器，使其更高效运行。

3. 单击"常规"选项卡中的"磁盘清理"按钮可清理磁盘。

4. 单击 Windows 桌面上的"控制面板"图标，再单击"Windows Defender 防火墙"，可打开如图 1.44 所示的窗口，在该窗口中：

（1）单击"启用或关闭 Windows Defender 防火墙"，在弹出的窗口（如图 1.45）中可针对"专用网络设置"和"公用网络设置"启用或关闭防火墙。

（2）单击"允许应用或功能通过 Windows Defender 防火墙"，可确定允许通过 Windows 防火墙进行通信的程序。

（3）单击"高级设置"，在弹出的窗口中可以管理入站规则、出站规则和连接安全规则。

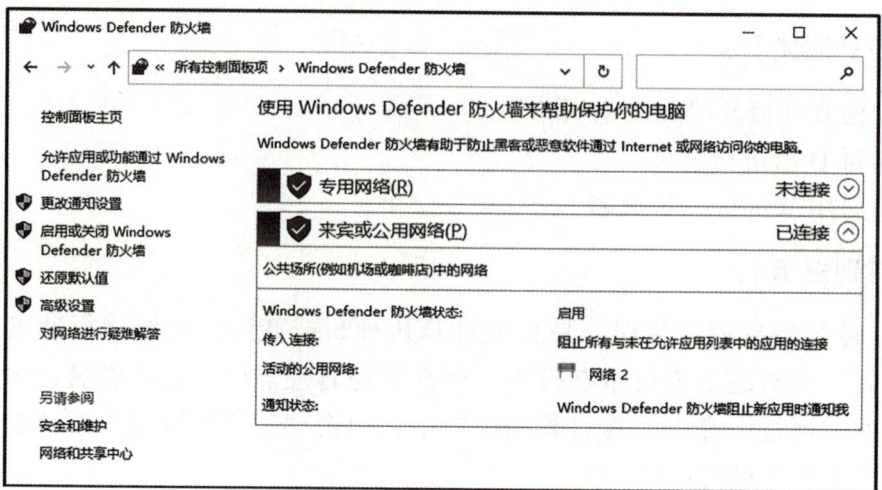

图 1.44　Windows 防火墙设置

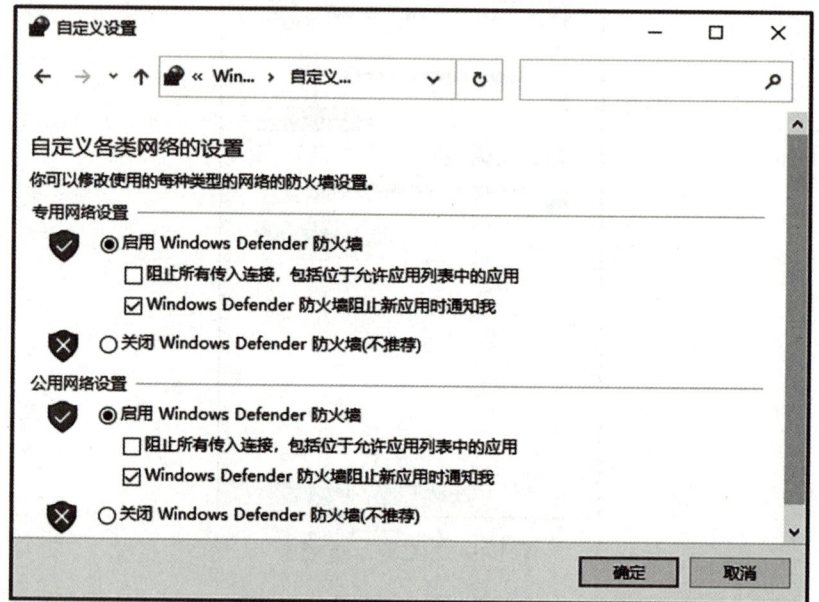

图 1.45　自定义防火墙设置

任务 6　Microsoft Edge 应用

【任务描述】

设置 Microsoft Edge，要求：

1. 启动时打开页面：http://www.hunan.gov.cn。
2. 在收藏夹中创建一个"MyJoin"文件夹。
3. 将 http://www.icourse163.org 添加到"MyJoin"文件夹中，名称为"大学慕课"。

4. 清除浏览的全部数据。

【特别提示】

1. 单击 Windows 任务栏上的"Microsoft Edge"启动 Microsoft Edge 浏览器。

2. 在 Microsoft Edge 浏览器中单击窗口右上角的"..."（快捷键为 Alt+F）可打开浏览器菜单。其中的菜单命令主要有以下几种：

（1）设置。用于设置浏览器启动时打开的页面（打开"开始、主页和新建标签页"选项后设置）、外观等。

（2）收藏夹。用于收藏夹管理，可以创建收藏文件夹，将当前打开的页面添加到指定的收藏文件夹中。

（3）历史记录。可清除浏览的历史记录数据。

任务 7 应用命令行窗口

【任务描述】

利用 Windows 命令行界面完成以下操作：

1. 显示 C 盘的磁盘卷标和序列号。
2. 列出 D 盘根目录下的所有文件和文件夹。
3. 查询本机 IP 地址。
4. 在 D 盘根目录创建名为"myDA"和"myDB"的文件夹。
5. 将 C 盘根目录下的文本文件全部复制到 D:\myDA。
6. 删除 D 盘根目录下名称以"myD"开头的全部文件夹。
7. 在 C 盘查找文件 calc.exe。
8. 在 D:\myDA 文件夹中批量创建多个文件夹，文件夹名称分别为：et，doc，docx，wps，xlsx，xls，ppt，pptx，jpg，png，bmp，mp4，mpg。

【特别提示】

1. 利用 Windows 命令行窗口可以执行 DOS 命令

打开 Windows 命令行窗口有以下几种方式：

（1）在"开始"菜单搜索栏输入"cmd"，再单击"命令提示符系统"图标。

（2）按 Win+R 组合键打开"运行"窗口，输入"cmd"后单击"确定"按钮。输入"powershell"也可打开执行 DOS 命令的"Windows Powershell"窗口。

（3）在 Windows 资源管理器窗口中，按下 Shift 键并右击文件夹，再单击弹出菜单的"在此处打开 Powershell 窗口"命令。

2. 利用 DOS 命令 vol 可以显示指定磁盘的卷标和序列号

（1）命令格式：vol [drive:]。

（2）使用说明：drive参数指定盘符。注意：盘符之后必须以字符"："结尾。缺省参数时返回当前磁盘的卷标和序列号。运行效果如图1.46所示。

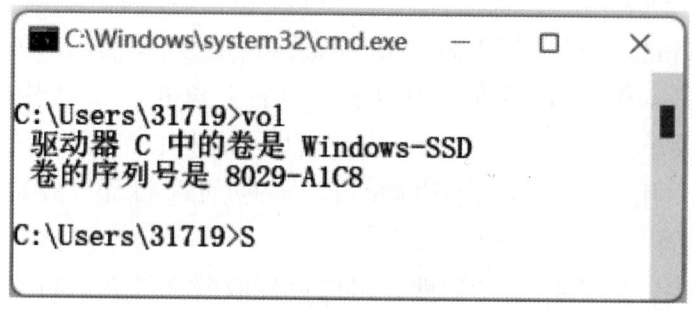

图1.46　利用命令行窗口显示磁盘卷标和序列号

3. DOS命令加"/?"（以空格开头）可显示DOS命令使用的详细说明，示例：vol /?。

4. 利用DOS命令dir可以显示目录中的文件和目录列表

（1）命令格式：dir[drive:][path][filename]。

（2）使用说明：参数drive指定盘符，path指定目录，filename指定文件名。

示例（列出D盘根目录下全部文本文件）：dir D:*.txt。

5. 利用DOS命令ipconfig可以得到本机IP地址

（1）命令格式：ipconfig。

（2）使用说明：仅显示绑定到TCP/IP的适配器的IP地址、子网掩码和默认网关（如图1.47所示）。

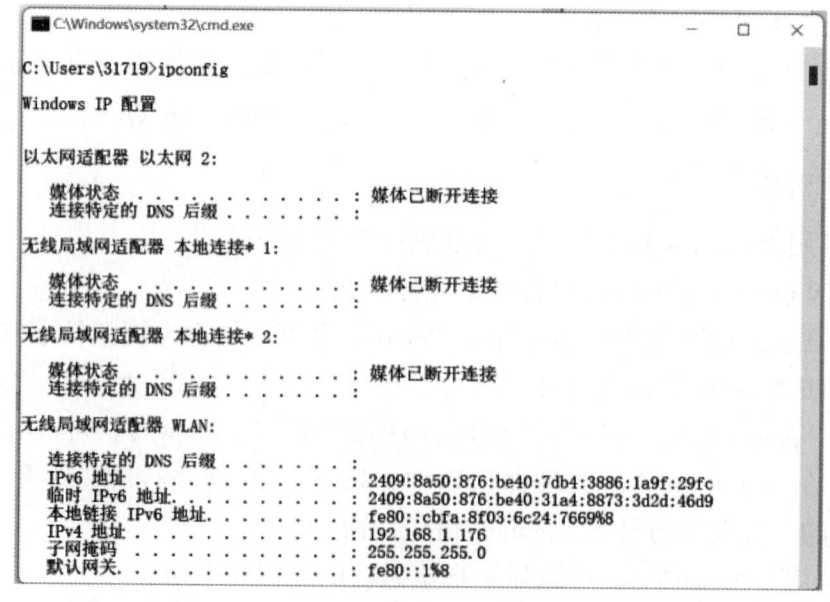

图1.47　显示本机IP地址

6. 利用 DOS 命令 md 可创建目录

（1）命令格式：md[drive:]path。

（2）使用说明：参数 drive 指定盘符，path 指定目录。

示例：md C:\newfd，表示在 C 盘根目录创建名为"newfd"的文件夹。

7. 利用 DOS 命令 copy 可复制文件

（1）命令格式：copy[/Y]source[destination]。

（2）使用说明：参数 source 指定要复制的文件，可以使用通配符"*"表示任意个任意字符，"?"表示任意一个字符。destination 可缺省，指定复制的目标。"/Y"表示不使用确认是否需要覆盖现有目标文件的提示。

示例：copy C:\a*.docx D:\，表示将 C 盘下所有以"a"开头且扩展名为"docx"的文件复制到 D 盘根目录。

8. 利用 DOS 命令 rd 可删除文件夹

（1）命令格式：rd[\S][\Q][drive:]path。

（2）使用说明：参数 drive 指定盘符，path 指定需要删除的文件夹。可以使用通配符"*"表示任意个任意字符，"?"表示任意一个字符。"\S"表示除目录本身外，还将删除指定目录下的所有子目录和文件。"\Q"表示直接删除不要求确认。

示例：rd \S \Q C:\2023*，表示删除 C 盘根目录下所有"2023"开头的文件夹。

9. 利用 DOS 命令 where 可显示符合搜索模式的文件位置

（1）命令格式：where[/R dir][/Q]pattern。

（2）使用说明：[/R dir]指定搜索的开始位置，[/Q]表示直接删除不要求确认，pattern 指定要匹配的文件（可以使用通配符"*"表示任意个任意字符，"?"表示任意一个字符）。

示例：where /R D:\ t*.exe，表示在 D 盘搜索以"t"开头的 exe 文件。

10. 默认情况下，DOS 命令的执行结果会显示在 DOS 窗口。必要时，也可以将 DOS 命令的执行结果保存到文件中。

示例：where /R D:\ t*.exe >C:\ zzz.txt，表示将搜索结果保存到 C 盘的 zzz.txt 文件。其中">"为输出重定向符。

11. 创建批处理文件（扩展名为 .bat）后，可以执行多组 DOS 命令。

示例：在 D:\myDA 文件夹中批量创建多个文件夹。

操作要点：

（1）打开 Windows 资源管理器，并双击 D:\myDA 文件夹。

（2）右击文件夹空白区域。

（3）单击弹出菜单的"新建"→"文本文档"命令。

（4）双击创建的文档文件。

(5)在文档编辑窗口输入：
　　md et A B C D
(6)保存并关闭文档编辑窗口。
(7)将文件扩展名更改为".bat"。
(8)双击文件，即可在当前文件夹创建 et，A，B，C，D 五个文件夹。

任务 8　创建虚拟盘

【任务描述】

在 D 盘创建一个名为"MyPic"的文件夹，并设置为虚拟盘（盘符为"G"）。

【特别提示】

鼠标右击桌面上的"此电脑"图标，在弹出的菜单中选择"管理"命令，将会打开如图 1.48 所示的"计算机管理"窗口。

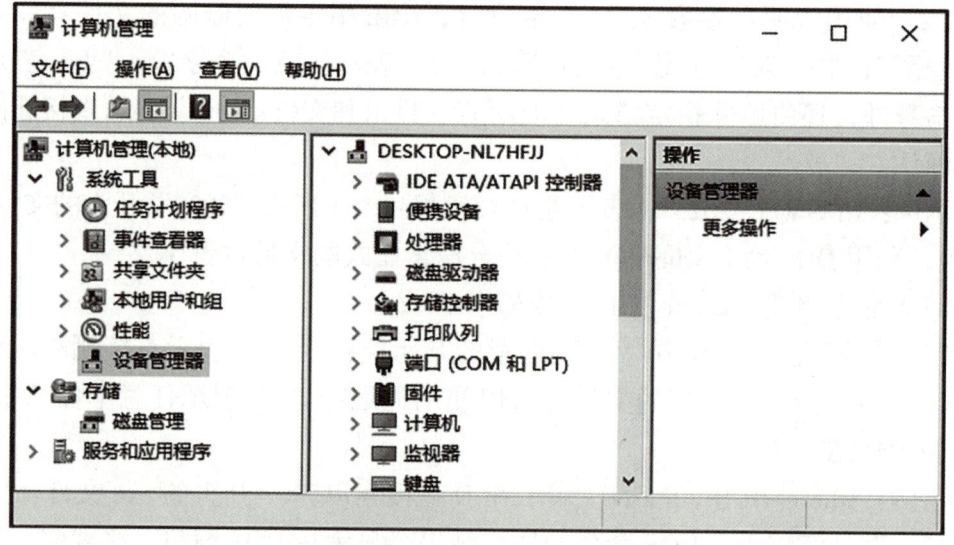

图 1.48　"计算机管理"窗口

在"计算机管理"窗口中单击"存储"→"磁盘管理"，可创建虚拟盘。操作要点如下：

1. 单击"操作"菜单的"创建 VHD"命令，在弹出的窗口（如图 1.49）中设置"位置"（需单击"浏览"按钮指定一个文件夹作为虚拟盘）和"虚拟硬盘大小"。

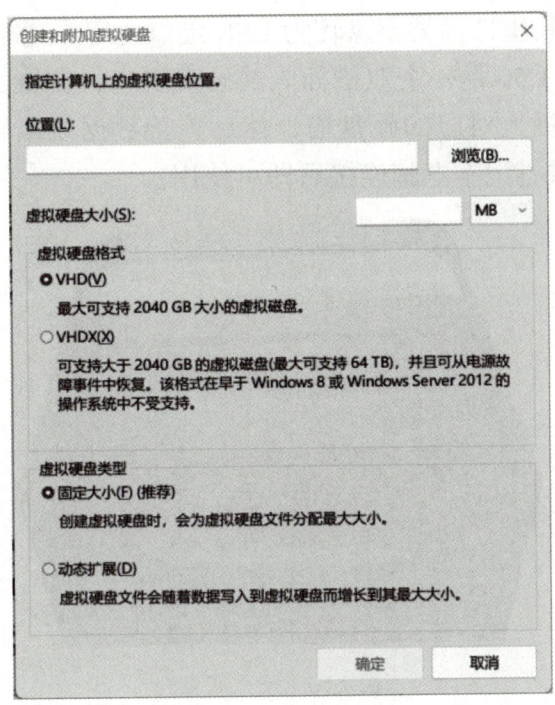

图 1.49　虚拟盘创建界面

2. 右击创建的虚拟硬盘，再单击弹出菜单的"初始化磁盘"命令，在弹出的向导中单击"确定"按钮。

3. 右击虚拟硬盘的未分配区域，再单击弹出菜单的"新建简单卷"，在弹出的向导中全部单击"下一步"直到完成。

4. 双击桌面"此电脑"，即可看到创建的虚拟硬盘。

另外，利用 DOS 命令 subst 也可创建虚拟盘。该命令格式是：subst drive:path。其中参数 path 为一个存在的文件夹（带路径），drive 为虚拟盘的盘符。

例如：subst G:C:\MyPic，表示将 C 盘下的 MyPic 文件夹创建为虚拟盘 G。

使用 DOS 命令 "subst drive:/D" 可删除虚拟盘。

注意：第一种方法创建的虚拟盘是永久存在的，而第二种方法创建的虚拟盘在重启电脑后会自动删除。

任务 9　利用 USB 接口使用硬盘和光驱

【任务描述】

简述利用 USB 接口使用硬盘和光驱的方法。

【特别提示】

1. 利用 USB 接口使用硬盘

可以通过硬盘底座将各类硬盘转为 USB 接口使用。这时转接的硬盘相当于一个移动盘。如图 1.50 是一个双槽插入式硬盘底座，支持 2.5&3.5 英寸 SATA/IDE 硬盘。将硬盘插入对应的硬盘槽，然后连接数据线至硬盘底座 USB3.0 接口，另一端与 PC 或笔记本电脑连接后即可使用。

图 1.50　硬盘底座

注意：XP 系统无法识别 2 TB 以上的硬盘。如果硬盘容量大于 2 TB，系统需要升级到 Windows7 及以上才能识别。硬盘分区格式主要支持 MBR 和 GPT 两种格式。MBR 最大支持 2 TB，最多支持 4 个分区。GPT 最大支持 18 EB，最多支持 128 个分区。另外，退出移动设备时先停止数据读写，安全退出设备后关闭硬盘底座电源再取出硬盘。

2．利用 USB 接口使用光驱

可以利用移动光驱读写光盘。如图 1.51 是一个 USB3.0 接口的移动光驱，即插即用，支持光盘的读写。

图 1.51　移动光驱

任务 10　配置存储感知

【任务描述】

打开存储感知，并配置：

1．每周运行。

2．删除我的应用未在使用的临时文件。

3．如果回收站中的文件存在超过 14 天，将其删除。

4．如果下载文件夹中的文件在 30 天内未被打开，将其删除。

【特别提示】

1．存储感知会在磁盘空间不足时运行，通过删除不需要的文件（例如临时文件、回收站中的文件）自动释放空间，确保系统以最佳状态运行。

2．配置存储感知的主要步骤如下：

（1）单击 Windows "开始" 菜单中的 "设置" 命令。

（2）在打开的 "Windows 设置" 窗口的 "查找设置" 输入框中输入 "存储"，再单击 "打开存储感知" 命令（如图 1.52）。

（3）在弹出的窗口（如图 1.53）中单击 "配置存储感知或立即运行"。

（4）在弹出的窗口（如图 1.54）中进行相应配置。

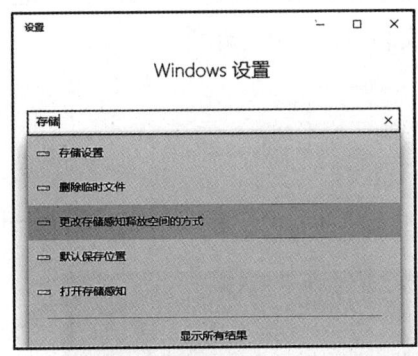

图 1.52　"Windows 设置" 窗口

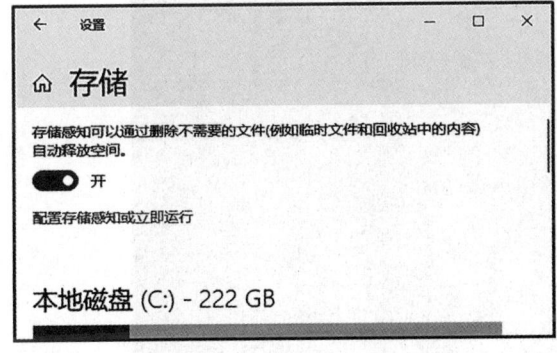

图 1.53　"存储" 设置窗口

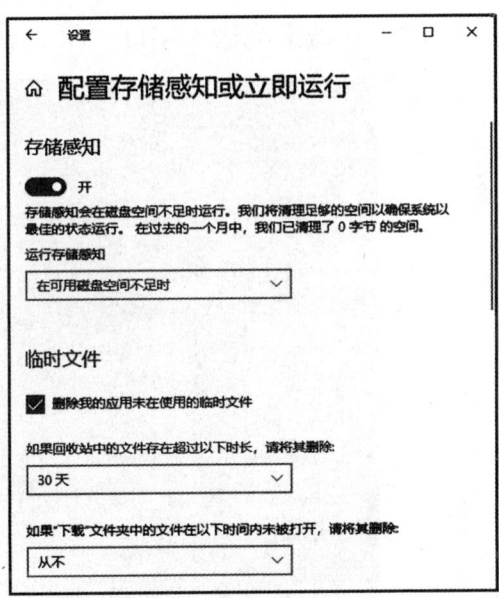

图 1.54　"配置存储感知或立即运行" 窗口

任务 11　使用 OneDrive

【任务描述】

打开 OneDrive，并配置：

1．当相机、手机或任何其他设备连接到电脑时，将照片和视频保存到 OneDrive。

2．将捕获的屏幕截图保存到 OneDrive。

3．备份"图片"库的文件到 OneDrive。

4．排除扩展名为 .exe 的文件备份到 OneDrive。

【特别提示】

1．借助 OneDrive，可以在计算机与云之间同步文件，以便能够从你的计算机、移动设备甚至是 OneDrive 网站访问你的文件。

2．在 OneDrive 文件夹中添加、更改或删除文件或文件夹时，也会在 OneDrive 网站上添加、更改或删除该文件或文件夹，反之亦然。

3．设置 OneDrive 账户

首次使用 OneDrive 时需创建 OneDrive 账户。操作要点如下：

（1）单击 Windows "开始"菜单。

（2）在搜索框输入字母"O"，开始菜单的显示如图 1.55，单击"打开"。

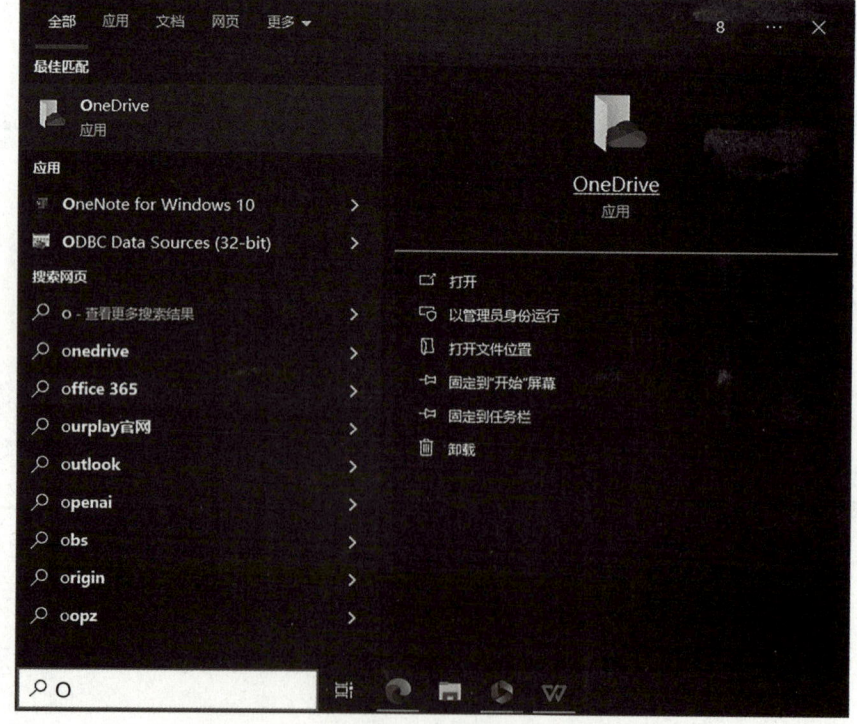

图 1.55　在"开始"菜单中打开 OneDrive

(3)在弹出的窗口（如图1.56）中输入你的电子邮件地址后单击"创建账户"按钮，在弹出的一系列窗口中根据提示进行相应设置。

图1.56　创建OneDrive账户

4．配置OneDrive

(1)在Windows资源管理器中右击OneDrive图标。

(2)单击弹出菜单的"设置"命令。

(3)在弹出的窗口中单击窗口左侧的"同步并备份"（如图1.57）。

(4)将"保存设备的照片和视频"的状态设置为"打开"（默认为"关闭"）。

(5)将"将捕获的屏幕截图保存到OneDrive"的状态设置为"打开"。

(6)单击"管理备份"按钮。

(7)在弹出的窗口（如图1.58）中，将"图片"右侧的滑块向右拖动，设置其状态为"准备备份"。

(8)单击"保存更改"按钮。

(9)在图1.57所示的窗口中，单击"高级设置"。

(10)单击"高级设置"区域的"排除"按钮。

(11)在弹出的窗口中，在输入框输入"exe"后单击"排除"按钮。

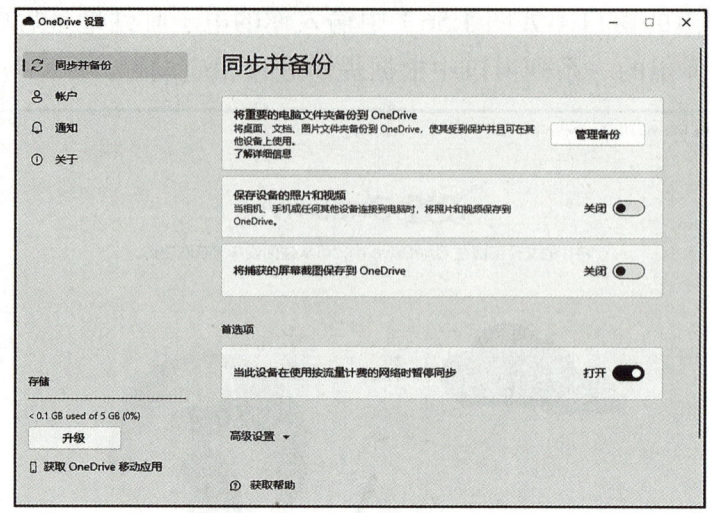

图 1.57 "同步并备份"窗口

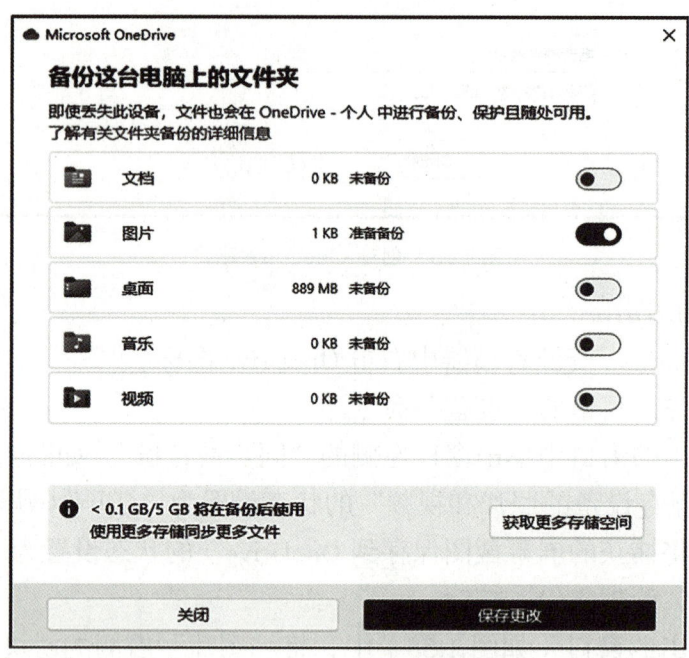

图 1.58 "管理备份"窗口

任务 12　磁盘分区管理

【任务描述】

将 D 盘压缩至适当大小,剩余的空间创建新的简单卷(E 盘)。

【特别提示】

1. 压缩磁盘分区

可以将一个磁盘分区通过压缩后创建新的磁盘分区。主要步骤如下:

（1）在 Windows 资源管理器中，单击左侧窗口的"此电脑"图标。
（2）单击"计算机"选项卡"系统"组的"管理"命令。
（3）在弹出的"计算机管理"窗口中，单击窗口左侧的"磁盘管理"，右击 D 盘分区。
（4）单击弹出窗口的"压缩卷"命令。
（5）在弹出的窗口中输入压缩空间量后单击"压缩"按钮。

2．创建简单卷

压缩磁盘分区后，剩余的空间显示为"未分配"，可右击该分区，单击弹出菜单的"新建简单卷"命令，在弹出的窗口中设置卷大小、指定驱动器号、格式化参数，并根据提示完成操作。

必要时，右击创建的简单卷，再单击弹出菜单的"删除卷"命令，可取消逻辑分区，恢复"未分配"状态。

存在未分配的简单卷时，可将已有分区"扩充"，将未分配的空间扩充到已有分区。操作要点：右击需要扩充的分区，单击弹出菜单的"扩充卷"命令，在弹出的窗口中根据提示进行相应设置。

任务 13　电脑与手机之间传送文件

【任务描述】

1．将手机上的图片传送到电脑。
2．将电脑上的视频传送到手机。

【特别提示】

电脑与手机之间传送文件主要有以下几种方法：

1．使用 USB 数据线连接

使用手机 USB 数据线连接电脑，一旦手机被识别，就可以互传文件。操作要点如下：

（1）手机 USB 数据线连接计算机。

（2）连接后，手机屏幕上出现 3 种 USB 连接方式（传输照片、传输文件、仅充电），如果只需传送照片，选择"传输照片"。如果需要传送其他文件，选择"传输文件"。

（3）在资源管理器中的"设备和驱动器"部分会显示连接的手机图标。双击该图标，即可将手机中各文件夹中的文件复制到电脑上，或者将电脑上的文件复制到手机的文件夹中。

2．使用 U 盘

U 盘不能直接连接手机。手机充电接口类型与普通 USB 接口不同，需要根据手机充电接口类型（Type-C 或 Micro USB）选择合适的转接头进行转换，或使用手机电脑两用 U 盘。

U 盘连接到手机后，被识别为外部存储设备。可以通过手机"设置"中的"存储"来检测 U 盘是否成功识别。如果成功识别，则在"存储"区域显示为"U 盘"。打开手机上的"文件管理"（或类似应用），将手机上的文件复制到 U 盘上。

3．使用蓝牙

通过蓝牙连接电脑和手机，能够传输文件，但速度较慢。操作要点如下：

（1）在手机的"设置"→"蓝牙"中打开智能手机的蓝牙功能。

（2）在电脑上，单击"开始"菜单的"设置"。

（3）在弹出的窗口中单击"设备"。

（4）在弹出的"蓝牙和其他设备"窗口中单击"添加蓝牙和其他设备"。

（5）在弹出的"添加设备"窗口中单击"蓝牙"。

（6）选择要连接的手机名，确认电脑和手机上显示的 PIN 码相同后进行配对。

（7）配对成功后，在电脑中右击要发送的文件，单击弹出菜单的"发送到"→"蓝牙设备"，双击手机图标。在手机上点击"接受"。该文件将保存到手机的"蓝牙"文件夹中。

（8）单击电脑通知区域的蓝牙图标，单击弹出菜单中的"接收文件"等待连接。在手机上选择要发送到计算机的文件，点击"分享"图标并从出现的菜单中选择"蓝牙"，再选择配对的计算机进行文件传送。

4．使用第三方应用

只要能够联网，电脑和手机有同一个应用（如微信），即可实现电脑与手机互传文件。

任务 14　添加、删除 Windows 启动项

【任务描述】

打开 Windows 注册表编辑器，完成以下操作：
1．删除 Windows 启动时自动运行的应用程序。
2．设置 Windows 启动时自动运行微信。

【特别提示】

1．打开 Windows 注册表编辑器

（1）按 Win+R 组合键打开 Windows 的"运行"窗口。

（2）在弹出的窗口（如图 1.59）"打开"右侧的输入框内输入 regedit。

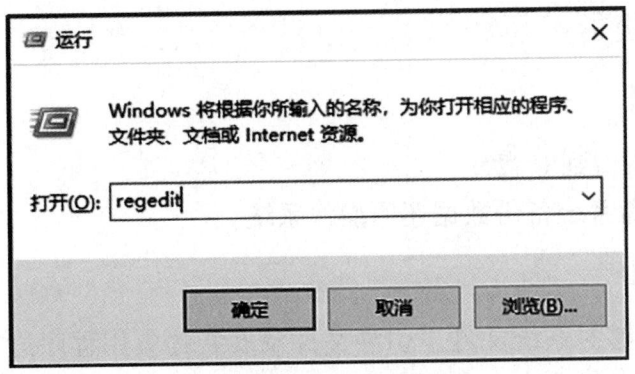

图 1.59　Windows"运行"窗口

（3）单击"确定"按钮，弹出"注册表编辑器"窗口。

2．修改 Windows 启动项

在弹出的"注册表编辑器"窗口中，单击子键"Run"（如图 1.60），其右侧的键值项对应 Windows 启动时自动运行的应用程序。

注意：HKEY_CURRENT_USER\SOFTWARE\Microsoft\Windows\CurrentVersion\Run 的键值对应当前用户启动项。只要登录，键值对应的应用程序就会运行。

HKEY_LOCAL_MACHINE\SOFTWARE\Microsoft\Windows\CurrentVersion\Run 的键值对应系统启动项。一般是驱动或系统服务程序，不建议修改。

（1）右击某一键值项，再单击弹出菜单的"删除"命令，即可取消对应程序开机时的自动运行。

（2）右击键值项的空白区域，单击弹出菜单的"新建"→"字符串值"命令，可为新建的键值项重命名（右击，再单击弹出菜单的"重命名"命令）并设置键值（右击键值名，再单击弹出菜单的"修改"命令，输入应用程序的完整路径）。

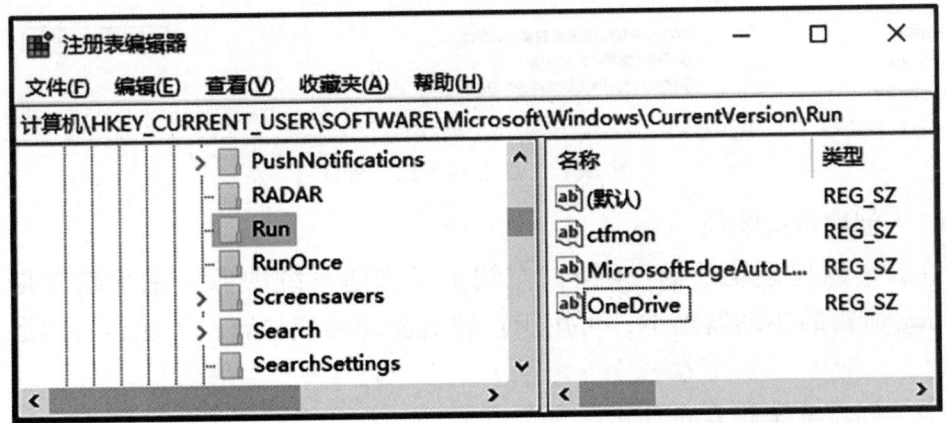

图 1.60　"注册表编辑器"窗口

任务 15　系统备份与还原

【任务描述】

1. 将系统备份到 U 盘。
2. 通过 U 盘系统备份数据还原操作系统。

【特别提示】

系统备份能够对系统文件、引导文件及安装的应用程序进行备份，以便在系统发生故障时恢复系统，确保操作系统正常运行。操作要点如下：

1. 单击"开始"菜单的"设置"命令。
2. 在弹出的"Windows 设置"窗口中单击"更新和安全"。
3. 在弹出的窗口中单击"文件备份"（窗口左侧）。
4. 在弹出的窗口中单击"转到"备份和还原"（Windows 7）"。
5. 在弹出的窗口（如图 1.61）中可以实现以下功能：

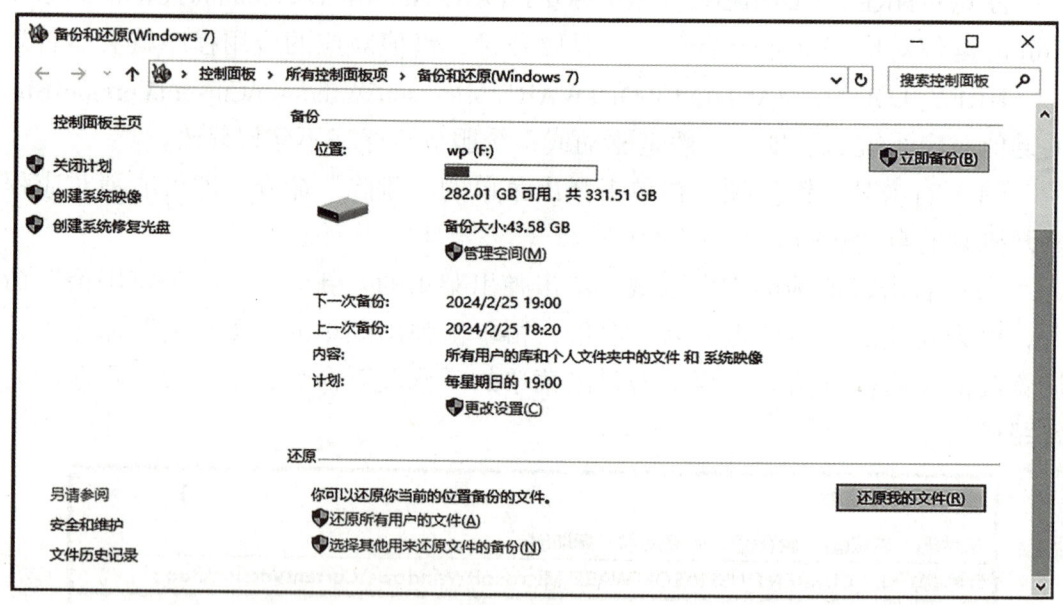

图 1.61　"备份和还原"窗口

（1）创建系统映像

单击"创建系统映像"（窗口左侧）可创建系统映像。系统映像是运行 Windows 所需的驱动器副本，可用于在硬盘驱动器或计算机停止运行时还原计算机。

（2）创建系统修复光盘

如果计算机已配置可读写的 DVD 光盘驱动器，则可通过单击"创建系统修复光盘"（窗口左侧）创建系统修复光盘，用于修复 Windows 系统。

（3）系统备份

单击"更改设置",可以重新设置将系统备份到 U 盘、硬盘或网络其他计算机的存储设备上。

（4）系统还原

单击"还原所有用户的文件"（当备份数据准备就绪时）、"还原我的文件"或"选择其他用来还原文件的备份",可从前面的系统备份中还原系统。

（5）更改设置

单击"更改设置",可以更改系统自动备份计划。

任务 16　使用 Microsoft Clipchamp

【任务描述】

1．利用 Microsoft Clipchamp 的 AI 创建一段视频。

2．使用 Microsoft Clipchamp 录制一段视频。

3．使用 Microsoft Clipchamp 将一段文字转换为语音。

【特别提示】

Microsoft Clipchamp 是微软推出的一款简单实用的视频编辑器。这款视频制作软件采用拖放界面,对初学者非常友好,而且提供了高级视频编辑功能,可以剪辑、裁剪和调整视频大小,添加或删除音频、滤镜和转场效果,录制屏幕和网络摄像头,编辑绿幕特效,甚至添加 AI 配音。

使用要点：

1．安装 Microsoft Clipchamp

Microsoft Clipchamp 不是 Windows 系统的默认安装程序,需手动安装。安装步骤如下：

（1）在 Windows 搜索框（任务栏"开始"菜单按钮右侧）输入 Clipchamp。

（2）在"开始"菜单右侧会显示 Clipchamp 的相关信息。单击"在 Windows 上安装",根据提示进行安装即可。建议安装时将 Clipchamp 固定在"开始"菜单。

2．在 Clipchamp 的启动界面主要提供了以下功能操作：

（1）创建新视频。

（2）使用 AI 创建视频。

（3）剪裁视频。

（4）录制视频。使用麦克风、屏幕或摄像头创建视频。

（5）文字转语音。

（6）模板。通过模板创建视频。

在 Clipchamp 的主窗口中，可以单击"帮助"了解相关操作的详细信息。

任务 17　系统启动优化

【任务描述】

1. 关闭系统全部隐私选项。
2. 关闭系统后台应用。
3. "传递优化"设置：不允许从其他电脑下载。
4. 删除 Windows 临时文件。
5. 禁用开机启动，终止系统服务。
6. 删除系统恶意软件。

【特别提示】

1. 在"Windows 设置"窗口中，单击"隐私"→"常规"，关闭系统全部隐私选项，如图 1.62。

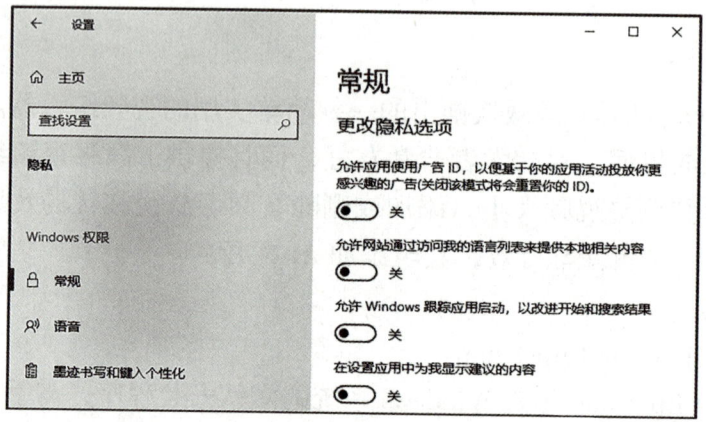

图 1.62　更改隐私选项

2. 在"Windows 设置"窗口中，单击"隐私"→"后台应用"，关闭系统全部后台应用，如图 1.63。

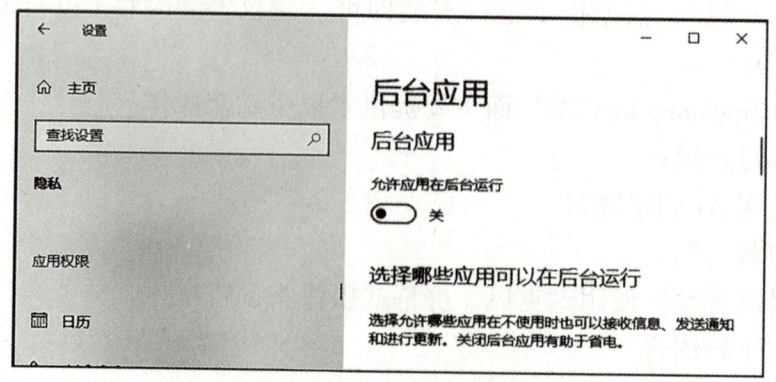

图 1.63　关闭后台应用

3．在"Windows 设置"窗口中，单击"更新和安全"→"传递优化"，关闭"允许从其他电脑下载"。如图 1.64。

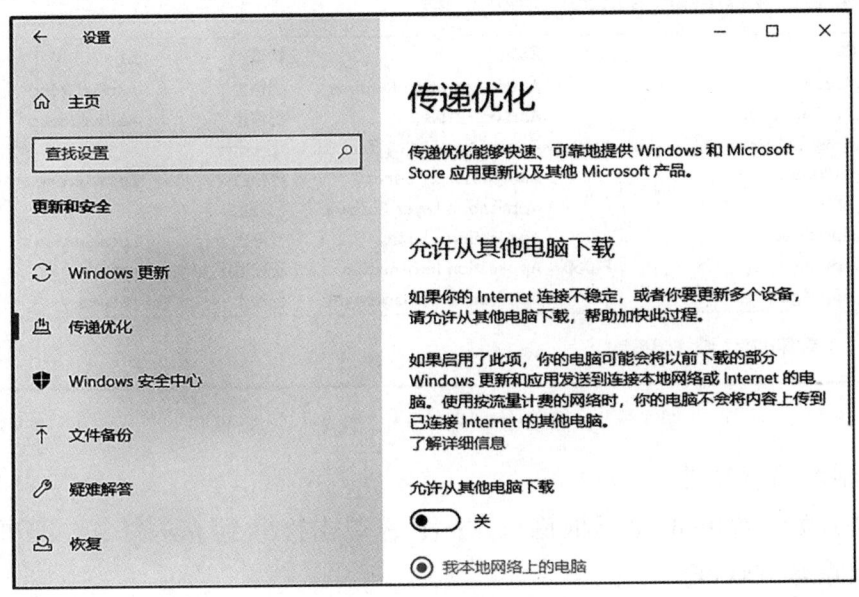

图 1.64 "传递优化"设置

4．在 Windows 搜索框（任务栏"开始"菜单按钮右侧）输入"%temp%"，再单击"开始"菜单中的"打开"命令，在打开的文件夹中删除全部文件。

5．右击任务栏空白区，单击弹出菜单的"任务管理器"命令，在弹出的窗口中，通过"启动"选项卡（如图 1.65）可禁止启动项，通过"服务"选项卡（如图 1.66）可禁止系统服务。

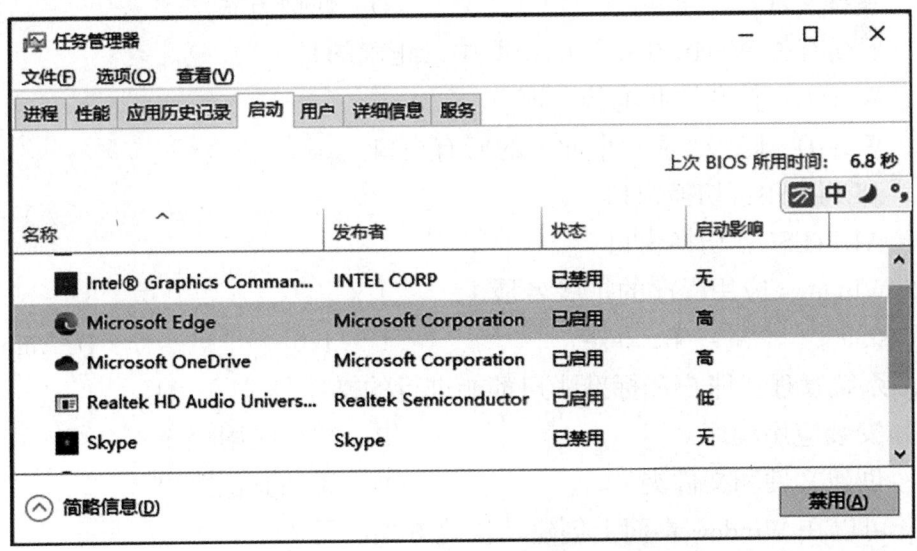

图 1.65 "任务管理器"→"启动"设置窗口

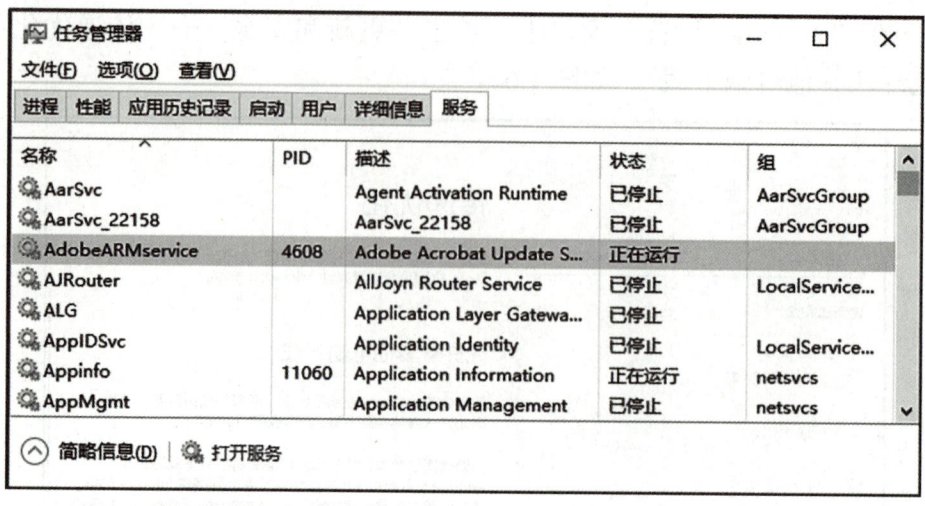

图 1.66 "任务管理器"→"服务"设置窗口

6. 删除恶意软件

在"开始"菜单的搜索框输入"mrt",单击搜索到 mrt 命令,即可扫描计算机并删除恶意软件。

思考题

一、不定项选择题

1. 在 Win10 桌面上,有些图标左下角带箭头符号,表示该图标是(　　)。

A. 文件　　　　　　　　　　B. 文件夹

C. 系统文件　　　　　　　　D. 快捷方式

2. 下面有关 Win10 快捷键的说明中,正确的是(　　)。

A. Win+E:打开"此电脑"窗口

B. Win+D:隐藏/显示桌面上的所有窗口

C. ALT+TAB:切换窗口

D. ALT+ESC:切换窗口

3. Windows 应用程序的扩展名是(　　)。

A. .bat　　　　B. .exe　　　　C. .txt　　　　D. .mp3

4. 系统管理员账户和标准账户都能进行的操作是(　　)。

A. 安装应用程序　　　　　　B. 卸载应用程序

C. 创建文件和文件夹　　　　D. 添加其他账户

5. 可以在 Window 桌面上创建其快捷方式的是(　　)。

A. 文件　　　　B. 文件夹　　　C. 逻辑盘　　　D. U 盘

6. 在 Windows 桌面上,用户可以(　　)。

A．创建文件 B．创建文件夹
C．删除所有图标 D．隐藏所有图标

7．在资源管理器的搜索框内输入"?a*.jpg"后，搜索列表中不可能显示的文件名是（　　）。

A．bto.jpg B．cak.jpg
C．cAb.jpg D．dacc.ico

8．可以正常关闭计算机操作的是（　　）。

A．长按机箱上的电源按钮
B．按一下机箱上的电源按钮
C．直接拔除电源
D．单击"开始"菜单的"关机"命令

9．在 Windows 资源管理器中，可以设置显示"文件扩展名"的操作是（　　）。

A．执行"工具"→"显示"→"文件扩展名"命令
B．单击"文件"→"显示"→"文件扩展名"
C．单击"查看"，选择"文件扩展名"选项
D．单击"查看"→"选项"→"查看"选项卡，取消选择"隐藏已知文件类型的扩展名"

10．右击窗口的控制图标，在弹出菜单中没有的命令是（　　）。

A．移动 B．还原 C．最小化 D．关机

11．下列说法中错误的是（　　）。

A．"C:\"表示 C 盘根目录 B．子目录不可与父目录同名
C．拖动文件执行的是移动操作 D．文件名中不能有"?"字符

12．下面有关 Windows 的回收站说法中，正确的是（　　）。

A．在回收站属性窗口中，可设置不显示删除确认对话框
B．在回收站属性窗口中，可设置不将文件移到回收站
C．删除 U 盘中的内容可通过回收站恢复
D．回收站不是文件夹

13．任务栏对齐方式可以是（　　）。

A．底部或顶部 B．右侧
C．靠左 D．居中

14．计算机系统不能缺少（　　）。

A．操作系统 B．输入输出设备
C．硬盘 D．图形图像处理软件

二、填空题

1. Windows 快捷键 Win+E 的作用是_____。
2. 某程序运行一段时间后不能响应鼠标和键盘操作，单击其窗口右上方的关闭按钮也不响应。那么，强行关闭该程序的方法是_____。
3. 在资源管理器中，如果需直接删除选择的文件而不放入回收站，可以先按下_____键再按 Del 键。
4. 通常情况下，Windows 桌面上会显示"网络""计算机""回收站"图标。其中能直接按 Del 键删除的是_____。
5. 在资源管理器中，选择第一个文件后按下_____键，再单击最后一个文件，可以选择位置连续的多个文件。
6. 右击桌面空白处，鼠标移到弹出菜单的_____菜单项，再单击下拉菜单命令"显示桌面图标"，可显示或隐藏桌面图标。

三、操作题

1. 如何设置，使按下机箱电源按钮时关闭显示器？
2. 如何设置，使某台计算机上安装的打印机能为局域网内其他计算机使用？
3. 如何将正在运行的程序锁定到 Windows 的任务栏？
4. 如果不小心删除了桌面上的"计算机"图标，如何恢复？
5. 更改计算机主题为"风景"，并设置屏幕分辨率为 1024×768。

第二章

WPS 文字处理

第一节　验证性实验

任务 1　特殊字符的输入

【任务描述】

创建主文件名为 RW1 的 WPS 文档，参考图 2.1 在文档中输入文本，要求文本中的选择框单击时能够在☑和□之间切换。

---

1. 选择你的个人爱好：
☑中国象棋　　□国际象棋　　☑乒乓球　　☑篮球　　□足球
□羽毛球　　　□围棋　　　　□射击　　　□长跑　　☑摄影
2. 今天的温度是 10℃，转换为华氏温度是____℉。
3. 12×6÷3=____。
4. $\frac{3}{4}$π 四舍五入保留四位小数后的值为____。

图 2.1　特殊字符输入效果

【操作步骤】

1. 单击 Windows"开始"菜单。
2. 单击"WPS Office"。
3. 在弹出的窗口中，单击"新建"命令，再单击"文字"图标（如图 2.2）。

图 2.2　WPS Office 启动窗口

4. 在打开的 WPS 文字窗口中，切换到中文输入法，参考图 2.1 输入文本。其中☑,℃，×，÷，π,℉等特殊符号需要通过"插入"→"符号"命令输入。

【特别提示】

在 WPS 文字中，输入特殊符号有以下几种方法：

1. 单击"插入"→"符号"命令，在弹出的窗口（如图 2.3）选择符号插入。

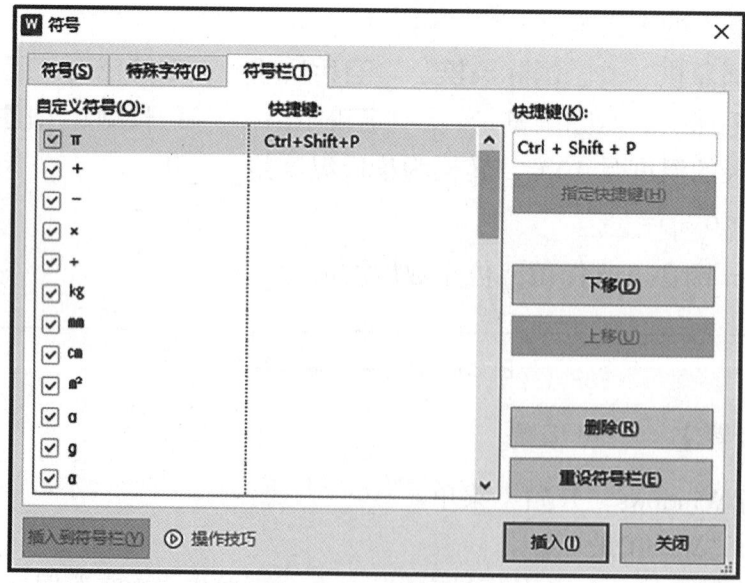

图 2.3　插入符号窗口

在图 2.3 所示的窗口中：

（1）包含"符号""特殊字符"和"符号栏"三个选项卡，均可选择字符插入。

（2）在"符号栏"选项卡中，可以为常用字符指定快捷键。指定方法：在"自定义符号"的列表中单击需设置快捷键的字符，再在其右侧的"快捷键"输入框中按快捷键后单击"指定快捷键"按钮。

（3）在"符号"选项卡中，可以将选择的符号插入到符号栏。

2．单击"插入"→"符号"右侧的下拉按钮，在弹出的符号列表中单击需要插入的字符。

3．单击"视图"选项卡，勾选"任务窗格"后，在 WPS 文字窗口的右侧会显示任务窗格。单击任务窗格中的"符号大全"图标 Ω，即可选择符号并插入到文档中。

4．使用字符代码输入特殊符号

在图 2.3 所示的窗口中，切换到"符号"选项卡，选择一个字符后会显示该字符的字符代码。在文档中输入字符代码后按组合键 Alt+X，即显示字符代码对应的字符。如：输入 2611 后按组合键 Alt+X，即显示☑。

注意：在"文件"→"选项"窗口的"视图"→"功能区选项"中，"单击方框时打勾"选项是默认选择的。如果取消选择，则单击方框"☑"时不会切换到"□"。

5．使用软键盘插入特殊符号

绝大部分中文输入法均提供了软键盘。右击语言栏上的软键盘图标，选择一种键盘布局后即可插入符号。

6．使用特殊字体

在文档中输入半角字符（如数字、英文标点和字母）后，设置特殊字体（如 Webdings，Wingdings，Wingdings2，Wingdings3），即可显示特殊字符。如输入"abcdefg"后将其字体设置为"Webdings"，则显示为：✔ ⚙ □ ♥ □ ♥ 🚌 ■。

7．使用 U 模式、V 模式输入

微软拼音提供了 U 模式、V 模式两种特殊方式输入文字。

U 模式输入支持以下几种输入方法：

（1）笔画输入。先输入字母"u"，再依次输入每一笔画的拼音首字母，即可得到所需文字。如："亓"由横、横、撇、竖构成，可输入"uhhps"得到。

具体笔画对应的按键为：横 / 提 –h、竖 / 竖钩 –s、撇 –p、捺 –n、折 –z、点 –d。**注意**："忄"由点、点、竖构成，可输入"udds"得到。

（2）拆分输入。先输入字母"u"，再输入各部首或文字的拼音，即可得到所需文字。如："叻"由偏旁"口"和"力"组成，可输入"ukouli"得到；"氼"

由两个偏旁"水"组成，可输入"ushuishui"得到。常见偏旁的拼音输入如表2.1所示。

表2.1 常见偏旁的拼音输入

偏旁	输入	偏旁	输入
冫	bing	氵	shui
纟	jiao/si	幺	yao
阝	fu	匚	fang
亻	ren	彳	chi
忄	xin	灬	huo
亠	tou/wen	宀	mian
扌	shou	犭	quan
艹	cao	冖	mi
辶	zou	夂	yin
礻	shi	钅	jin
讠	yan	饣	shi

（3）笔画、拆分混合输入。笔画输入与拆分输入混合输入。如："叻"由偏旁"口"和笔画折、撇构成，可输入"ukouzp"得到。

（4）符号输入。输入"uu"+拼音首字母。其中包括：

uudw：单位符号。如：℃,℉,°，¥。

uuxh：序号。如：①，②，③。

uuts：特殊符号。如：№，©，®，※。

uubd：标点符号。如：【，】，〖，〗。

uujh：几何符号。如：←，↑，↔，⇨。

uuzm：字母符号。如：ㄅ，ㄇ，ㄉ，ㄊ。

V模式输入用于输入中文格式的数字、日期和时间等。

V模式输入示例：

输入"v1234"可得到"一千二百三十四""壹仟贰佰叁拾肆"。

输入"v2024-2-28"可得到"2024年2月28日"。

输入"v2-28"可得到"二月二十八日"。

注意：微软拼音默认已开启U模式输入和V模式输入。如需关闭或开启，可右击微软拼音状态栏，再单击弹出菜单的"设置"命令，在弹出的窗口（如图2.4）中单击"高级"选项，在弹出的窗口（如图2.5）中进行设置即可。

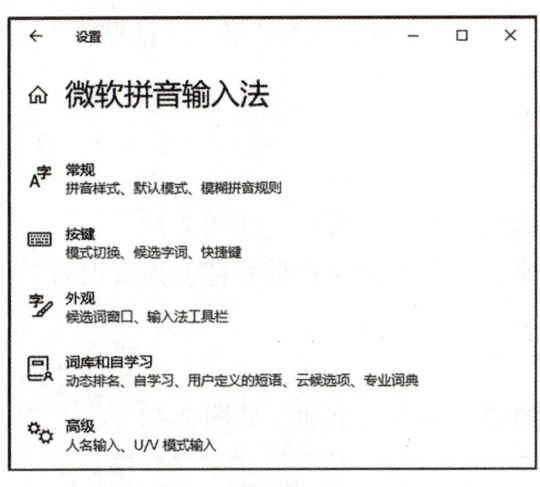

图 2.4 "微软拼音输入法"设置窗口

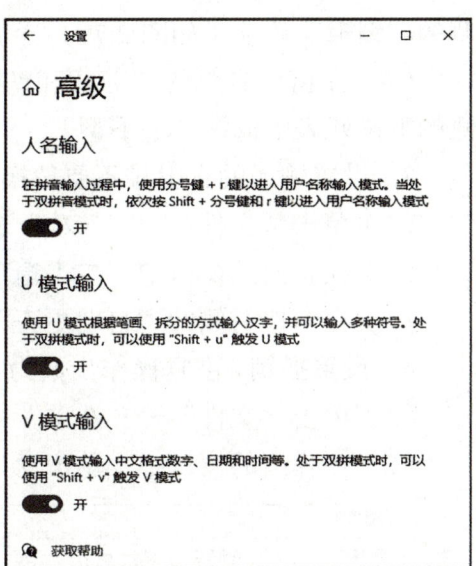

图 2.5 微软拼音输入法"高级"设置窗口

任务 2　设置 WPS 文字选项

【任务描述】

打开 WPS 文字，设置如下选项：

1．文档修改后，间隔 10 分钟自动生成备份。

2．插入的图片默认环绕方式为"上下型"。

3．输入的直引号不要替换为弯引号。

4．撤销/恢复操作步数：20。

5．文字默认保存格式：WPS 文字（*.wps）。

【操作步骤】

1．设置自动生成备份的时间间隔

（1）打开 WPS 文字，单击"文件"→"备份与恢复"→"备份中心"→"本地备份设置"命令。

（2）在弹出的窗口（如图 2.6）中选择"定时备份"，设置时间间隔为 10 分钟。

2．设置图片默认环绕方式为"上下型"

（1）单击"文件"→"选项"命令。

（2）在弹出的窗口中，单击窗口左

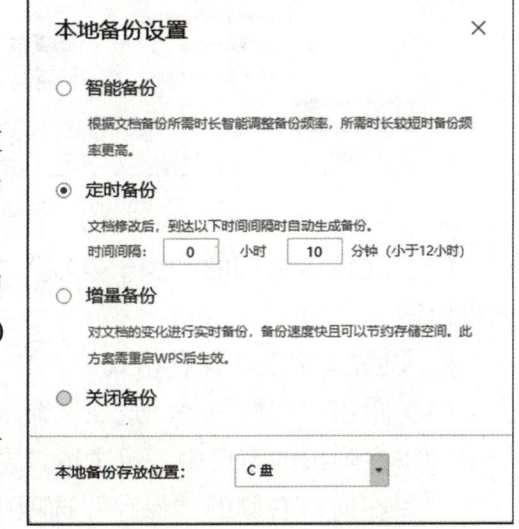

图 2.6 "本地备份设置"窗口

侧的"编辑"选项（如图2.7）。

（3）在窗口右侧的"剪切和粘贴选项"中，在"将图片插入/粘贴为"右侧的下拉列表中选择"上下型"。

3．设置输入的直引号不要替换为弯引号

（1）单击"文件"→"选项"命令。

（2）在弹出的窗口中，单击窗口左侧的"编辑"选项（如图2.7）。

（3）在窗口右侧的"自动更正"选项中，不勾选"直引号替换为弯引号"。

4．设置撤销/恢复操作步数为20

（1）单击"文件"→"选项"命令。

（2）在弹出的窗口中，单击窗口左侧的"编辑"选项（如图2.7）。

图2.7 "编辑"选项设置窗口

（3）在窗口右侧的"编辑选项"中，在"撤销/恢复操作步数"右侧的输入框内输入"20"。

5．设置文字默认保存格式

（1）单击"文件"→"选项"命令。

（2）在弹出的窗口中，单击窗口左侧的"常规与保存"选项。

（3）在窗口右侧的"保存"选项中，在"文件保存默认格式"右侧的列表中选择"WPS文字文件(*.wps)"。

任务 3　设置字符格式与段落格式

【任务描述】

在 D 盘根目录下创建一个主文件名为 RW3 的 WPS 文档，要求：

1. 文档内容如图 2.8 所示。

硬盘三种常见格式化方式
低级格式化
介质检查；磁盘介质测试；划分磁道和扇区；对每个扇区进行编号（C/H/S）。只能在 DOS 环境或自写的汇编指令下进行，低级格式化只能整盘进行，现在硬盘出厂都是经过低格的，实际使用不到万不得已不要使用低格。
高级格式化
清除数据（且删除标记）；检查扇区；重新初始化引导信息；初始化分区表信息。可在 DOS 和操作系统上进行，只能对分区操作。如果存在坏扇区可能会导致长时间磁盘读写。
快速格式化
删除文件分配表；不检查扇区损坏情况。可以在 DOS 和操作系统上进行，只能对分区操作。
　　　　　　　　　　　　　　　　　　　　　　　　　　　　　　　　　X3 工作室提供

图 2.8　RW3 文档内容

2．将第一段落（首行）设置为：

（1）居中。

（2）段后间距：1 行。

（3）字体：三号、加粗、红色。

（4）文本效果：

阴影：外部→右下斜偏移，颜色黄色（标准色），距离 20 磅。

倒影：倒影变体→紧密倒影，8pt 偏移量。

（5）文本轮廓：实线、颜色 F4B183、宽度 0.75 磅、复合类型为双线。

3．将第三、五、七段落设置为首行缩进 2 个字符。

4．将第三段落的字符间距设为加宽 4 磅。

5．将第八段落（最后一行）设置为右对齐；字符"3"设置为上标。

6．为最后一行的所有文本设置字符边框和底纹。

7．在文档头插入空白页，按照图 2.9 效果输入文本并排版。

```
学　　号：_____
姓　　名：_____
政治面貌：_____
学　　院：_____
专　　业：_____
出 生 地：_____
联系电话：_____
```

图 2.9　排版效果

【操作步骤】

1. 设置第一段落居中对齐

（1）将插入点停留在需设置段落格式的段落中（或选择需设置段落格式的段落）。

（2）单击"开始"选项卡。

（3）单击"段落"组的"居中对齐"图标（或按 Ctrl+E）设置段落居中。

2. 设置第一段落的段后间距

（1）单击"段落"组"行距"按钮（第二行第六个）。

（2）单击弹出菜单中的"其他"命令。

（3）在弹出的"段落"对话框（如图 2.10）中，在"段后"右侧的输入框内输入"1"，单位选择"行"。

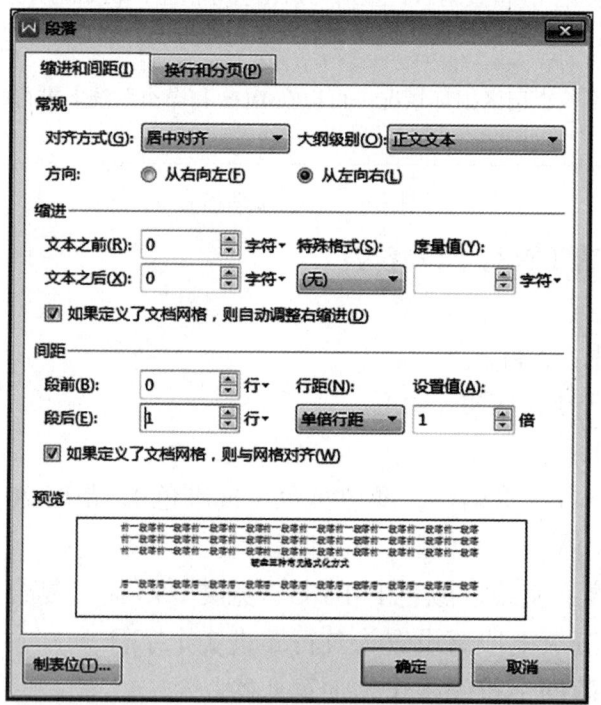

图 2.10 "段落"对话框

（4）单击"确定"按钮。

3. 设置第一段落的字体格式

（1）在第一行左侧空白处单击，选择第一行。

（2）单击"开始"选项卡。

（3）在"字体"组：单击"字号"右侧的下拉按钮（第一行第二个组合框）。

（4）在弹出的菜单中单击"三号"。

（5）单击"加粗"图标（第二行第一个，也可按 Ctrl+B）。

（6）单击"字体颜色"按钮右侧的小三角（第二行右起第二个）。

（7）在弹出的菜单中单击"红色"色块。

4．设置第一段落文本效果

（1）按键 Ctrl+D，打开"字体"对话框。

（2）单击"文本效果"按钮。

（3）在弹出窗口的"填充与轮廓"选项卡中，可设置文本轮廓，如图 2.11 所示。

（4）在"效果"选项卡中，可设置阴影、倒影等效果，如图 2.12 所示。

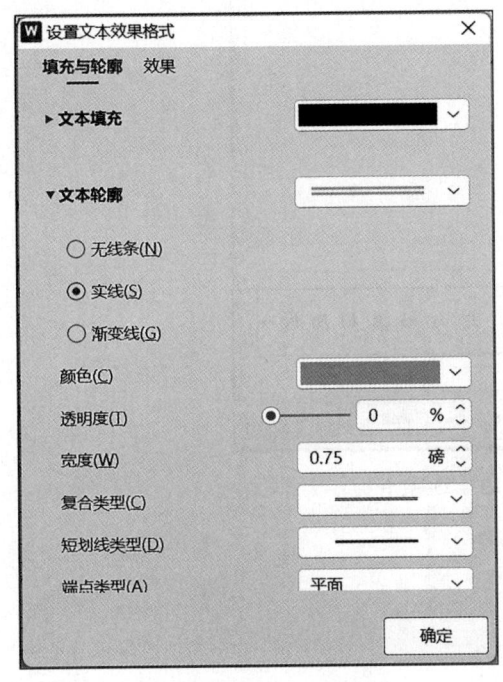 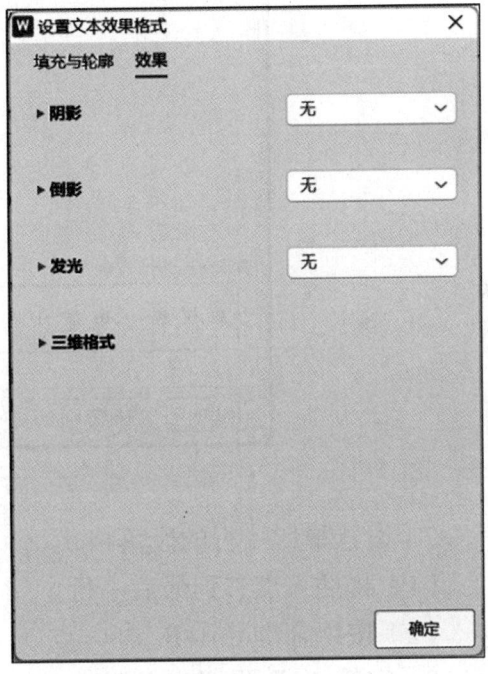

图 2.11　设置文本轮廓　　　　　　图 2.12　设置文本阴影、倒影效果

5．将第三、五、七段落设置为首行缩进 2 个字符

（1）以第三段为例，在第三段落中右击鼠标。

（2）单击弹出菜单的"段落"命令，弹出窗口如图 2.10。

（3）单击"特殊格式"下方的下拉按钮，单击弹出的列表项"首行缩进"。

（4）在"度量值"下方的组合框中输入"2"，单位选择"字符"。

（5）单击"确定"按钮。

6．设置第三段落的字符间距

（1）在第三段落左侧双击，选择第三段落。

（2）按 Ctrl+D 打开"字体"对话框。

（3）单击"字符间距"选项卡（如图 2.13）。

（4）在"间距"右边的下拉列表中选择"加宽"，右侧"值"输入框内输入"4"，单位选"磅"。

（5）单击"确定"按钮。

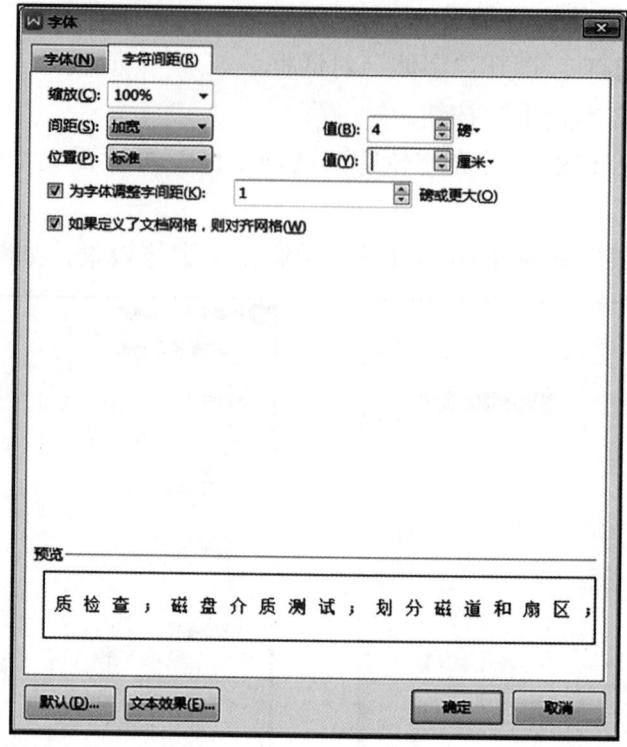

图 2.13　"字符间距"选项卡

7．设置最后一行的段落格式

（1）将插入点移到最后一行。

（2）按组合键 Ctrl+R。

8．字符"3"设置为上标

（1）选择字符"3"。

（2）按组合键 Ctrl+Shift+=。

9．最后一行的所有文本设置字符边框和底纹

（1）单击最后一行左侧的选择栏，选中整行。

（2）单击"开始"选项卡。

（3）单击字体功能组"拼音指南"右侧的小三角（第一行最后一个），在打开的下拉菜单中选择"字符边框"。

（4）单击字体功能组的"字符底纹"按钮。

另外，选择文本后，利用"开始"选项卡下"段落"组的"边框"→"边框和底纹"命令，也可以设置文本边框（可设置线型、颜色和宽度，如图 2.14）和底纹（可设置填充颜色和图案，如图 2.15）。注意："应用于"选择"文字"。

10．插入空白页并排版

（1）按组合键 Ctrl+Home，将插入点移到文档头。

（2）按组合键 Ctrl+Enter，在文档头插入空白页。

（3）在文档第一页按照图 2.16 输入文本。注意每行下划线数目均为 8。

（4）选择"学号"文本（**注意：**不要选择冒号及下划线，下同）。

（5）按下 Ctrl 键，依次选择其他行的文本。

（6）单击"开始"选项卡"段落"组的"中文版式"→"调整宽度"命令。

（7）在弹出的"调整宽度"对话框（如图 2.17）中将"新文字宽度"设置为 4 字符后，单击"确定"按钮。

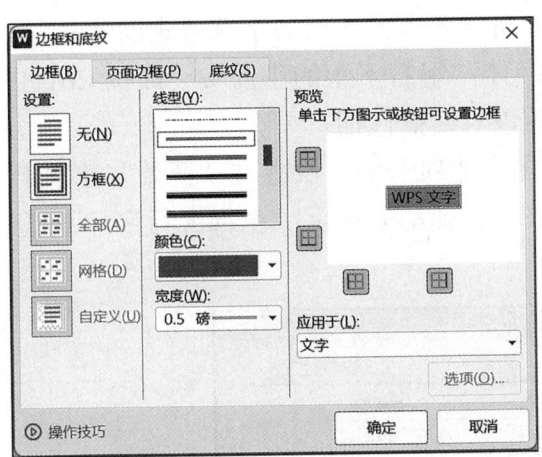

图 2.14 设置文字边框　　　　　　　　图 2.15 设置文字底纹

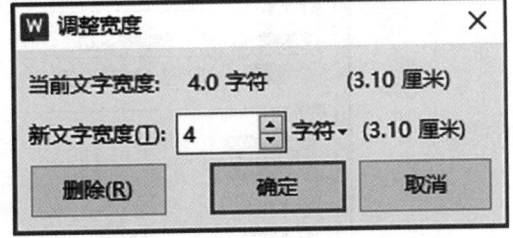

图 2.16 文本输入效果　　　　　　　　图 2.17 "调整宽度"对话框

11. 单击 WPS 应用程序窗口左上角的"　　"按钮（左起第二个）保存文档，或按组合键 Ctrl+S 保存文档。

【特别提示】

1. 编辑文档时，按"Enter"（回车）键后会显示段落标记"↵"，表示段落结束。在 WPS 文档中，有多少段落标记，就有多少段落。当"段落"功能组中"显示/隐藏编辑标记"功能被勾选时，可以看到段落标记。

2. 在网络上下载的文档中，行结尾常有字符"↓"，这是换行符，不表示段落结束。按组合键 Shift+Enter 可插入换行符。

3. 文档左侧的空白部分称为"选择栏"。在"选择栏"上可进行以下操作：

（1）单击。选择一行。

（2）双击。选择一个段落。

（3）三击。选择全部文档内容。

（4）直接按下鼠标左键并拖动鼠标。选择多行。

4. 选择文本后，按下 Ctrl 键后可选择不连续的文本。

5. 在"开始"选项卡的"字体"功能组仅列出了常用的字符格式设置命令，如果需要设置其他字符格式，可单击"字体"组右下角的小箭头（或按 Ctrl+D 快捷键）打开"字体"对话框进行设置。该对话框包括：

（1）"字体"选项卡（如图 2.18）。在该选项卡中，没有在"开始"选项卡"字体"功能组列出的命令有"双删除线""小型大写字母""全部大写字母""隐藏文字"。

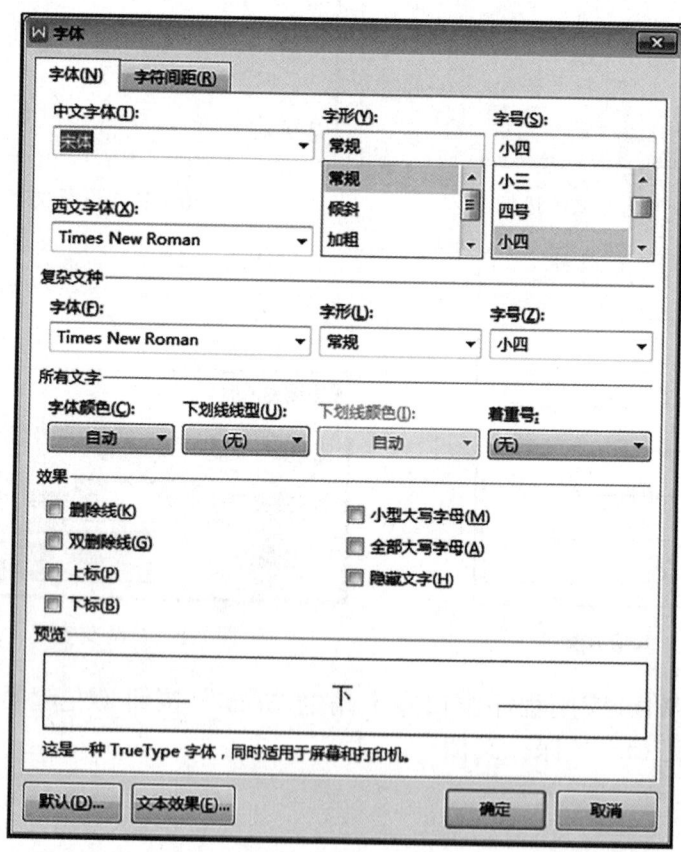

图 2.18 "字体"对话框

（2）"字符间距"选项卡。主要命令有："缩放"（可指定缩放的百分比，但缩放后字号不会改变），"间距"（改变字符之间的距离，可以加宽或紧缩指定的距离），"位置"（提升或降低字符位置）。

（3）"默认"按钮。可以设置好各种字符格式后单击该按钮，以改变 WPS 文字的默认字符格式。

（4）"文本效果"按钮。单击该按钮，在弹出的对话框中，可以设置文本填充、文本轮廓、阴影、倒影、发光和三维格式等效果。

6．在"段落"对话框中，可设置段落缩进。缩进的方式有：

（1）文本之前缩进（左缩进）：段落整体相对页面编辑区域左侧缩进。

（2）文本之后缩进（右缩进）：段落整体相对页面编辑区域右侧缩进。

（3）首行缩进：仅段落第一行缩进。

（4）悬挂缩进：除段落第一行以外的其余各行缩进。

7．在页面视图中，也可利用标尺设置缩进。

（1）单击"视图"选项卡的"标尺"，可选择或取消标尺的显示。

（2）在标尺左侧有三个滑块，从上到下依次为：首行缩进、悬挂缩进和左缩进。在标尺右侧有一个滑块，用于设置右缩进。

8．段落首行需缩进两个字符时，正确的方法是利用"首行缩进"进行设置，避免直接输入空格。

9．WPS 中可利用以下组合键完成特定操作：

Enter：插入段落标记。

Shift+Enter：插入换行符（段落内换行）。

Ctrl+Enter：插入分页符。

Ctrl+D：打开"字体"对话框。

Ctrl+=：设置或取消下标。

Ctrl+Shift+=：设置或取消上标。

Ctrl+E（L，R，J）：居中（左对齐、右对齐、两端对齐）。

Ctrl+Shift+J：分散对齐。

Home：将插入点移到行首。

End：将插入点移到行尾。

Ctrl+Home：将插入点移到文档开始位置。

Ctrl+End：将插入点移到文档尾。

Ctrl+Z：撤销操作。重复按键，可依次回撤。

Ctrl+Y：恢复，是撤销的逆操作。

F4：重复最后一次操作。

10．在 WPS 中选择文本后会显示字体设置的浮动工具栏，利用该工具栏可以快速设置字体、字号、字形等格式。

11．保存文件时注意文件的类型。默认文件类型是 Word 文档（*.docx）。必要时可考虑保存为以下类型：

（1）WPS 文字文件（*.wps）：为 WPS 文字格式。

（2）Word 97–2003 文档（*.doc）：为 Word 早期版本的文档格式。

（3）PDF（*.pdf）：由 Adobe Systems 用于与应用程序、操作系统、硬件无关的方式进行文件交换所发展出的文件格式。PDF 格式是在 Internet 上进行电子文档发行和数字化信息传播的理想文档格式。

（4）文本文件（*.txt）：仅保存文本内容，不能保存格式和图形。

（5）网页（*.htm，*.html）：生成可直接通过浏览器打开的网页文件。

（6）Word 模板（*.dotx）：可直接利用此模板快速生成相同格式的文档。

（7）RTF 格式（*.rtf）：由微软公司开发的跨平台文档格式。大多数的文字处理软件都能读取和保存 RTF 文档。

任务 4 查找与替换

【任务描述】

针对任务 3 给出的文档，利用"查找与替换"功能完成以下操作：
1. 将文档中所有"操作系统"替换为"Windows 操作系统"。
2. 将文档中所有"格式化"文本设置为红色加粗。

【操作步骤】

1."操作系统"替换为"Windows 操作系统"

（1）将插入点定位到文档头。

（2）按 Ctrl+H 打开"查找和替换"对话框（如图 2.19）。

（3）在"查找内容"右侧的输入框内输入"操作系统"。

（4）在"替换为"右侧的输入框内输入"Windows 操作系统"。

（5）单击"全部替换"按钮。

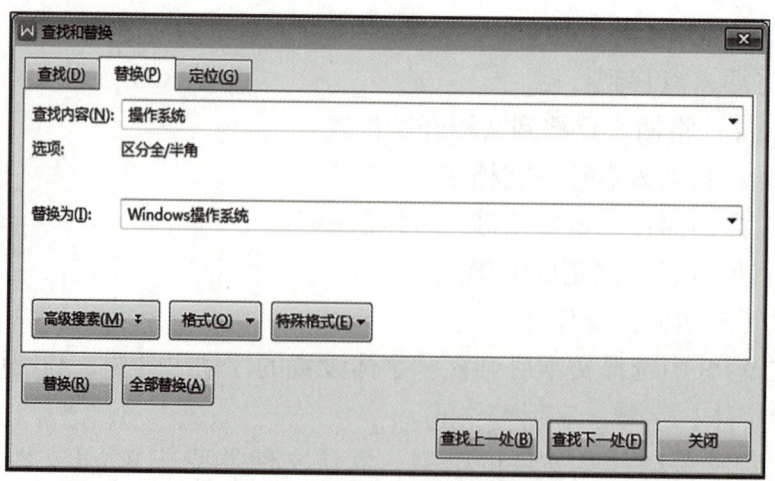

图 2.19 "查找和替换"对话框

2. 将文档中所有"格式化"文本设置为红色加粗

（1）将插入点定位文档头。

（2）按 Ctrl+H 打开"查找和替换"对话框。

（3）在"查找内容"右侧输入"格式化"。

（4）在"替换为"右侧的输入框内单击。

（5）单击"格式"按钮。

（6）在弹出的菜单中单击"字体"命令，弹出"替换字体"对话框。

（7）单击"字体"选项卡。

（8）在"字体颜色"列表中选择红色，在"字形"列表中选择"加粗"，单击"确定"按钮关闭对话框，回到"查找和替换"对话框。

（9）单击"全部替换"按钮。

【特别提示】

1. 在图 2.19 所示的窗口中：

（1）切换到"查找"选项卡，可在当前文档中查找但不替换内容。查找的内容支持文本、格式、特殊格式、图形和通配符。

（2）切换到"定位"选项卡，可将插入点快速定位到指定的行和页等位置。

2. 进行替换时，可选择性替换。在"查找和替换"对话框中，可以先单击"查找下一处"按钮，如果需要对查找到的内容进行替换，则单击"替换"按钮。如果不需要替换查找到的内容，再次单击"查找下一处"按钮即可。

3. 利用"查找和替换"中的"高级搜索"功能，不仅能实现字符和格式的快速替换，借助通配符的使用，还可以实现更为复杂的查找和替换。查找时可使用通配符。常见通配符有：

（1）"?"。代表任意一个字符。例如，"a?t"可查找到"act"，但找不到"aspt"。

（2）"*"。代表任意个任意字符。例如，"a*t"可找到"at""act"和"aspt"。

（3）"[ ]"。指定可出现的字符。例如，"[ab]*"可找到"ant"和"bed"。

（4）"[-]"。指定范围内的字符（必须升序）。例如，"[a-d]pt"可找到"apt""cpt"，但找不到"ppt"。

（5）"[!]"。指定不可出现的字符。例如，"<[!ab]*"只能找到不是以字母"a"或"b"开头的单词。"<[!a-c]*"只能找到首字符不是"a""b"或"c"的单词。

（6）"{n}"。前一个字符或表达式必须匹配 n 次，n 为正整数。例如，"[0-9]{2}"可以找到"10"，但找不到"7"。

（7）"{n,}"。前一个字符或表达式至少匹配 n 次，n 为正整数。例如，"[0-9]

{1,}"可以找到文档中的任何正整数串。

（8）"@"。等效于"{1,}"。

（9）"（ ）"。用于对搜索表达式分组，以方便替换时分别处理查找到的各分组字符（参考下面的通配符应用示例3）。

4．通配符应用示例1：对文档中出现的所有数值设置为红色加粗。

（1）查找内容：[-0123456789.]{1,}。

（2）替换内容：（为空，不必输入任何内容）。

（3）将插入点定位到"替换为"输入框中，再单击"格式"按钮，在弹出的菜单项中单击"字体"命令。

（4）在打开的对话框中设置相应的字符格式。

（5）单击"全部替换"按钮。

5．通配符应用示例2：删除文档中的所有空行（只有段落标记无文本的行）。

（1）查找内容：^13{2,}。

（2）替换内容：^p。

注意：使用通配符查找时，查找内容中不能使用"^p"，必须用"^13"。

6．通配符应用示例3：将文档中所有手动输入的编号"1．""2．""3．"…修改为"（1）""（2）""（3）"…

（1）查找内容：([0-9]{1,})。

（2）替换内容：(\1)。

注意：查找内容中的一对圆括号表示分组；替换内容中的"\1"表示显示查找到的第一组字符；替换内容的一对圆括号外有一个空格。

上面方法的局限：替换前后的编号均不是 WPS 的自动编号。如果需将手动输入的编号更改为自动编号，最简洁的办法是选择各编号段落后，再利用"开始"选项卡中的"编号"命令设置编号。这时输入的数字会自动按选择的编号格式进行替换。如果从某一段落开始需重新编号，可右击该段落，再单击弹出菜单的"重新开始编号"命令。

任务5　使用项目符号和编号

【任务描述】

针对任务3给出的文档进行排版，效果如图2.20所示。

硬盘三种常见格式化方式

一、低级格式化

- 介质检查
- 磁盘介质测试
- 划分磁道和扇区
- 对每个扇区进行编号 (C/H/S)

  只能在 DOS 环境或自写的汇编指令下进行，低级格式化只能整盘进行，现在硬盘出厂都是经过低格的，实际使用不到万不得已不要使用低格。

二、高级格式化

- 清除数据（且删除标记）
- 检查扇区
- 重新初始化引导信息
- 初始化分区表信息

  可在 DOS 和操作系统上进行，只能对分区操作。如果存在坏扇区可能会导致长时间磁盘读写。

三、快速格式化

- 删除文件分配表
- 不检查扇区损坏情况

  可以在 DOS 和操作系统上进行，只能对分区操作。

X^3 工作室提供

图 2.20　排版效果

具体要求如下：

1. 文档中的"一、""二、""三、"由"编号"自动生成。

2. 文档中的" "由"项目符号"自动生成。

3. 文件保存为 D:\RW5.docx。

【操作步骤】

1. 文档自动编号

（1）右击第二行。

（2）单击"开始"选项卡段落功能组"编号"按钮右侧的小三角，弹出的下拉列表中选择"编号"中的第二个格式。

（3）右击第二行。

（4）单击弹出菜单中的"调整列表缩进"命令弹出对话框（如图 2.21）。

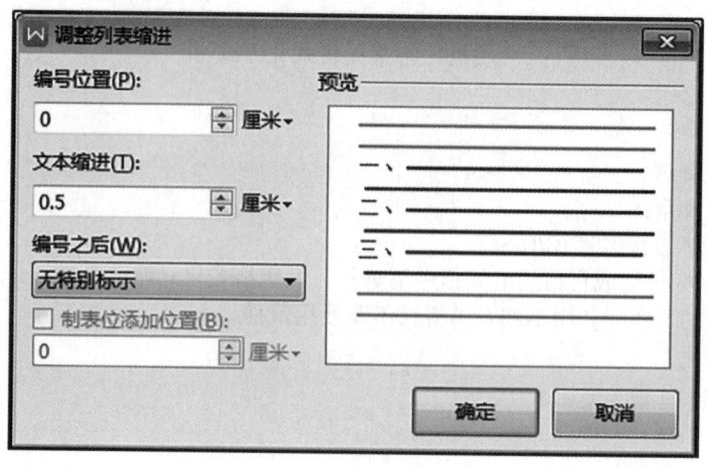

图 2.21 "调整列表缩进"对话框

(5)设置:"编号位置"0厘米,"文本缩进"0.5厘米,"编号之后"选择"无特别标示"。

(6)单击"确定"按钮,关闭对话框。

(7)在第二行左侧的选择栏单击鼠标选中该行。

(8)单击"开始"选项卡,双击"剪贴板"功能组的"格式刷"命令。

(9)分别在"高级格式化"和"快速格式化"文本所在行的选择栏单击。

(10)单击"剪贴板"组的"格式刷"命令。

2. 生成项目符号

(1)将插入点定位到"介质检查"行(第三行)。

(2)单击"开始"选项卡。

(3)单击"段落"组"项目符号"(第一行左起第一个)右侧的下拉按钮,在弹出的列表项中单击"自定义新项目符号"打开图 2.22 所示窗口。

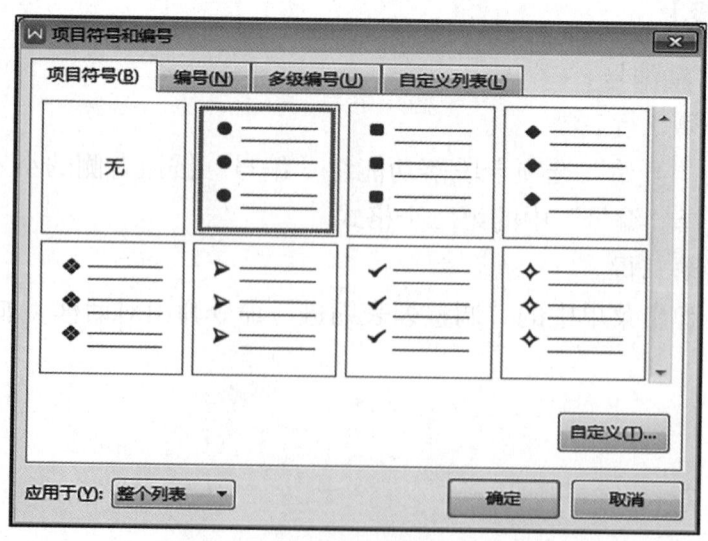

图 2.22 "项目符号和编号"对话框

（4）选择其中一种符号后点击右下角的"自定义"按钮，打开图 2.23 所示对话框，单击"字符"按钮。

（5）在弹出的窗口（如图 2.24）中，"字体"选择"Wingdings"，再在字符列表中选择"😃"。点击"插入"按钮，点击"确定"按钮。

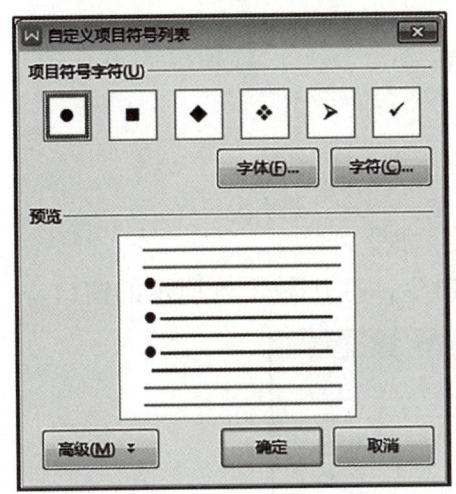
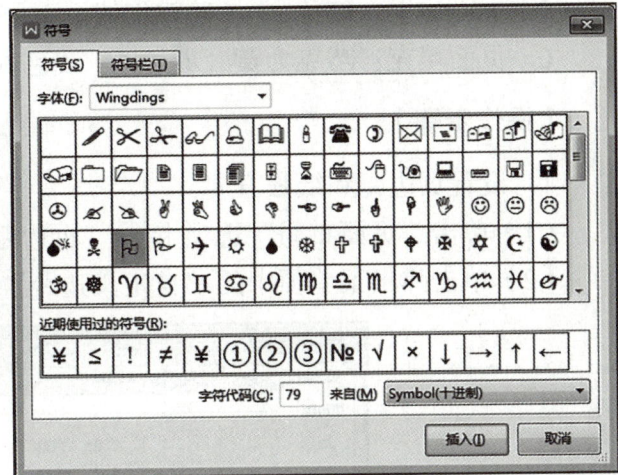

图 2.23　"自定义项目符号列表"对话框　　　图 2.24　"符号"对话框

（6）右击第三行（当前行）。

（7）单击弹出菜单中的"调整列表缩进"命令弹出窗口类似图 2.21。

（8）设置："编号位置"0 厘米，"文本缩进"0.85 厘米，"编号之后"选择"制表符"。

（9）单击"确定"按钮。

【特别提示】

1．格式刷的作用：复制格式并应用到其他位置。也可通过组合键 Ctrl+Shift+C 复制格式后，再通过组合键 Ctrl+Shift+V 粘贴格式。

2．如果文档的一部分已经自动编号，当使用格式刷对文档的另一部分进行编号时，前后编号是连续的。如果需要重新编号，可右击需重新编号的段落，再单击弹出菜单的"重新开始编号"命令。

3．设置项目符号或编号后，可利用"减少缩进量"或"增加缩进量"命令（在"段落"功能组的第一行）设置层次关系。

任务 6　页面设置与分栏

【任务描述】

创建 WPS 文档，并完成以下设置：

1．上、下、左、右页边距均为 3 厘米。

2. 纸张方向：横向。

3. 文字水印（文字：大学计算机基础实验；颜色：水绿色，R=75，G=172，B=198；版式：倾斜；半透明）。

4. 第二段落分为两栏，栏宽相等。

5. 页面边框：红色，0.5磅双细线。

6. 页面填充：巧克力黄，着色6，浅色60%。

【操作步骤】

1. 设置页边距和纸张方向

（1）单击"页面布局"选项卡→"页边距"命令。

（2）单击弹出菜单项中的"自定义边距"命令，打开图2.25所示的窗口。

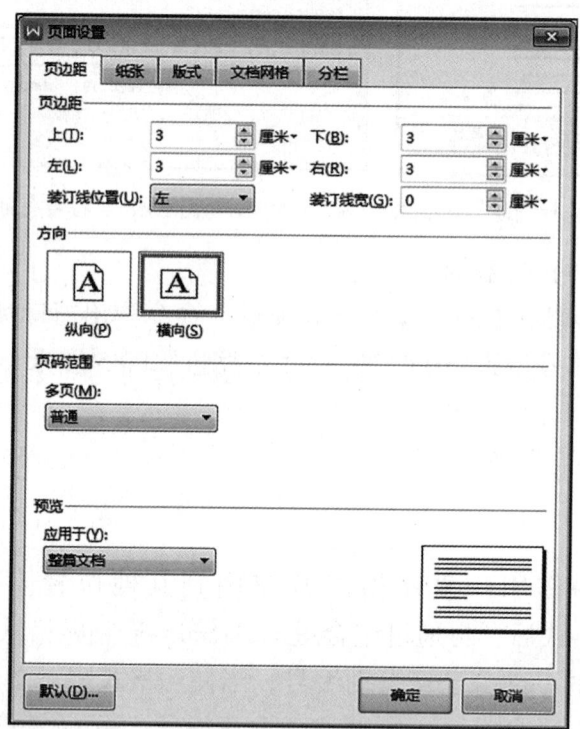

图2.25 "页面设置"对话框

（3）单击"页边距"选项卡。

（4）在"页边距"区域中，分别将上、下、左、右页边距设置为3厘米。

（5）在"方向"区域单击"横向"。

（6）单击"确定"按钮。

2. 设置文字水印

（1）单击"插入"选项卡的"水印"按钮。

（2）单击弹出列表中的"插入水印"命令（弹出窗口如图2.26）。

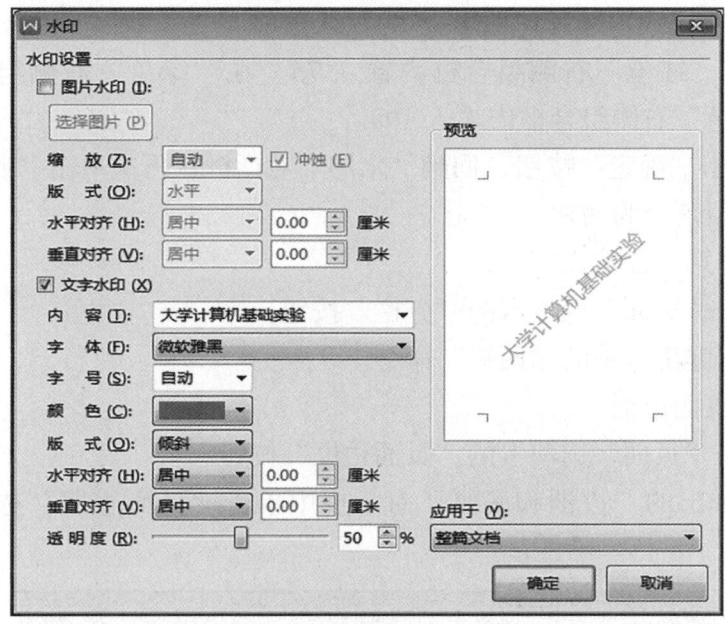

图 2.26 "水印"对话框

(3)选择"文字水印"。
(4)在"内容"右侧的输入框中输入文本"大学计算机基础实验"。
(5)"版式":倾斜,"透明度":50%。
(6)单击"颜色"右侧下拉按钮。
(7)单击列表项"其他颜色",单击列表项"更多颜色"。
(8)单击弹出窗口"自定义"选项卡(如图 2.27)。

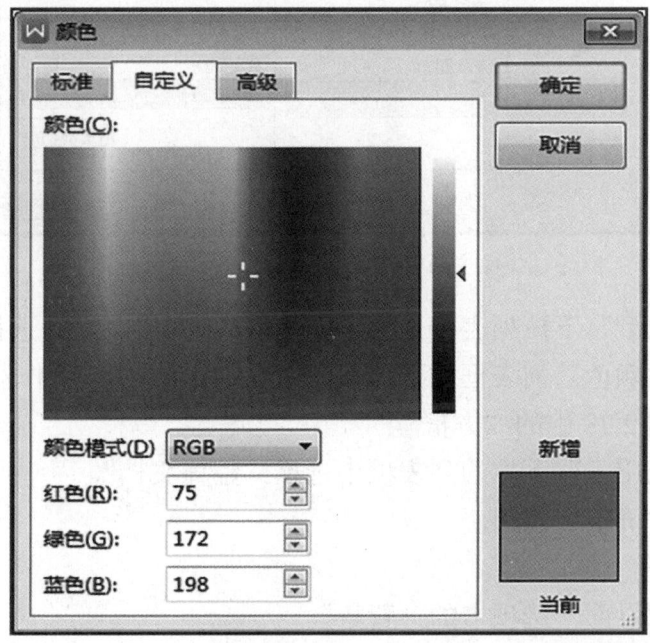

图 2.27 "颜色"对话框

（9）"颜色模式"选择"RGB"（为默认选项）。

（10）在"红色"右侧组合框内输入75，在"绿色"右侧组合框内输入172，在"蓝色"右侧组合框内输入198。

（11）单击"确定"按钮，回到"水印"对话框，再次单击"确定"按钮。

3．第二段落分为两栏

（1）选择第二段落文字。

（2）单击"页面"选项卡的"分栏"按钮。

（3）单击弹出菜单的"两栏"命令。

4．设置页面边框

（1）单击"页面"选项卡的"页面边框"按钮。

（2）在弹出的"边框和底纹"对话框中单击"页面边框"选项卡（如图2.28）。

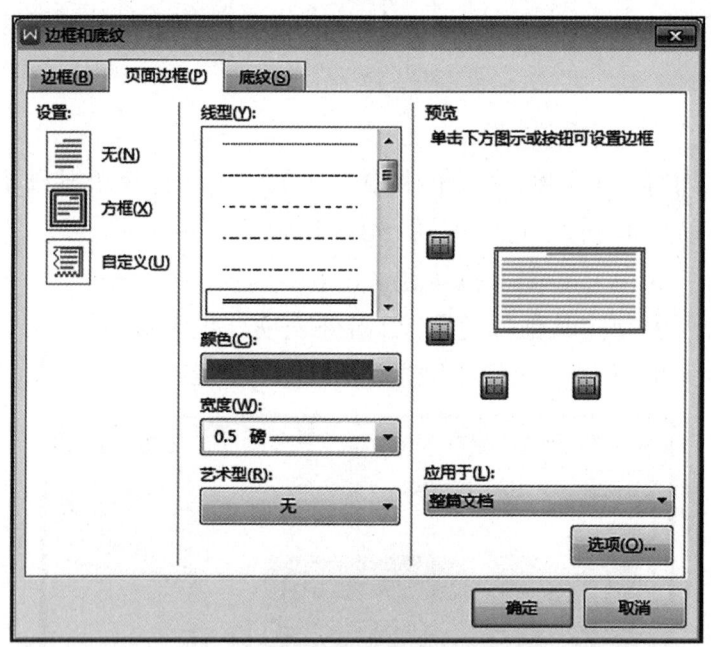

图2.28 "边框和底纹"对话框

（3）在"线型"下拉列表中选择第七个列表项，"宽度"选择0.5磅。

（4）单击"颜色"列表框的下拉按钮，在弹出的列表项中选择"红色"。

（5）单击图2.28中的"方框"。

（6）在"应用于"下方的列表项中选择"整篇文档"。

（7）单击"确定"按钮。

5．页面填充

（1）单击"页面"选项卡的"背景"。

（2）单击弹出菜单"主题颜色"组"巧克力黄，着色6，浅色60%"。

【特别提示】

1. 节是页面设置的最小单位。默认整个文档为一节。在同一文档中为了设置不同的页面布局，可以在文档中插入分节符。假定某文档有三页，其中第二页需设置横向纸张，其他页为纵向纸张。可在第一页末和第二页末分别插入分节符（"页面布局"选项卡"页面设置"功能组的"分隔符"→"下一页分节符"命令），再将插入点定位到第二页后设置纸张方向。

2. 页面设置时，注意"应用于"选项。默认应用于整篇文档。

3. 在图 2.28 所示的"边框和底纹"对话框中，选择样式和颜色后，也可以在窗口右侧的"预览"区域单击各按钮，确定或取消相应边线的绘制。

任务 7　公式编辑

【任务描述】

新建 WPS 文档 D:\RW7.docx，并输入以下公式：

1. $(x+a)^n = \sum_{k=0}^{n} C_n^k x^k a^{n-k}$

2. $\left(\dfrac{u}{v}\right)' = \dfrac{u'v - uv'}{v^2}$

3. $\lim\limits_{x \to \infty} \dfrac{2x^2+3x-1}{x^2+5x+3} = \lim\limits_{x \to \infty} \dfrac{2 + \dfrac{3}{x} - \dfrac{1}{x^2}}{1 + \dfrac{5}{x} + \dfrac{3}{x^2}} = 2$

4. $\hat{y} = \begin{vmatrix} 1 & 2 \\ 3 & 4 \end{vmatrix} = 1*4 - 2*3 = -2$

【操作步骤】

输入公式操作要点：

1. 单击"插入"选项卡中右侧的"公式"按钮，打开如图 2.29 所示的"公式编辑器"窗口。

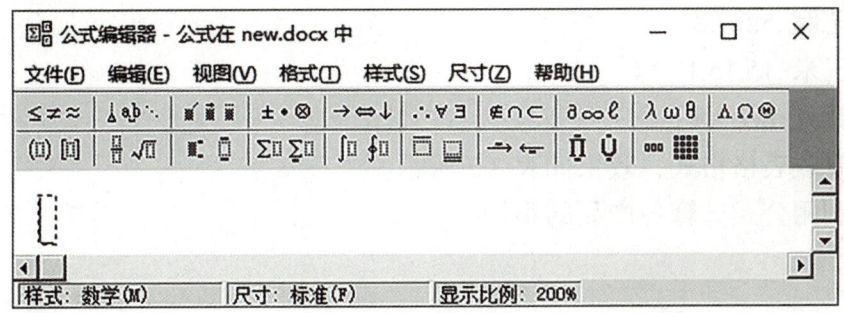

图 2.29　"公式编辑器"窗口

2. 输入字符，并在"公式工具"选项卡中选择相应的结构，各公式的结构组成如图 2.30 所示。

　　公式 1 用到的结构有：上标、求和（带中上标和中下标）、下标。
　　公式 2 用到的结构有：分数（竖式）、上标。
　　公式 3 用到的结构有：极限、上标、分式（竖式）。
　　公式 4 用到的结构有：乘幂号、2 行 2 列的矩阵。

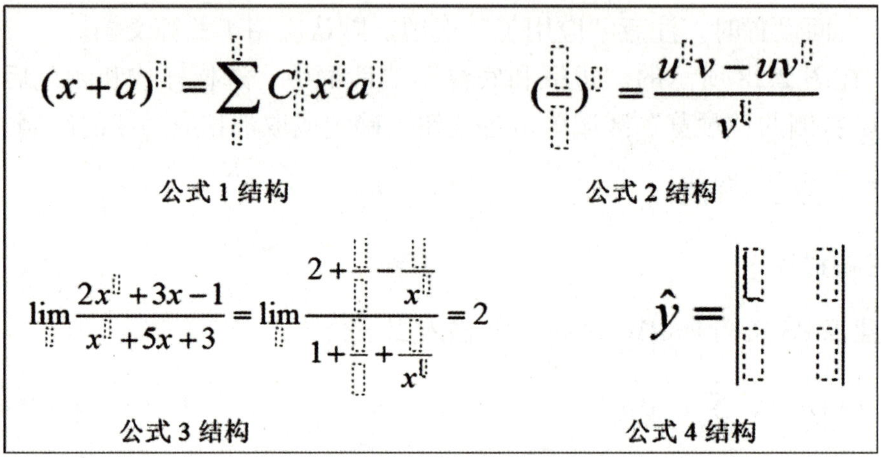

$$(x+a)^{\square} = \sum C_{\square}^{\square} x^{\square} a^{\square} \qquad \left(\frac{\square}{\square}\right)^{\square} = \frac{u^{\square}v - uv^{\square}}{v^{\square}}$$

　　　　公式 1 结构　　　　　　　　　　公式 2 结构

$$\lim \frac{2x^{\square}+3x-1}{x^{\square}+5x+3} = \lim \frac{2+\frac{\square}{x^{\square}}-\frac{\square}{x^{\square}}}{1+\frac{\square}{x^{\square}}+\frac{\square}{x^{\square}}} = 2 \qquad \hat{y} = \begin{vmatrix} \square & \square \\ \square & \square \end{vmatrix}$$

　　　　公式 3 结构　　　　　　　　　　公式 4 结构

图 2.30　各公式的结构

3. 输入各结构中的字符。

【特别提示】

输入公式时，宜先确定公式中的各个结构，再输入相应字符。各字符可以直接通过键盘输入，也可以从"公式工具"的符号栏中确定符号类别后再选择字符。

任务 8　表格处理

【任务描述】

1. 创建 D:\RW8.docx 文档，输入以下四行内容，并将其转换为表格。
   棉花,12,10,9,11
   芝麻,5,6,7,8
   玉米,15,16,12,14
   黄豆,8,7,9,8
2. 修改表格格式，效果如表 2.2 所示。
3. 利用公式计算各产品的小计。

表 2.2　表格最终效果

产品	季度				小计
	1	2	3	4	
棉花	12	10	9	11	
芝麻	5	6	7	8	
玉米	15	16	12	14	
黄豆	8	7	9	8	

【操作步骤】

1．文本转表格

（1）选择需要转换为表格的文本行。

（2）单击"插入"选项卡→"表格"按钮。

（3）单击弹出菜单的"文本转换成表格"命令。

（4）弹出"将文字转换为表格"对话框（如图 2.31），在"文字分隔位置"下勾选"逗号"，单击"确定"按钮。

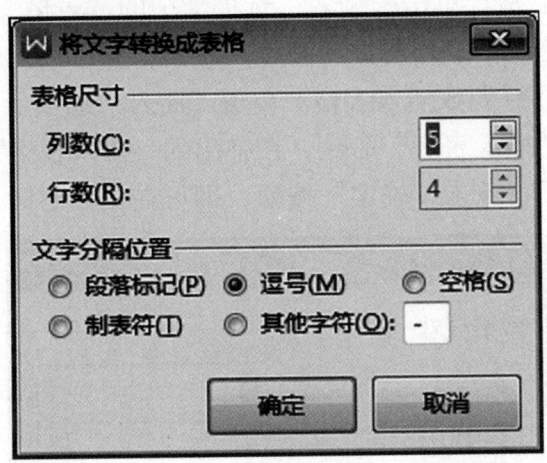

图 2.31　"将文字转换为表格"对话框

2．插入前两行

（1）在表格第一行右击。

（2）单击弹出菜单的"插入"，"在上方插入行"右侧输入 2，单击"√"。

3．插入最后一列：点击表格最后一列右侧的"+"。

4．绘制表头

（1）右击拖动鼠标选中前两行第一列，在单元格格式功能组中单击合并居中，最后在单元格内输入"产品"。

（2）同样的方法合并第一行第二列至第一行第五列，输入"季度"；合并前两行最后一列,输入"小计"。

(3)在第二行第二列至第二行第五列内,依次输入 1,2,3,4。

5. 利用公式计算小计

(1)将插入点移到"棉花"行对应的"小计"单元格。

(2)单击"表格工具"选项卡→"公式"按钮。

(3)在弹出的窗口中输入公式"=SUM(LEFT)",单击"确定"按钮。

(4)在刚才输入公式的单元格左下角单击,再按 Ctrl+C 组合键(复制)。

(5)选择其他未计算小计的所有小计列的单元格区域。

(6)按组合键 Ctrl+V。

(7)按 F9 刷新公式。

【特别提示】

1. 在 WPS 文档中插入表格有以下几种方式:

(1)文字转换为表格。设置时要留意"文字分隔位置"部分的选项。其中"逗号"是半角符号,不是中文逗号。如果使用中文标点,需先将中文标点复制后粘贴到"其他字符"位置。

(2)插入自动表格。单击"插入"选项卡中的"表格"按钮,在弹出列表项后移动鼠标,在需要的表格行数和列数处单击,即可插入表格。

(3)根据指定的行列数插入表格。单击"插入"选项卡中的"表格"按钮,再单击弹出菜单的"插入表格"命令,在弹出的"插入表格"窗口(如图 2.32)中设置列数和行数后,单击"确定"按钮,即可在文档中插入表格。

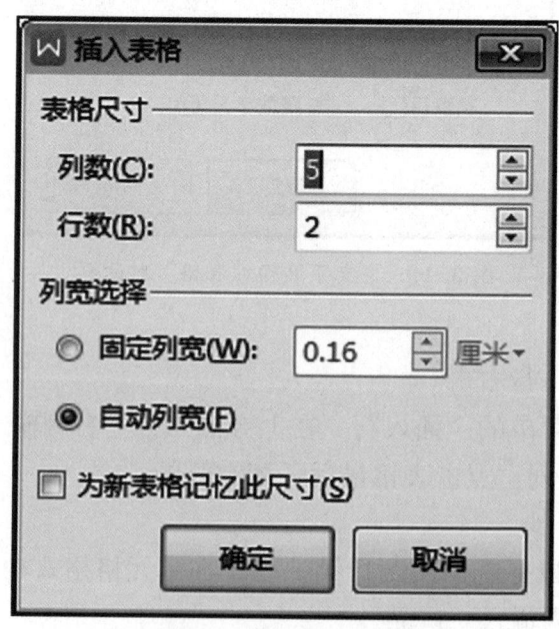

图 2.32 "插入表格"对话框

（4）绘制表格。单击"插入"选项卡中的"表格"按钮，再单击弹出菜单的"绘制表格"命令，这时鼠标指针为笔，在文档中按下鼠标并拖动，可绘制表格。

（5）插入内容型表格。单击"插入"选项卡的"表格"按钮，在弹出菜单的"插入内容型表格"栏中点击表格样式即可。

2．选择表格后，也可利用"表格工具"选项卡中的"转换为文本"命令将表格转换为文本。

3．创建表格后，利用"表格样式"选项卡可以应用表格样式或绘制、修改表格。

4．在利用公式计算表格数据时，常用的函数有：SUM（求和）、AVERAGE（求平均值）等。函数参数可以是以下几种：

（1）LEFT：表示左侧所有数据。

（2）RIGHT：表示右侧所有数据。

（3）ABOVE：表示上方所有数据。

（4）BELOW：表示下方所有数据。

（5）单元格名称。如：SUM(A1:A10)（表示求第一列前10个数据的和）。

（6）数值常量。如：SUM(10,12,13)。

任务9　替换图片背景

【任务描述】

利用 WPS 图片工具，将图 2.33 所示的图片背景替换为"钢蓝，着色 1"。并将新图片保存为 D:\rw9.png。

【操作步骤】

1．选择图片。

2．单击"图片工具"→"设置透明色"命令。

3．单击图片背景区域，得到图片效果如图 2.34 所示。

4．单击"图片工具"→"效果"→"更多设置"，窗口右侧会显示任务窗格。

5．在任务窗格中，单击"填充与轮廓"。

6．"填充"项选择"纯色填充"，颜色设置为"钢蓝，着色 1"。效果如图 2.35。

图 2.33　原图片　　　　图 2.34　透明背景后　　　　图 2.35　替换背景后

7．右击图片，单击弹出菜单的"另存为图片"→"另存选中的图片"命令。

8．在弹出的窗口中（如图 2.36）：

（1）设置"文件类型"为可移植网络图形（*.png）。

（2）保存位置设置为 D 盘根目录。

（3）"文件名称"设置为 rw9.png。

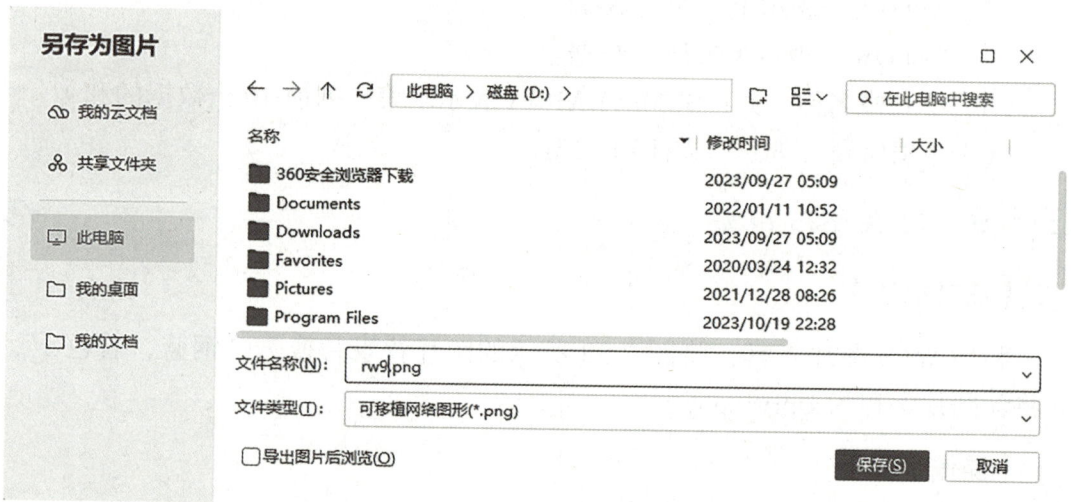

图 2.36　"另存为图片"对话框

【特别提示】

利用"开始"选项卡下"字体"组的"突出显示"功能也可为图片背景填充颜色。

任务 10　利用形状和艺术字绘制组合图形

【任务描述】

利用 WPS 形状和艺术字，设计图 2.37 所示的组合图形，并将新图片保存为 D:\rw10.png。

图 2.37　绘制的组合图形

【操作步骤】

1. 绘制五角星

（1）单击"插入"选项卡中的"形状"按钮。

（2）在弹出的列表项中单击"星与旗帜"类别中的五角星图标（第一行左起第 4 个）。

（3）在文档空白区域按下鼠标左键并拖动，画出一个五角星图形，并拖动图形边框上的选择点，适当调整大小。

（4）右击图形，在弹出的快捷菜单中点击"设置对象格式"命令。

（5）在弹出窗口的"填充与线条"选项卡中设置相关参数（参考图 2.38）：

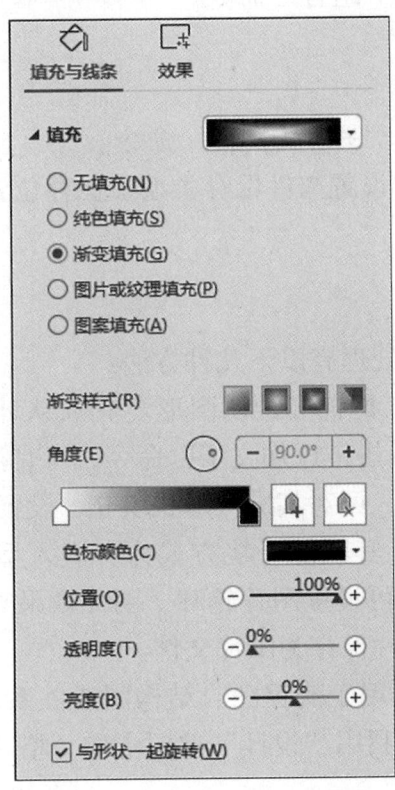

图 2.38　形状属性窗格

填充：选择"渐变填充"。

渐变样式：选择"路径渐变"（右起第一个）。

色标：保留第一个和最后一个，删除其他色标（选择色标，再单击右侧的"删除渐变光圈"按钮）。选择色标后，可在"色标颜色"右侧列表中选择颜色。

线条：选择"无线条"。

2. 插入艺术字

（1）单击"插入"选项卡中的"艺术字"按钮。

（2）在弹出的艺术字预设样式列表中选择第一项。

（3）输入文本"少年强则国强"。

（4）单击"文本工具"选项卡。

（5）"文本填充"选择白色，"文本轮廓"选择黑色。

（6）选择所有艺术字文本，设置字体为"华文楷体"，字号为"60"。

3. 组合图形

（1）单击五角星。

（2）再按下 Ctrl，单击艺术字。

（3）在选择区域上单击鼠标右键。

（4）单击弹出菜单的"组合"命令。

4. 保存组合图形

（1）右击组合图形。

（2）单击弹出菜单的"另存为图片"命令。

（3）在弹出的窗口中设置文件保存类型、保存位置和文件名后，单击"保存"按钮。

【特别提示】

1. 在 WPS 中的插图处理有以下几种方法：

（1）利用"形状"工具直接绘制图形。其默认环绕方式为"浮于文字上方"。右击绘制的形状，单击"添加文字"命令，可直接在形状上显示文字。利用"设置对象格式"命令，可对其进行形状填充、设置形状轮廓和效果。

（2）插入图片文件。其默认环绕方式为"嵌入型"，即嵌入到文本行中。利用"图片工具"选项卡可设置图片轮廓、图片效果等。也可右击图片→"另存为图片"将文档中的图片保存为图片文件。

（3）插入智能图形。用于流程图、结构图或关系图设计，文字关联清晰、生动，图形别具一格。可利用"设计"选项卡和"格式"选项卡进行样式和格式设计。

（4）屏幕截图。利用"插入"选项卡中的"截屏"按钮，可以对屏幕进行截屏剪辑后粘贴到 WPS 文档中，利用"图片工具"调整格式。还可另存为图片文件。

2．在文档中插入 SmartArt 图形的主要步骤如下：

（1）单击"插入"选项卡"智能图形"按钮，打开"选择智能图形"对话框，如图 2.39 所示。

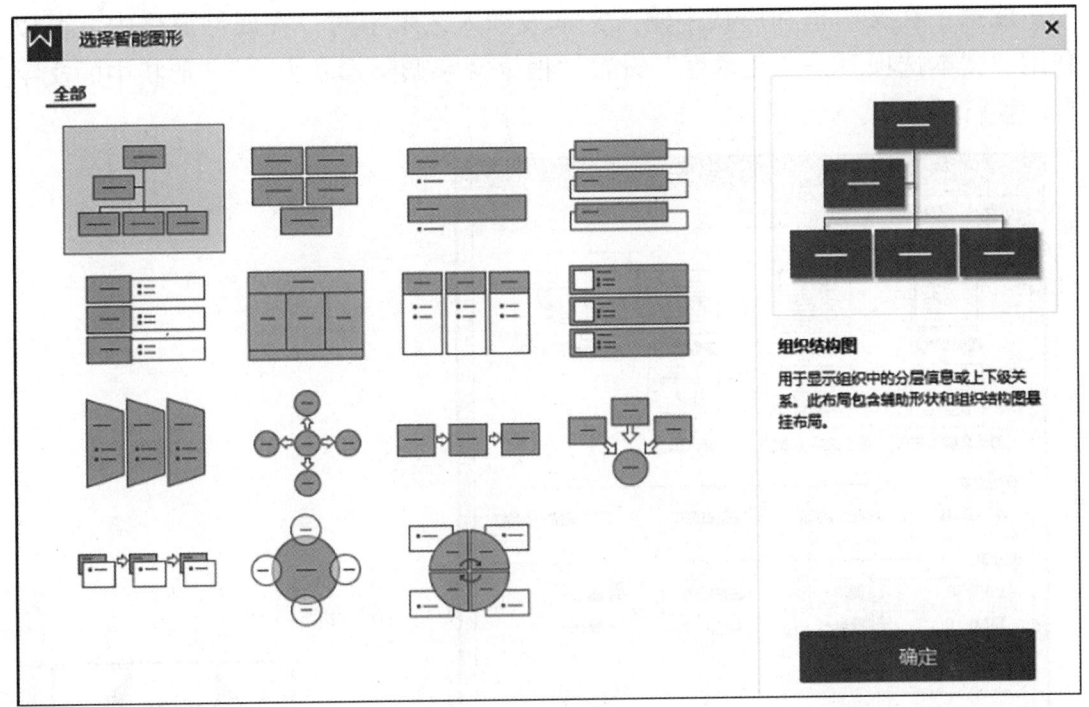

图 2.39 "选择智能图形"对话框

（2）选择合适的图形类型，点击"确定"。

（3）根据需要添加、删除或修改项目，编辑文字。

（4）在"设计"选项卡中设置布局和样式。

（5）在"格式"选项卡中设置形状样式和环绕方式、文字格式等。

3．图片在文档中的文字环绕方式有以下几种情形：

（1）嵌入型。这是插入图片默认的文字环绕方式，图片被视为文本的一部分。

（2）四周型环绕。图形占据一个矩形区域，矩形区域之外可显示文字。矩形边界与文字的间距可通过"布局"窗口设置（右击图片，再单击弹出菜单的"文字环绕"→"其他布局选项"命令，在弹出的窗口中单击"文字环绕"选项卡，即可设置，如图 2.40）。

（3）紧密型和穿越型。适合于背景透明的不规则图片，文字紧贴图片边框显示。

（4）上下型环绕。只允许图片上下方显示文本。

（5）衬于文字下方。将图片显示在整个文本层的下一层。

（6）浮于文字上方。将图片显示在整个文本层的上一层。

4. 右击插入的形状，再单击弹出菜单的"编辑顶点"命令，这时形状周围会显示一些黑色小方块（如图2.41），拖动这些小方块，可改变形状轮廓。点击轮廓边线并拖拽可添加顶点，右击顶点，再单击弹出菜单的"删除顶点"命令可删除顶点。

注意：在文本框和形状中输入文本或插入艺术字时，在属性窗格中，可以利用"文本选项"→"文本框"设置"根据文字调整形状大小""形状中的文字自动换行"。

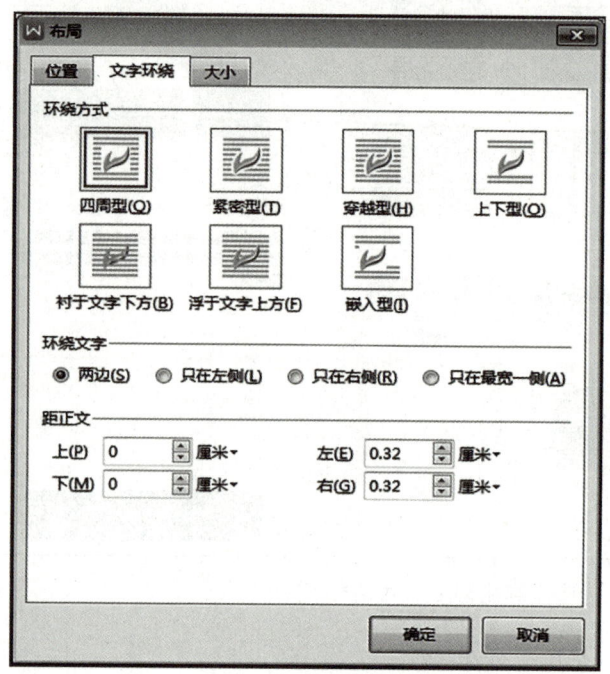

图 2.40 "布局"对话框

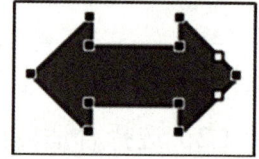

图 2.41 编辑顶点

任务 11　创建页眉与页脚

【任务描述】

1. 创建 D:\RW11.docx 文档，至少输入四页文本，内容不限。
2. 设置奇数页页眉为"任务文档"，四号宋体，居中。
3. 设置页脚显示页码（格式：第 X 页共 Y 页。奇数页页码右对齐，偶数页页码左对齐）。
4. 设置偶数页页眉为"WPS 实验操作"，四号宋体，居中。

【操作步骤】

1．设置奇偶页有不同的页眉和页脚

（1）单击"页面布局"选项卡→"页边距"→"自定义页边距"。

（2）在弹出窗口的"版式"选项卡中（如图2.42）选择"奇偶页不同"。

2．设置页眉

（1）单击"插入"选项卡→"页眉和页脚"按钮。

（2）在奇数页页眉输入"任务文档"。

（3）选择输入的整个文本，设置宋体四号并居中。

（4）在偶数页页眉输入"WPS实验操作"。

（5）选择输入的整个文本，设置宋体四号并居中。

3．设置页脚

（1）将插入点移到奇数页页脚区。

（2）单击页脚区域上方的"插入页码"按钮，弹出如图2.43所示对话框。

（3）在"样式"右侧下拉列表中选择"第1页共x页"。

（4）在"位置"下方选择"右侧"，点击"确定"按钮。

（5）同样的方法设置偶数页页码格式，"位置"下方选择"左侧"。

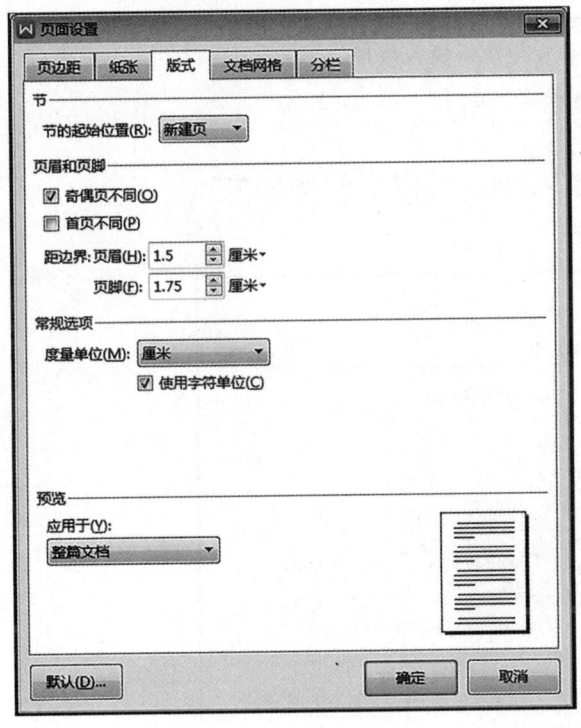

图 2.42 "页面设置"对话框

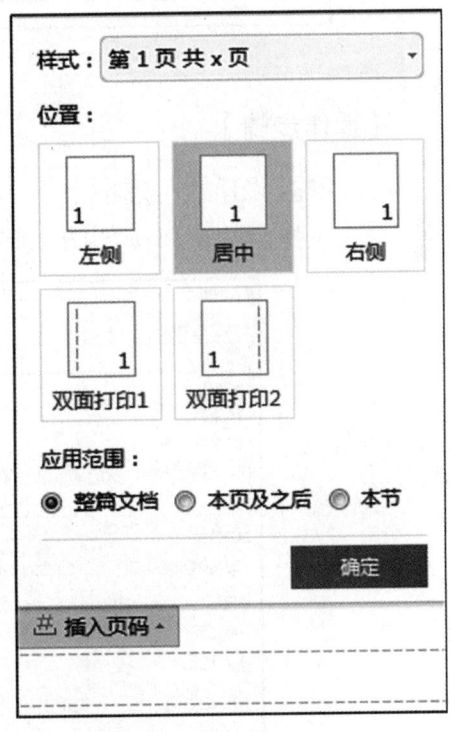

图 2.43 "页码"设置

【特别提示】

1. 在 WPS 中，同一节的页眉相同，页脚相同（首页、奇偶页可以不同）。

2. 不同的节可以有不同的页眉和页脚。必要时，可在文档中插入多个分节符，以实现各节的页眉和页脚不同的显示效果。在设置时要注意取消"与上一节相同"的默认设置，单击"页眉和页脚"选项卡 → "同前节"按钮即可设置或取消。

3. 如果某一节起始页码要从 1 开始重新记数，则需点击页码区域，点击出现的"重新编号"按钮，在弹出的窗口中将"页码编号设为："右侧组合框设置为"1"。

任务 12　设置制表位

【任务描述】

创建 D:\RW12.wps 文档，设置制表位得到图 2.44 所示的输入效果。

| 12.36 | 7.32 | -6.15 | 9.06 |
| 0.28 | 11.52 | 23.04 | 10.32 |

图 2.44　设置制表位后的输入效果

【操作步骤】

1. 单击"开始"选项卡下"段落"组的"制表位"图标 ⸬。
2. 在弹出的窗口（如图 2.45）中：

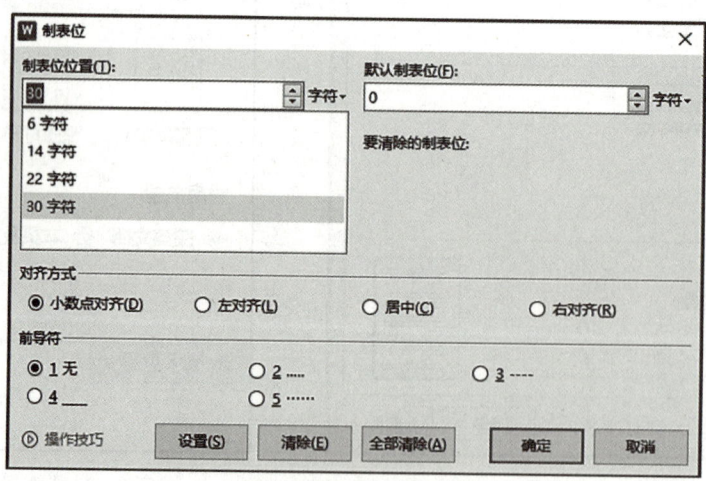

图 2.45　"制表位"设置窗口

（1）设置"默认制表位"为 0。
（2）"对齐方式"选择"小数点对齐"。

（3）在"制表位位置"下方的输入框中输入 6（**注意：**单位为"字符"）。

（4）单击"设置"按钮。

（5）重复步骤（2）（3）（4），依次设置制表位位置为 14，22，30。

（6）单击"确定"按钮。

3．按 Tab 键，输入第 1 个数值 12.36。

4．按 Tab 键，输入第 2 个数值 7.32。

5．类似以上步骤，分别输入第一行的另外 2 个数值后回车。

6．类似第一行的输入方法输入第二行的全部数值。

【特别提示】

1．在"视图"选项卡中勾选"标尺"，可在文档上方显示标尺，如图 2.46。

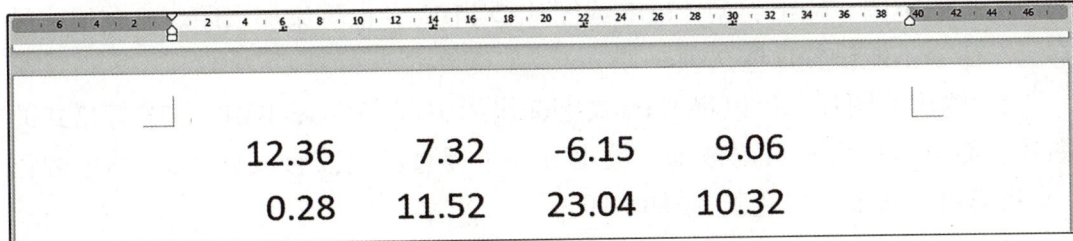

图 2.46　显示标尺

2．在标尺上会显示设置的制表位。双击制表位也可弹出图 2.45 所示的制表位设置窗口。

3．单击标尺，可以设置制表位（默认为左对齐制表位）。将标尺上的制表位拖放到标尺之外，可删除设置的制表位。

任务 13　WPS 文字与 PDF 文件的相互转换

【任务描述】

1．将任务 12 创建的 WPS 文档保存为 PDF 格式的文件，保存到 D:\RW13.pdf。

2．将 D:\RW13.pdf 文件转换为 WPS 文档。

【操作步骤】

1．WPS 文字保存为 PDF 格式的文件

（1）单击"文件"菜单中"另存为"→"其他格式"命令（快捷键为 F12）。

（2）在打开的"另存为"对话框中设置：

文件保存位置：D 盘根目录，

文件类型：PDF 文件格式（*.pdf），

文件名称：RW13.pdf。

（3）单击"保存"按钮。

2．PDF 文件转换为 WPS 文档

在 Windows 资源管理器中，右击 D 盘根目录下的 RW13.pdf 文件，单击弹出菜单的"使用 WPS PDF 编辑"命令，在打开的窗口中单击"转换"选项卡下"转为 Word"命令，根据操作提示进行转换即可。

【特别提示】

WPS 文字窗口的"文件"菜单中可通过以下命令另存文档为其他格式：

1．输出为 PDF 文件。可以将 WPS 文字输出为 PDF 格式的文件。可以选择输出的页码范围、输出类型（PDF 或图片型 PDF），也可添加水印。而利用"另存为"命令不能设置这些选项。

2．输出为图片。可以将 WPS 文字输出为 JPG，PNG，BMP，TIF 等格式的图片，而且可以设置页码范围、输出方式（逐页输出或合成长图）、输出颜色（支持彩色、灰度、白色）、添加水印。

3．输出为 PPT 文件。可以设置 PPT 应用的模板后输出为 PPT 演示文稿。

任务 14 生成网站的二维码

【任务描述】

为网址"https://www.icourse163.org/channel/2001.htm"创建二维码，并通过微信扫码打开网页。

要求：圆角；前景色为 #f00，背景色为 #ff0，渐变颜色为 #0ff，渐变方式为"斜线"。

【操作步骤】

单击"插入"选项卡中"功能图"→"二维码"命令，可弹出图 2.47 所示的窗口。在该窗口中：

1．在"输入内容"下方输入框中输入网址 https://www.icourse163.org/channel/2001.htm。

2．将生成的二维码下方的滑块拖到最右侧的"圆角"。

3．单击"前景色"右侧的颜色块，在弹出的颜色列表中选择第 1 行第 1 个。

4．单击"渐变颜色"右侧的颜色块，在弹出的颜色列表中选择第 1 行第 4 个。

5. 单击"背景色"右侧的颜色块，在弹出的颜色列表中选择第 1 行第 2 个。

6. 在"渐变方式"右侧的下拉列表中选择"斜线"。

7. 单击"确定"按钮。

【特别提示】

1. 右击生成的二维码，单击弹出菜单的"另存为图片"命令，可将二维码保存为 JPG，BMP，PNG 或 TIF 格式的图片。

2. WPS 仅支持将网址或文本生成二维码。

图 2.47 "插入二维码"窗口

第二节　拓展性实验

任务 1　定义与使用样式

【任务描述】

1. 新建 D:\TZ1.docx 文档，并按照图 2.48 定义新样式。

2. 将样式"我的标题"保存到 Normal.dotm（公用模板）。

【特别提示】

1．点击"开始"选项卡"样式"功能组右侧的下拉按钮，单击"新建样式"，可打开如图 2.48 所示"新建样式"对话框。

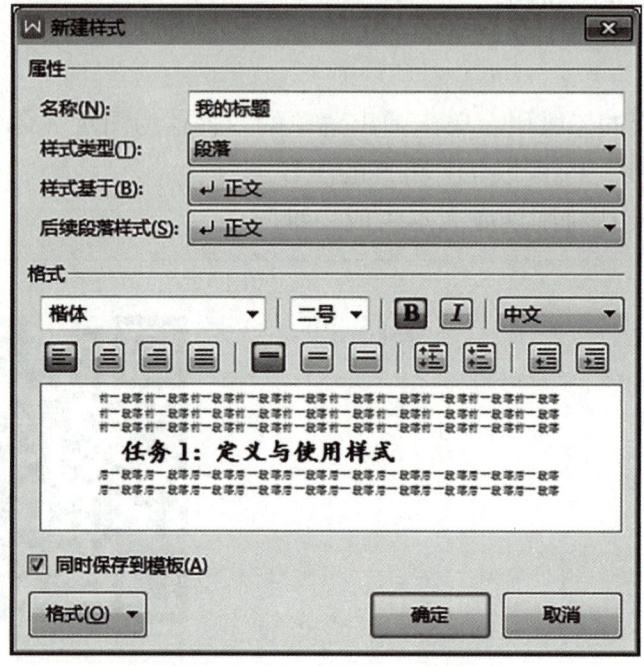

图 2.48 "新建样式"对话框

2．在图 2.48 对话框中单击"格式"按钮，设置或取消其他格式。

3．新建样式时，如果勾选左下角"同时保存到模板"，点击"确定"按钮时 WPS 文字会提示"是否保存到模板"。

4．在"样式和格式"窗格或"样式快速列表"（位于"开始"选项卡的"样式"功能组）中，单击相应样式，即可将其应用到当前段落或所选文本。

5．定义各类样式后，可将文档保存为模板（扩展名为 .dotx），以后需编辑同类格式的文档时，可以利用该模板直接创建新文档，方便快捷。

6．应用"主题"可以快速设置文档标题和正文的字体、颜色。在"页面布局"选项卡的"主题"功能组中，WPS 文字预设了各类主题可供选择，也可以根据实际需要自定义主题。

任务 2　创建文档大纲和目录

【任务描述】

新建 D:\TZ2.docx 文档，参考本教材的目录页创建文档目录。要求目录页不显示页码，正文部分在页脚从 1 开始显示页码（格式：简单 -- 普通数字 1）。

【特别提示】

1．WPS 文字默认根据文档大纲或标题样式自动生成目录，具体设置见图 2.49。因此，当需要为文档创建目录时，应先创建文档的大纲结构或应用标题样式。

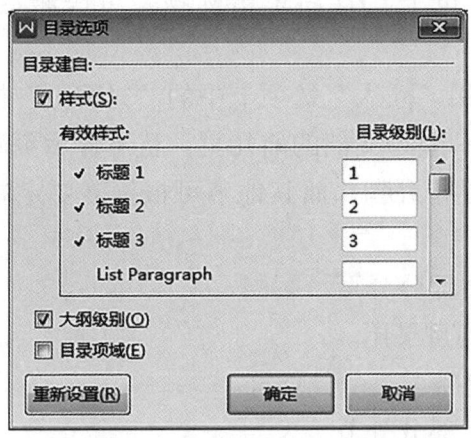

图 2.49 "目录选项"对话框

2．大纲由各级文本组成。1 级是顶层，2 级是 1 级的子项，3 级是 2 级的子项……一般创建三级标题。

3．创建文档大纲：单击"视图"选项卡中的"大纲"按钮，可以打开"大纲"选项卡（如图 2.50）。在该选项卡左侧中部有四个按钮和一个下拉列表，可以用于设置正文或大纲级别。

图 2.50 "大纲"选项卡

4．生成目录：创建文档大纲后，便可利用"引用"选项卡→"目录"→"自定义目录"命令生成文档目录。

5．创建文档目录后，仍然可以修改文档的大纲结构，但这时目录不会自动更新。如果需要更新目录，可以在目录区域右击鼠标，再单击弹出菜单的"更新域"命令，在弹出的对话框（如图 2.51）中有两个选项：

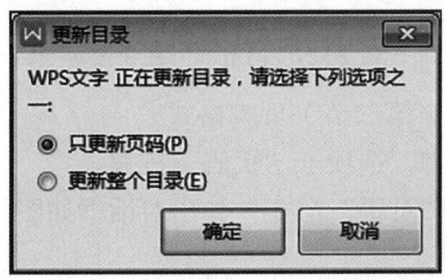

图 2.51 "更新目录"对话框

（1）只更新页码。如果未修改文档的大纲结构，只是修改了某些标题下的正文内容，则可选择该项。

（2）更新整个目录。如果修改了文档的大纲结构，则需选择该项。

6. 在目录页中，按下 Ctrl 后单击标题，可快速定位到标题对应的正文页面。

7. 必要时，可利用"插入"选项卡中的"封面页"按钮插入封面。

8. 文档的目录页一般是文档的前几页，且不显示页码。因此，目录页需单独作一节，不设置页眉和页脚，而其他节可根据需要定制页眉和页脚。设置要领如下：

（1）目录页与正文部分分页

① 将插入点定位到目录尾。

② 按 Ctrl+Enter 键插入一个分页符。

（2）目录页与正文部分分节

① 将插入点定位到正文的开始位置。

② 单击"页面布局"选项卡中的"分隔符"命令。

③ 在弹出的菜单项中单击"连续分节符"命令（表示在当前页开始新节）。

（3）在页脚区插入页码

① 单击"插入"选项卡中的"页眉和页脚"按钮。

② 光标落在页脚区域，在弹出菜单中选择"插入页码"，单击"确定"按钮。

（4）删除两节页脚之间的关联（否则二者页脚格式会相同）

① 将插入点定位到第二节页脚区。

② 单击"页眉和页脚"选项卡中的"同前节"按钮（如图 2.52，单击后，该按钮的背景色变灰）。

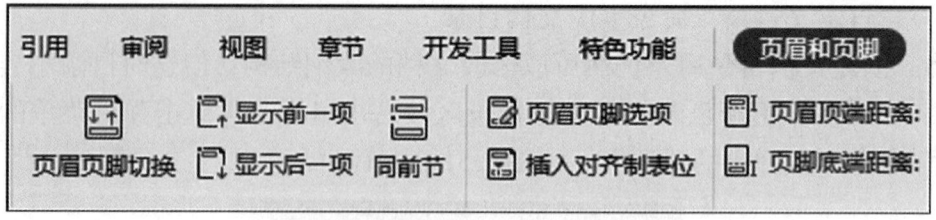

图 2.52 "同前节"按钮位置

（5）设置正文部分（第二节）页脚格式

①单击"页眉和页脚"选项卡"页码"按钮。

②单击弹出菜单的"页码"命令，弹出对话框如图 2.53。

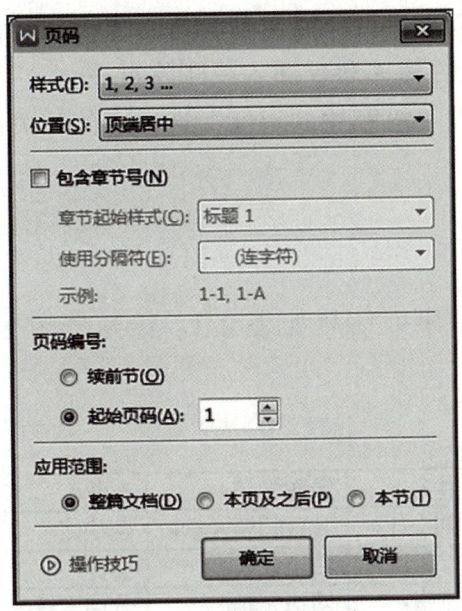

图 2.53 "页码"对话框

③选择"起始页码"。

④在右侧输入框内输入"1"。

⑤单击"确定"按钮。

(6)删除第一节页脚区插入的页码。

任务 3　文档审阅

【任务描述】

1．用 WPS 文档制作一份新产品开发计划书，应用 WPS 的审阅功能对其进行修改或根据文档内容提出建议。

2．利用 WPS 审阅功能对已作修改建议的文档定稿。

【特别提示】

1．在"审阅"选项卡中（如图 2.54），单击"修订"按钮，即可进入修订状态（再次单击退出修订状态）。进入修订状态后，对文档的修改会加上各类标记。标记方法可单击"文件"菜单的"选项"命令后，在弹出的窗口中查看或修改。

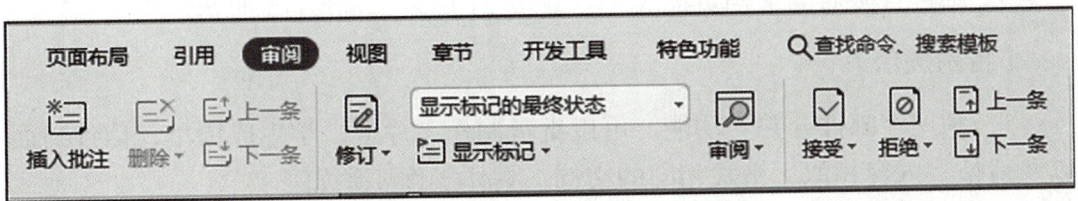

图 2.54 "审阅"选项卡部分功能

2. 利用批注，可以对部分文本不作修改，仅提出建议或说明。可利用"审阅"选项卡"批注"组的相关命令插入或删除批注。

3. 对修订后的文档，可利用"审阅"选项卡的相关命令接受或拒绝修订。

任务 4　邮件合并

【任务描述】

某中学部分学生的录取信息如表 2.3。请参考图 2.55 制作录取通知书，要求：

表 2.3　录取信息

姓名	录取学校	专业
刘小壮	北京邮电大学	自动化
李玉海	香港大学	会计
张青	清华大学	软件工程
孙贵平	华中科技大学	金融学
李深永	北京大学	国际商务

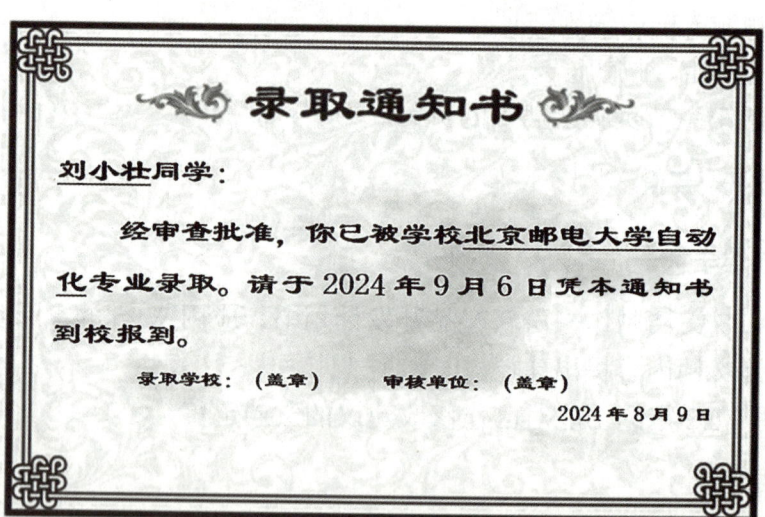

图 2.55　录取通知书样图

1. 利用 WPS 的"邮件合并"功能完成。
2. 图 2.55 中带下划线的文字是插入合并域后自动生成的，其余文字直接输入。
3. 邮件合并后的文档页面大小：宽度 21 厘米，高度 15 厘米。

【特别提示】

1. 利用"邮件合并"功能，可以批量制作名片卡、学生成绩单、信件封面以及请帖等内容相似、格式相同的文档。具体操作要领如下：

（1）创建数据源。数据源由记录组成（如表 2.3，每名学生对应一条记录）。

通过邮件合并，每条记录可生成如图 2.55 所示的文档（为文档单独一节）。

（2）支持的数据源种类繁多，一般使用电子表格或文本文件。

本任务数据源：创建文件 D:\ 录取信息 .txt，内容如下（标点均为半角逗号）。

  姓名,录取学校,专业

  刘小壮,北京邮电大学,自动化

  李玉海,香港大学,会计

  张青,清华大学,软件工程

  孙贵平,华中科技大学,金融学

  李深永,北京大学,国际商务

（3）新建 WPS 文档，设置文档的公共显示元素。本任务需设置页面大小、插入录取通知书的背景图片（网上下载或自行设计）、插入文本框并输入公共的固定文本内容、设置字符格式和段落格式等。

（4）单击"引用"选项卡中的"邮件"按钮。

（5）单击"邮件合并"选项卡中的"打开数据源"按钮。

（6）在弹出的对话框中找到准备好的源数据文件，单击"打开"按钮打开源数据文件（本任务需选择 D:\ 录取信息 .txt）。

（7）插入合并域。本任务需插入三个合并域，在"同学"文本前插入"姓名"域，在"学校"之后插入"录取学校"域和"专业"域。

插入方法：光标定位在需要显示姓名的位置，然后单击"邮件"工具栏→"插入合并域"按钮，弹出如图 2.56 所示"插入域"对话框，"域"列表中选择"姓名"，单击"插入"按钮，关闭对话框。同样步骤插入其他域。

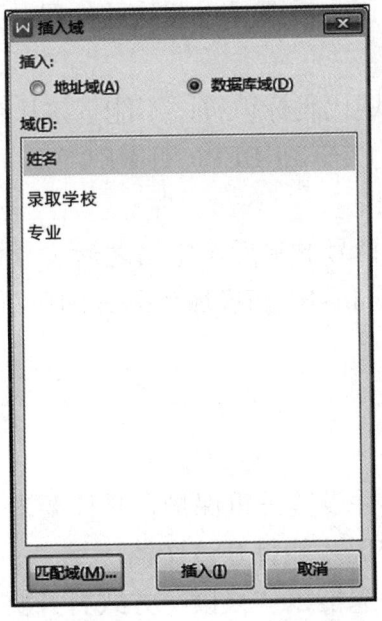

图 2.56 "插入域"对话框

（8）插入完成后可以单击"查看合并数据"按钮检查数据是否准确，单击"首记录""尾记录""上一条""下一条"按钮可切换查看不同数据。

（9）完成后将所有邀请函全部保存在一个文档中，可以单击"合并到新文档"；如果需要制作成一个个单独的邀请函文件，单击"合并到不同新文档"，然后在弹出的图 2.57 所示的对话框中，单击选择新文档的命名方式，设置存放的文件位置等，单击"确定"按钮关闭对话框。

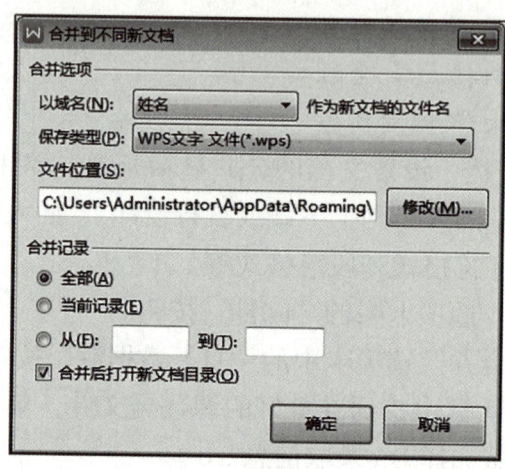

图 2.57 "合并到不同新文档"对话框

2. 如果需要在每份信函中显示每条记录相关的照片，则需作如下处理：

（1）数据源中新增"照片"字段，保存照片文件名称。（含路径，路径分隔符需使用双斜杠（如：d:\\photo1.jpg）。如果编辑信函的文档与照片在同一个文件夹，则只需文件名，可以省略路径。）

（2）将插入点移到信函中需要显示照片的位置，按 Ctrl+F9（这时会显示一对大括号）。

注意：一对大括号是域代码标识符，不能直接从键盘输入。

（3）在大括号中输入"INCLUDEPICTURE　"。

注意：最后是一个空格。

（4）将插入点移到大括号的最后（空格之后），再插入"照片"域。

（5）按 F9 刷新，按 Shift+F9 切换域代码，即可显示照片。

任务 5　文档保护

【任务描述】

创建 D:\TZ5.docx 文档并设置三重保护，具体要求如下：

1. 需要第一重保护密码才能打开该文档。
2. 没有第二重密码，只能以"只读"方式打开文档。
3. 没有第三重密码，无法进行编辑修改，也不能复制文件内容。

【特别提示】

1. 单击"文件"菜单→"文档加密"→"密码加密",打开如图2.58的对话框,可设置打开文件或编辑文件的密码,只有输入正确的密码才可以进行相应操作。

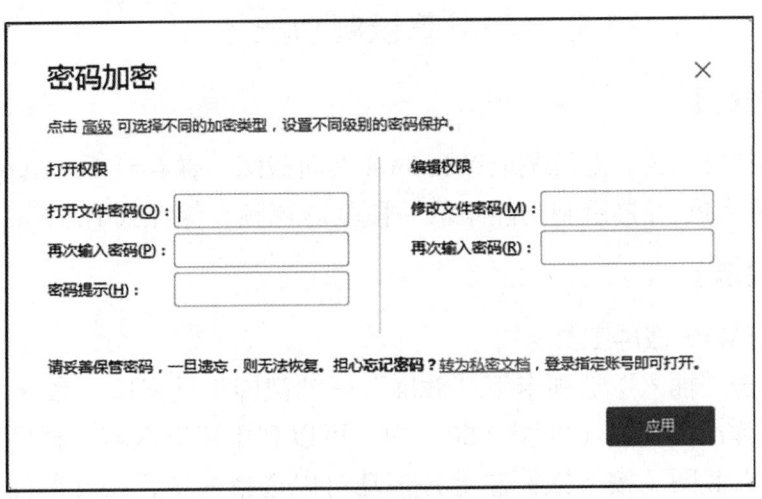

图 2.58 "密码加密"设置窗口

2. 在"另存为"对话框中,单击"加密"按钮,也可打开图 2.58 对话框。

3. 单击"审阅"→"限制编辑"按钮。在右侧弹出"限制编辑"窗格,如图 2.59。

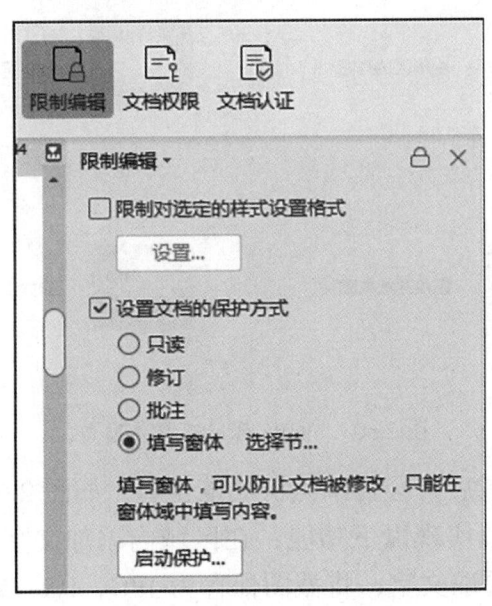

图 2.59 "限制编辑"窗格

(1)选择"限制对选定的样式设置格式"选项,再单击"设置",可以禁止对特定样式的修改。

（2）选择中勾选"设置文档的保护方式"，选择"填写窗体"，可以禁止用户对文档内容的修改，用户也不能复制文档内容。

（3）设置完成后，单击"启动保护"按钮，可输入保护密码，只有凭此密码才能解除强制保护。

任务 6　使用 WPS 截屏和屏幕录制功能

【任务描述】

1. 使用 WPS 截屏工具截取 Windows 桌面截图，保存到 D:\task6.png。
2. 使用 WPS 屏幕录制功能录取一段全屏视频，保存到 D:\v6.mp4。

【特别提示】

1. 使用 WPS 截屏工具

（1）单击"插入"选项卡下"截屏"→"截屏工具窗口"命令。

（2）在弹出的窗口（如图 2.60）中，可以利用矩形区域、椭圆区域、圆角区域或自定义截图（按下鼠标左键并拖动可以选择区域，松开鼠标后再次单击该区域并拖动，可以移动选择的区域）。

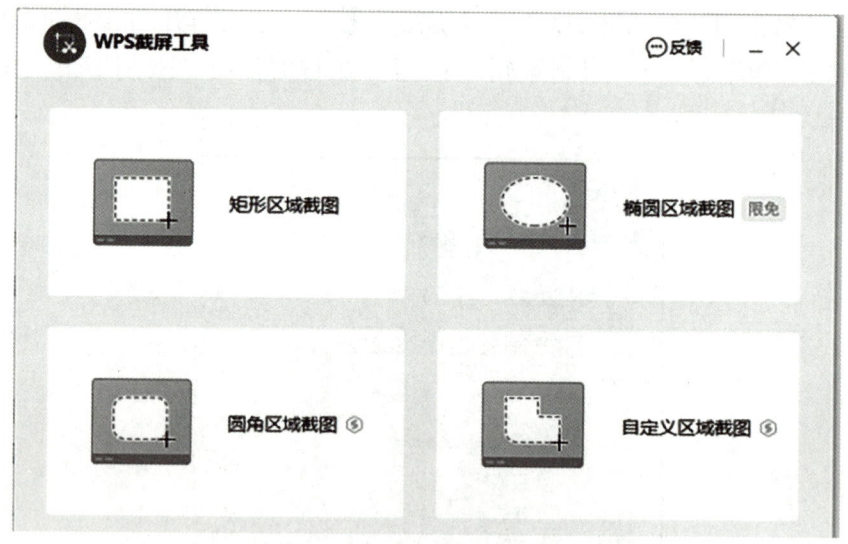

图 2.60　"WPS 截屏工具"窗口

（3）选择截图区域后，会显示截屏功能窗口（如图 2.61）。在该窗口中，单击相应功能图标，可以实现以下功能：在区域内添加文字、形状、箭头，或用画笔绘画；从图片中提取文字；将截图保存为 JPG、PNG 或 BMP 格式的文件。

图 2.61　WPS 截屏功能窗口

2．使用 WPS 屏幕录制工具

（1）单击"插入"选项卡下"截屏"→"屏幕录制"命令。

（2）在弹出的窗口中：

单击窗口右上角的"更多"图标，可以打开"设置"窗口。在该窗口中可以设置录制视频的输出目录、输出格式（MP4，WMV，AVI，MOV，FLV，MPEG，VOB，ASF，TS，GIF）、清晰度、帧速率、比特率、编码器等。

3．WPS 文字、WPS 表格和 WPS 演示的应用程序窗口中，"插入"选项卡均提供了截屏（快捷键为 Ctrl+Alt+X）和屏幕录制工具。

4．在 Windows 开始菜单中"Windows 附件"也提供了截图和屏幕录制工具，可以将其附加到任务栏上，方便调用。

任务 7　使用朗读工具

【任务描述】

1．创建 WPS 文字，输入一段文本。
2．利用 WPS 朗读工具朗读选择的文本。
3．将朗读语音保存到音频文件。

【特别提示】

"审阅"选项卡→"朗读"的下拉菜单中包括以下命令：

1．显示工具栏。勾选后可显示朗读工具栏，如图 2.62。在该工具栏下方有五个功能按钮，从左到右依次为：

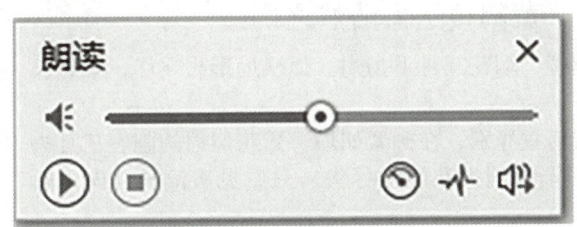

图 2.62　"朗读"工具栏

（1）"播放"按钮。单击后转换为"暂停"按钮，再次单击后转换为"播放"按钮。

（2）"停止"按钮。单击后终止朗读，再次单击"播放"按钮时从头开始朗读。

（3）"语速"按钮。单击后显示一个滑块，拖动滑块可以设置语速（取值范围 [0%,100%]）。

（4）"语调"按钮。单击后显示一个滑块，拖动滑块可以设置语调（取值范围 [0%,100%]）。

(5)"输出语音"按钮。用于设置输出语音相关参数。

2．全文朗读。选择后从 WPS 文档头开始朗读到文档尾。

3．选中朗读。仅朗读选择的文本。

4．输出语音。与工具栏上的"输出语音"按钮功能相同。

任务 8　插入脚注和尾注

【任务描述】

文档 D:\TZ8.docx 内容如图 2.63 所示，请完成以下操作：

登鹳雀楼　　——王之涣

诗文：白日依山尽，黄河入海流。欲穷千里目，更上一层楼。
译文：站在高楼上，只见夕阳依傍着山峦慢慢沉落，滔滔黄河朝着大海汹涌奔流。想要看到千里之外的风光，那就要再登上更高的一层楼。
赏析：
　　这首诗写诗人在登高望远中表现出来的不凡的胸襟抱负，反映了盛唐时期人们积极向上的进取精神。
　　诗句看来只是平铺直叙地写出了这一登楼的过程，但其含意深远，耐人探索。"千里""一层"，都是虚数，是诗人想象中纵横两方面的空间。"欲穷""更上"包含了多少希望，多少憧憬。这两句诗发表议论，既有别番新意，出人意表，又与前两句写景诗承接得十分自然、紧密，从而把诗篇推至更高的境界，向读者展示了更大的视野。也正因为如此，这两句包含朴素哲理的议论，成为了千古传诵的名句，也使得这首诗成为一首千古绝唱。

黄鹤楼送孟浩然之广陵　　——李白

诗文：故人西辞黄鹤楼，烟花三月下扬州。孤帆远影碧空尽，唯见长江天际流。
译文：友人在黄鹤楼与我辞别，在柳絮如烟、繁花似锦的阳春三月去扬州远游。孤船帆影渐渐消失在碧空尽头，只看见滚滚长江向天际奔流。
赏析：
　　这首诗不同于王勃《送杜少府之任蜀州》那种乐观豁达的离别，也不同于王维《渭城曲》那种深情体贴的离别，而是表现一种充满诗意的离别。因为这是两位风流潇洒的诗人的离别，这次离别跟一个繁华的时代、繁华的季节、繁华的地区相联系，在愉快的分手中还带着诗人的向往，这就使得这次离别多了点诗意，少了份伤感。李白对朋友的一片深情，对扬州的向往，正体现在这富有诗意的神驰目注之中。诗人的心潮起伏，正像滚滚东去的一江春水。对李白来说，是带着一片向往之情的离别，被诗人用绚烂的阳春三月的景色，将放舟长江的宽阔画面，将目送孤帆远影的细节，极为传神地表现出来。

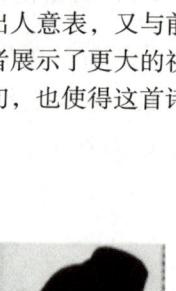

图 2.63　TZ8.docx 文档内容

1. 为第 1 行文本"王之涣"之后插入脚注"王之涣，唐代诗人"。
2. 为第 15 行文本"李白"之后插入脚注"李白，唐代诗人"。
3. 为第 1 行"鹳雀楼"插入尾注"鹳雀楼旧址在山西永济市"。
4. 为第 15 行"黄鹤楼"插入尾注"黄鹤楼故址在今湖北武汉市武昌蛇山"。

【特别提示】

1. 利用"引用"选项卡的"插入脚注""插入尾注"命令可以分别对选择的文本插入脚注和尾注。
2. 脚注、尾注是对特定文本的补充说明。脚注一般在页面底部或文字下方，尾注通常在文档或节的末尾。
3. 在"引用"选项卡中单击"脚注和尾注"组右下角的下拉按钮，可弹出"脚注和尾注"对话框，如图 2.64 所示。在该对话框中，可设置脚注和尾注的显示位置。

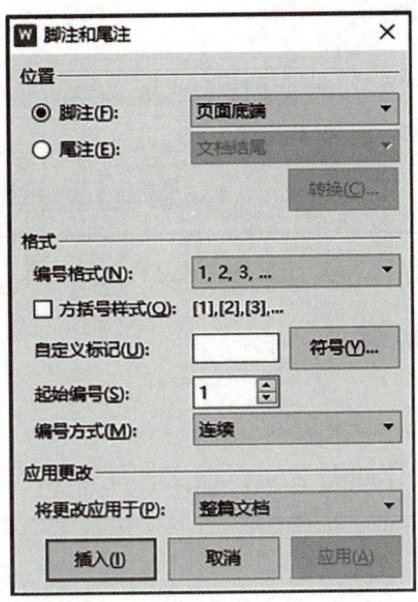

图 2.64 "脚注和尾注"对话框

任务 9　创建文档部件

【任务描述】

创建一个名为"X/Y（Z）"的文档部件，保存到自动图文集，显示内容形如"第 X 页共 Y 页（本节）"，用于在文档当前位置插入页码。X 为当前页码，Y 为节内总页数。

【特别提示】

1. 在文档中输入文本"第页共页（本节）"。

2．将插入点移到字符"第"之后。

3．单击"插入"→"文档部件"→"域"命令。

4．在弹出的对话框中，"域名"选择"当前页码"，单击"确定"按钮。执行类似步骤，在"共"之后插入域"本节总页数"。

5．选择生成的页码文本，单击"插入"→"文档部件"→"自动图文集"→"将所选内容保存到自动图文集库"，在弹出的对话框中完成相关参数的设置，如图 2.65 所示。

图 2.65 "新建构建基块"对话框

任务 10　创建自动索引

【任务描述】

文档 D:\TZ10.docx 内容如图 2.66，在文档尾部插入图 2.67 所示的索引。

爱屋及乌
【解释】比喻爱一个人而连带关心到跟他有关系的人或物。
百步穿杨
【解释】比喻射箭或射击技艺高超，百发百中。
背水一战
【解释】背靠江河作战，没有退路。形容不留后路，坚定信心与敌人决一死战。
才高八斗
【解释】比喻极有才华。

图 2.66　TZ10.docx 文档内容

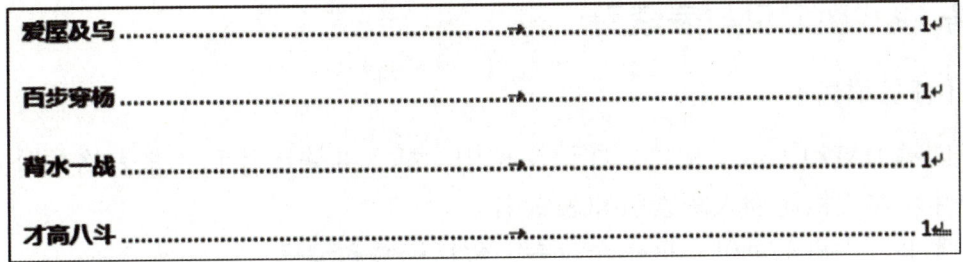

图 2.67　创建索引效果

【特别提示】

1．标记索引项

（1）选择文本"爱屋及乌"。

（2）单击"引用"→"标记索引项"，再单击弹出的对话框中的"标记"按钮（各参数使用默认值）。

用类似方法分别为"百步穿杨""背水一战""才高八斗"作索引标记。

2．创建索引

（1）将插入点定位到文档尾。

（2）单击"引用"→"插入索引"，在弹出的对话框中，"类型"选择"缩进式"，"栏数"设置为1，勾选"页码右对齐"，"制表符前导符"选择第一项，单击"确定"按钮。

注意：标记索引项后，会显示索引标记。必要时，单击"开始"选项卡中段落组→"显示/隐藏编辑标记"，取消"显示/隐藏段落标记"，可隐藏索引标记。

任务 11　创建书签

【任务描述】

文档 D:\TZ11.docx 的内容如图 2.66 所示，分别为文本"爱屋及乌""百步穿杨""背水一战""才高八斗"添加书签。书签名分别为 Task1，Task2，Task3，Task4。

【特别提示】

选择文本后，单击"插入"→"书签"命令，在弹出的对话框（如图 2.68）中设置"书签名"后单击"添加"按钮，即可添加书签。

在"书签"窗口中，选择书签后，单击"定位"按钮，可以快速定位和跳转到文档中的特定位置，方便阅读。

任务 12　图索引与表索引

【任务描述】

创建 D:\TZ12.docx 文档，在该文档中，插入 3 张图片和 3 张表格并分别创建题注。在文档尾插入图索引和表索引。

要求：均显示页码，页码右对齐，包括标签和编号。

【特别提示】

单击"引用"→"插入表目录"命令，打开如图 2.69 所示的"图表目录"对话框中，在该对话框中进行如下操作：

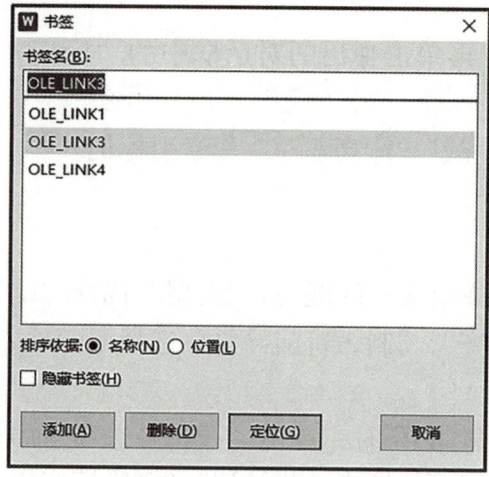 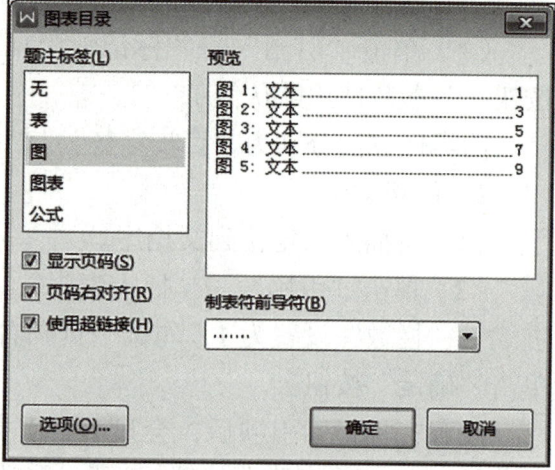

图 2.68　"书签"窗口　　　　　图 2.69　"图表目录"对话框

1. "题注标签"选择"图"。（创建图索引。创建表索引时选择"表"。）
2. 勾选"显示页码""页码右对齐""使用超链接"。
3. 单击"确定"按钮。

任务 13　应用题注

【任务描述】

创建文档 D:\TZ13.docx，在文档中插入三张图片并分别插入题注（标签为"图"，题注中包含标签，不包含章节号），并在文档中引用相应题注。

【特别提示】

1. 为图片添加题注

（1）将插入点定位到第一张图片下方。

（2）单击"引用"→"题注"命令，在弹出的窗口（如图 2.70）中，从"标签"右侧的列表项中选择"图"；不勾选"题注中不包含标签"；单击"编号"

按钮，在弹出的窗口不勾选"包含章节号"；单击"确定"按钮。

如果"标签"右侧的列表项中不存在"图"项，则需单击"新建标签"按钮创建标签。

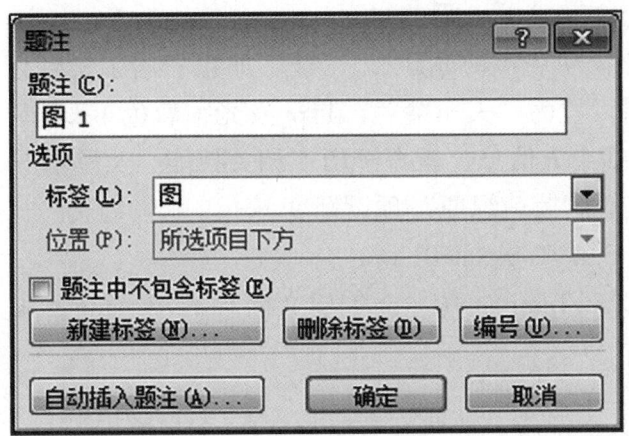

图 2.70 "题注"窗口

（3）类似上面的方法为其他两个图片添加题注。

2．文档中引用题注

（1）将插入点定位到需要引用题注的位置。

（2）单击"引用"→"交叉引用"命令，弹出窗口（如图 2.71）。

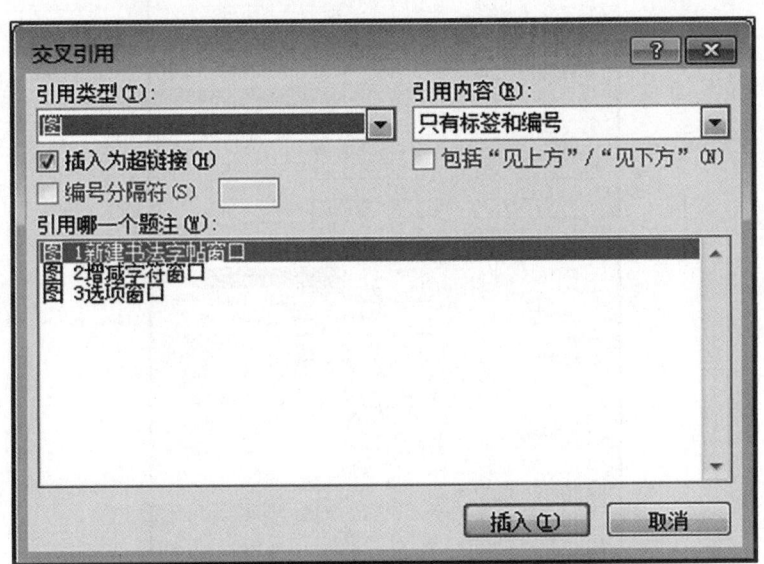

图 2.71 "交叉引用"窗口

引用类型：选择"图"。

引用内容：选择"只有标签和编号"。

引用哪一个题注：列表项中选择需要插入的题注。

单击"插入"按钮。

任务 14 创建与应用模板

【任务描述】

1. 创建一个文字模板。要求如下：

（1）首行文本为"个人简历"，三号、加粗、居中、红色。字符间距加宽 1.5 磅，文本效果设置为"矢车菊兰，11pt 发光，着色 1"。

（2）内容包括个人信息、教育经历、相关技能、奖励情况、自我评价。

（3）页面填充："茵茵绿原"预设渐变。

（4）保存为 C:\myTemplate01.wpt。

2. 以模板 C:\myTemplate01.wpt 创建文档 C:\myResume.wps。

【特别提示】

1. 创建 WPS 文字后，文档可另存为 WPS 文字模板。

2. 打开"字体"对话框（快捷键 Ctrl+D）：

（1）利用"字符间距"选项卡中的"间距"项可设置字符间距。

（2）单击"文本效果"按钮，在弹出的窗口中，利用"效果"选项卡的"发光"项可设置文本效果，如图 2.72 所示。

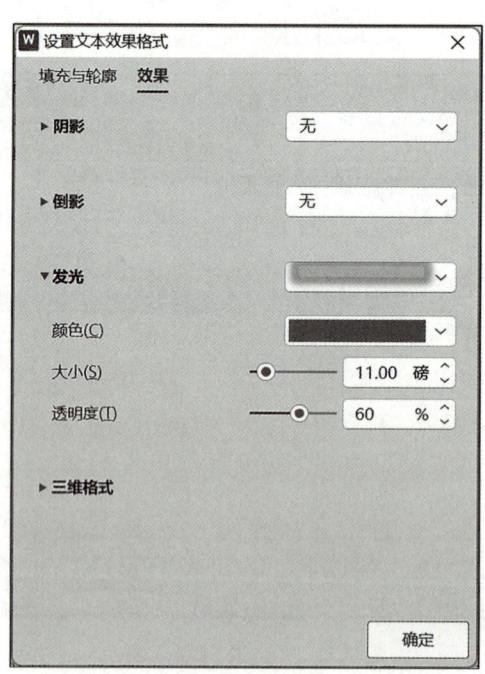

图 2.72 设置文本效果格式

3. 在 WPS 文字中，可基于模板创建文档。操作要点：

（1）单击"文件"→"新建"→"本机上的模板"命令。

（2）在弹出的窗口（如图 2.73）中单击"导入模板"按钮。

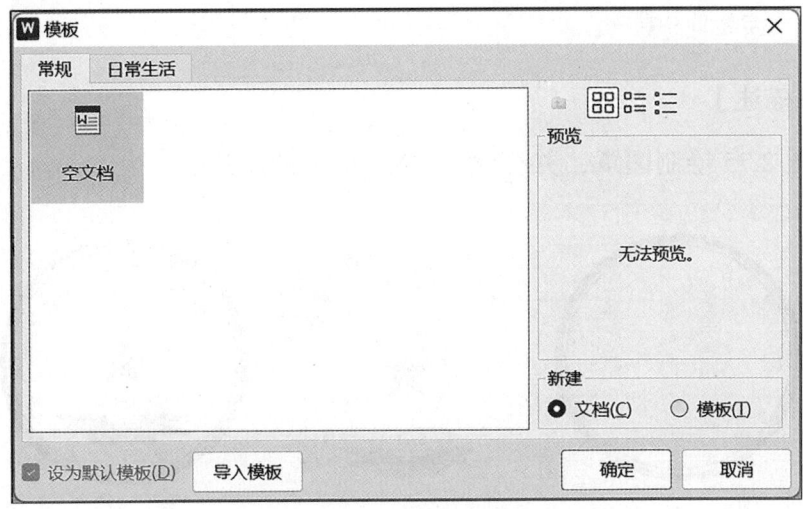

图 2.73 "模板"窗口

(3)在弹出的"导入模板"窗口中选择模板文件后单击"打开"按钮。

说明：如果模板已经导入，则在图 2.73 所示的窗口的"常规"选项卡中显示模板名称，选择需要的模板即可。也可通过"文件"→"新建"→"从稻壳模板新建"命令（需要联网）创建新文档。

4. 可以删除本机上的文字模板。操作要点如下：

(1)单击"文件"→"选项"命令。

(2)在弹出窗口的左侧单击"文件位置"（如图 2.74）。

(3)按 Win+E 打开资源管理器，根据上面文件位置找到相应模板文件即可删除。

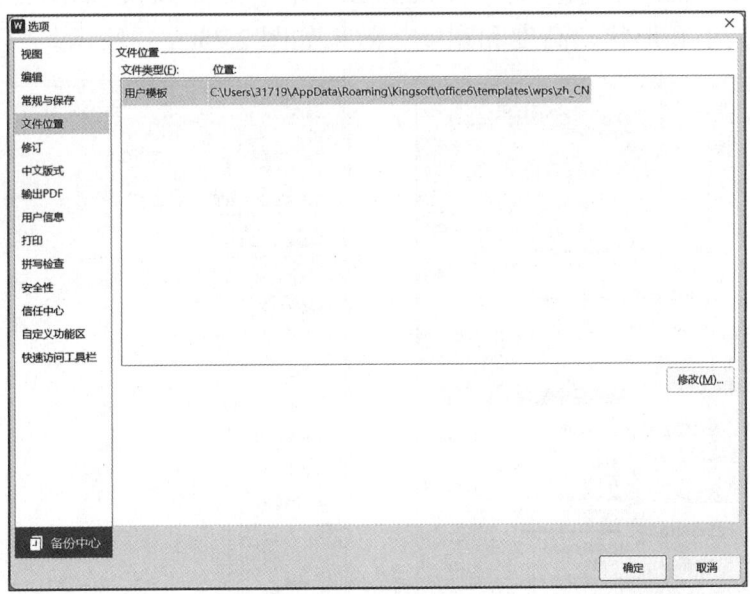

图 2.74 文件位置

任务 15 绘制图章

【任务描述】

参考图 2.75 绘制图章，并存储为 PNG 格式的图片。

图 2.75 图章制作流程及效果

【特别提示】

1．利用"插入"→"形状"→"椭圆"工具，在文档中插入一个椭圆。

2．选择绘制的椭圆，显示"绘图工具"选项卡。在该选项卡中，可以设置形状宽度和高度。

3．单击"视图"，勾选"任务窗格"，在 WPS 文字窗口右侧会显示任务窗格。单击任务窗格上的"属性"图标，在显示的属性窗格中设置"填充与线条"相关属性，如图 2.76 所示。

4．插入艺术字（或文本框）后，单击任务窗格上的"属性"图标，在显示的属性窗格中设置"转换"为"跟随路径"→"上弯弧"，如图 2.77 所示。适当调整字体大小和形状，高度和宽度，效果如图 2.75 左二所示。

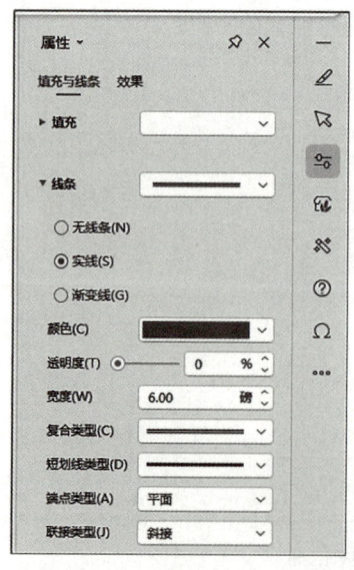

图 2.76 设置椭圆形状属性

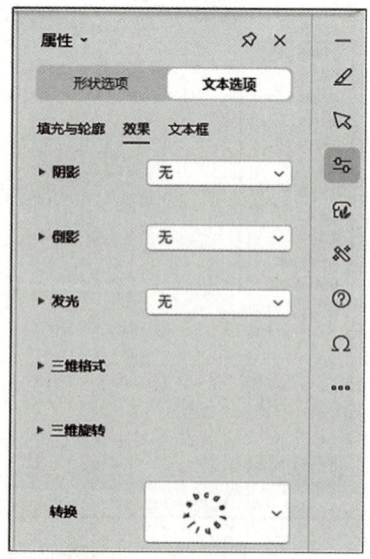

图 2.77 设置文本属性

5．五角星和旗带可通过"插入"→"形状"→"五角星"和"前凸带形"插入。

6．将绘制的形状适当调整位置，得到图 2.75 右一效果。按下 Ctrl 键并分别单击各形状，再右击鼠标，单击弹出菜单的"组合"命令组合图形。

7．右击组合图形，单击弹出菜单的"另存为图片"命令，可将图形保存为 PNG 格式的图片。

注意：WPS 文字必须保存为 docx 格式的 Word 文档才能使用文本效果的"转换"选项。

8．可以从手机图片上抠取图章。

单击"插入"选项卡下"图片"→"手机图片/拍照"命令，可以通过手机拍摄图章图片后插入到 WPS 文档中。

利用"图片工具"选项卡的相关命令进行处理：

（1）"裁剪"→"按形状裁剪"→"基本形状"→"椭圆"命令截取图章圆形部分。

（2）"增加亮度""减少亮度""增加对比度""减少对比度"命令调整图片亮度和对比度。

（3）"抠除背景""设置透明色"命令抠除图片背景。

（4）"环绕"→"浮于文字上方"命令将图片置于文字上方。

任务 16　添加分割线

【任务描述】

参考图 2.78，为文档添加分割线。

【特别提示】

在 WPS 文字中可以直接添加分割线。

操作要点：输入 3 个字符"###"后回车，即显示隔行线。

常用分割线有七类，分别对应的字符为"#"隔行线、"-"直线、"="双直线、"*"小虚线、"+"大虚线、"~"波浪线、"&"条纹线。

汗牛充栋
运输时可使牛出汗，存放时可堆至屋顶。形容书籍极多。
鸥水相依
比喻难以离开赖以生存的环境。
立雪求道
指恭敬虔诚地求道。
不刊之论
古代把字写在竹简或木板上，有错误时，或改动或剥去。不刊：不能消除，不可删改。指内容正确，不能更改的论断。

图 2.78　添加了分割线的文档

思考题

一、不定项选择题

1. 编辑 WPS 文档时，按键 BackSpace 的作用是删除（　　）。

    A．选择的文本　　　　　　　　　　B．插入点之前的一个字符

    C．选择的图片　　　　　　　　　　D．插入点之后的一个字符

2. 下面有关 WPS 快捷键的说法中，正确的是（　　）。

    A．Ctrl+Home：将插入点移到文档开始位置

    B．Shift+Enter：插入一个换行符，另起段落

    C．Ctrl+>：增大字号；Ctrl+<：减小字号

    D．Ctrl+H：打开替换对话框

3. 将选择的字符设置为上标的方法是（　　）。

    A．按键 Ctrl 和 =

    B．按键 Ctrl、Shift 和 =

    C．按键 Ctrl、Shift 和 –（不在数字键盘区）

    D．按键 Ctrl 和 +（不在数字键盘区）

4. 下面给出的操作方法中，能够选择一个段落的是（　　）。

    A．三击段落任意位置

    B．双击段落左侧的选择栏

    C．将插入点移到段落开始位置后，按键 Ctrl+A

    D．单击段落左侧的选择栏并拖动鼠标

5. 将某段落设置为两端对齐后，最后一行（　　）。

    A．左对齐　　　　　　　　　　　　B．右对齐

    C．字符数不变　　　　　　　　　　D．字符数可能增加

6. 下面有关"格式刷"的说法中，正确的是（　　）。

   A．单击"格式刷"后，只能复制一次格式

   B．双击"格式刷"后，可以复制多次格式

   C．利用"格式刷"既可复制字符格式，也可复制段落格式

   D．利用"格式刷"可以复制图片格式

7. 下面给出的格式中，属于段落格式的是（　　）。

   A．分散对齐　　　　　　　　　　B．首行缩进

   C．项目符号　　　　　　　　　　D．编号

8. 下面有关页眉的说法中，正确的是（　　）。

   A．文档首页可不显示页眉

   B．首页与其他页可以有不同的页眉

   C．奇偶页可有不同的页眉

   D．不同的节可以有不同的页眉

9. 利用"替换"功能可以实现（　　）。

   A．字符删除　　　　　　　　　　B．格式更改

   C．字符替换　　　　　　　　　　D．删除段落标记

10. 设置图片水印的图片格式可以是（　　）。

    A．*.jpg　　　　B．*.png　　　　C．*.gif　　　　D．*.swf

11. 下面给出的操作中，只能用于图片，不能用于形状的是（　　）。

    A．存为图片　　　　　　　　　　B．添加文字

    C．设置阴影　　　　　　　　　　D．裁剪

12. 环绕方式为（　　）的图片不能与形状组合。

    A．四周型　　　　　　　　　　　B．紧密型

    C．上下型　　　　　　　　　　　D．嵌入型

13. 可使用"绘图工具"设置格式的对象有（　　）。

    A．艺术字　　　　　　　　　　　B．图片

    C．文本框　　　　　　　　　　　D．形状

14. 可以对 WPS 文档中插入的图片进行的操作是（　　）。

    A．缩放　　　　　　　　　　　　B．旋转

    C．水平翻转　　　　　　　　　　D．垂直翻转

15. 下面给出的选项中，属于形状填充类型的是（　　）。

    A．纯色填充　　　　　　　　　　B．渐变填充

    C．图案填充　　　　　　　　　　D．图片填充

16. 利用"绘图工具"的（　　）命令可将艺术字设置为"上弯弧"型。

    A．文本效果　　　　　　　　　　B．文本轮廓

C．文字方向 　　　　　　　　　　D．编辑形状

17．文本转换为表格时，文本必须满足的条件是（　　）。

A．每行的数据量相同

B．每列的数据量相同

C．数据间的分隔符相同

D．数据间的分隔符不能使用中文标点

18．下面描述的WPS文字表格中，能够转换为文本的是（　　）。

A．不规则表格　　　　　　　　B．含图片的表格

C．含表格的表格　　　　　　　D．Excel表格

19．属于"图片效果"的是（　　）。

A．发光　　　　　　　　　　　B．倒影

C．柔化边缘　　　　　　　　　D．三维旋转

20．下面有关图片裁剪的说法中正确的是（　　）。

A．图片裁剪后WPS文档的大小并未发生变化

B．图片可以裁剪为各种形状

C．裁剪后的图片通过"裁剪"→"重设形状和大小"可恢复原样

D．将裁剪后的图片另存为图片文件时保存的仍然是裁剪前的图片

21．在"大纲"选项卡中可进行的操作是（　　）。

A．编辑图片　　　　　　　　　B．提升标题

C．更新目录　　　　　　　　　D．折叠项目

22．WPS文档的大纲级别共有（　　）级。

A．3　　　　B．4　　　　C．8　　　　D．9

23．下面有关"节"的描述中正确的是（　　）。

A．新建文档时，整个文档视为一节

B．不同节的文档可设置不同的页眉

C．利用"页面布局"选项卡的"分隔符"命令可在文档中插入分节符

D．插入分节符时可在同一页开始新节

24．选中后能弹出"文本工具"选项卡的有（　　）

A．艺术字　　　　　　　　　　B．形状

C．文本框　　　　　　　　　　D．添加文字后的形状

25．"开始"选项卡的"段落"组中不包括的命令是（　　）。

A．多级列表　　　　　　　　　B．字符边框

C．分散对齐　　　　　　　　　D．文本效果

26．在WPS文档中插入目录时，默认的显示级别是（　　）。

A．3　　　　B．4　　　　C．5　　　　D．6

27．创建目录后，按下（　　）键并单击目录项可以跳转到相应页。
A．Alt B．Ctrl C．Shift D．Esc

28．对选择的文本进行分栏时，可利用"分栏"对话框设置（　　）。
A．栏宽相等 B．栏数
C．每栏宽度 D．显示分隔线

29．下面给出的选项中，属于保护文档操作的是（　　）。
A．私密文档保护 B．用密码进行加密
C．指定人查看/编辑文档 D．限制编辑

二、填空题

1．在 WPS 文档中插入图片的默认文字环绕方式为＿＿＿＿＿＿＿＿＿＿，插入形状的默认文字环绕方式为＿＿＿＿＿＿＿＿＿＿。

2．组合键 Ctrl+Shift+= 的作用是＿＿＿＿＿＿＿＿＿＿，Shift+Enter 的作用是＿＿＿＿＿＿＿＿＿＿。

3．按下 Ctrl 键后拖动形状，其作用是＿＿＿＿＿＿＿＿＿＿。

4．在选择栏快速三击鼠标左键的作用是＿＿＿＿＿＿＿＿＿＿。

5．双击格式刷的作用是＿＿＿＿＿＿＿＿＿＿。

6．段落的缩进方式包括左缩进、右缩进、＿＿＿＿＿和＿＿＿＿＿。

7．段落的对齐方式有左对齐、右对齐、居中对齐、＿＿＿＿＿和＿＿＿＿＿。

8．按下 Ctrl 键后拖动形状的角控制点，其作用是＿＿＿＿＿＿＿＿＿＿。

9．分节符的作用是＿＿＿＿＿＿＿＿＿＿。

三、操作题

参考图 2.79 设计一张证书。要求如下：

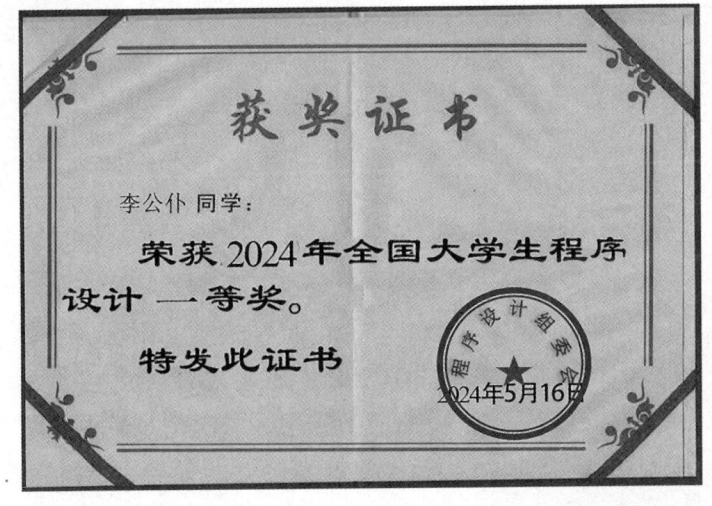

图 2.79　证书样图

1. 纸张：宽度 148 mm，高度 100 mm。
2. 利用 WPS 完成"程序设计组委会"图章的设计。
3. 图片作页面背景。图片可自行设计或从网络下载。
4. 保存为 Word 模板。
5. 利用上面的模板创建一个新文档，并根据数据表的每条记录分别生成证书。数据表内容如表 2.4。

表 2.4　获奖名单

姓　名	获奖名次
赵少兵	三
钱　伟	二
孙立华	二
李公仆	一
周四海	三

第三章

WPS 表格处理

第一节 验证性实验

任务 1　工作表的更名、复制与创建

【任务描述】

新建 D:\RW1.et 工作簿，完成以下操作：

1．将 Sheet1 工作表更名为"SYR1"。
2．复制工作表"SYR1"到当前工作簿，命名为"SYR2"，置于"SYR1"之后。
3．在工作表"SYR2"后插入新工作表，命名为"SYR3"。

【操作步骤】

1．工作表的更名
（1）在工作表名称栏（窗口左下角）上右击"Sheet1"。
（2）单击弹出菜单的"重命名"命令。
（3）这时"Sheet1"处于被选择状态（背景蓝色），输入 SYR1。

2．复制工作表
（1）在工作表名称栏右击"SYR1"。
（2）单击弹出菜单的"创建副本"命令。
（3）将该副本重命名为"SYR2"。

3．插入新工作表
单击 WPS 表格应用程序窗口的左下角的添加新工作表按钮（+）即可插入新的工作表，并将其命名为"SYR3"。

【特别提示】

1. 新建 WPS 表格时，默认创建一个工作表。

单击"文件"→"选项"→"常规与保存"，在显示的窗格中可以设置新工作簿默认创建的工作表数目。

2. 右击工作表名称，再单击弹出菜单的"插入工作表"命令，在弹出的对话框中可设置新建工作表的数目。如图 3.1 所示。

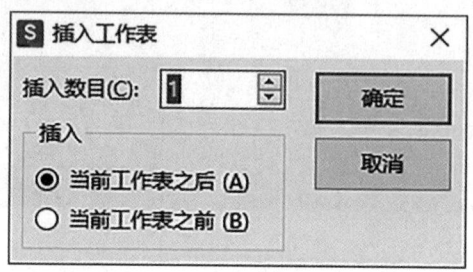

图 3.1 "插入工作表"对话框

3. 右击工作表名称，再单击弹出菜单的"移动"命令，在弹出的窗口（如图 3.2）中可以完成以下操作：

（1）设置工作表的移动位置。可以是当前打开的任意工作簿。

（2）创建副本。

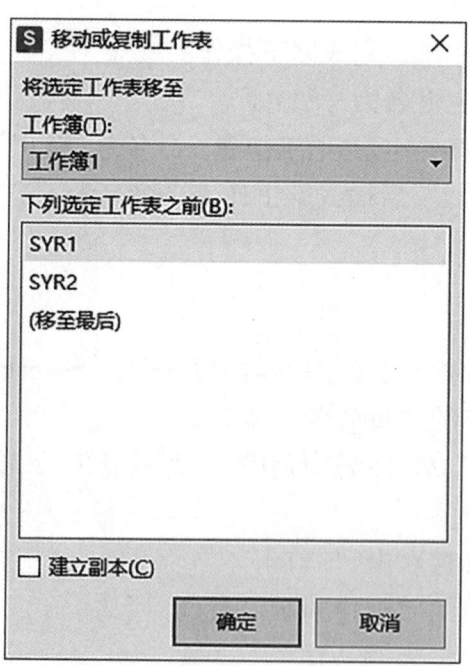

图 3.2 "移动或复制工作表"窗口

4. 双击工作表名称，也可直接为工作表重命名。

任务 2 调整行高、列宽

【任务描述】

新建 D:\RW2.et 工作簿，设置工作表第一行行高 22 磅、第一列列宽 8 磅。

【操作步骤】

1. 设置行高

（1）右击第一行的行标签（窗口最左一列）。

（2）单击弹出菜单的"行高"命令。

（3）在弹出的"行高"窗口中输入行高的设置值 22。

2. 设置列宽

（1）右击第一列的列标签（工作表区域第一行的上方）。

（2）单击弹出菜单的"列宽"命令。

（3）在弹出的"列宽"窗口中输入列宽的设置值 8。

【特别提示】

在列标栏（表格上方）上双击列标右侧的表格线，可自动调整列宽。在行号栏（表格左侧）上双击行号下方的表格线，可自动调整行高。

任务 3 序列填充

【任务描述】

新建 D:\RW3.et 工作簿，在工作表中完成以下操作：

1. 从 A 列的 A1 开始，填充首项为 1、公差为 3 的等差数列的前 8 项。

2. 从 B 列的 B1 开始，填充首项为 1、公比为 2 的等比数列，终止项不超过 1000。

3. 从 C1 开始，C 列填充"星期一"至"星期日"。

4. 从 D1 开始，D 列填充一个月的日期数据。

【操作步骤】

1. 填充等差数列

（1）先在 A1，A2 单元格分别输入数列前两项 1，4。

（2）选择 A1，A2 单元格。

（3）向下拖其填充柄至 A8 单元格。

2. 填充等比数列

（1）在 B1 单元格等比数列的第一项 1。

(2)选择 B1 单元格。

(3)单击"开始"→"填充"→"序列"命令。

(4)在弹出的窗口中设置相关参数(参考图 3.3)后,单击"确定"按钮。

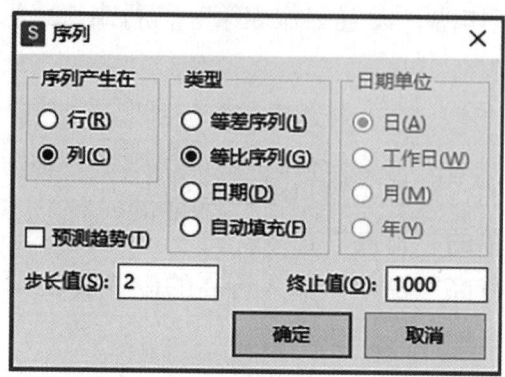

图 3.3 "序列"填充参数设置窗口

3．填充星期

(1)在 C1 单元格输入"星期一"。

(2)向下拖动 C1 单元格的填充柄,至 C7 单元格后松开鼠标。

4．填充日期

(1)在 D1 单元格输入某个月的第一天。如输入"2024/3/1"。

(2)单击"开始"选项卡下"填充"→"序列"命令。

(3)在弹出的窗口(参考图 3.3)中:

"序列产生在":选择"列"。

"类型":选择"日期"。

"终止值":输入"2024/3/31"。

【特别提示】

1．利用图 3.3,也可实现等差序列的填充。

2．选择单元格区域后,区域右下角有一个小方块,称之为"填充柄"。拖动填充柄,可以实现序列填充、公式填充等操作。

3．除等差序列和等比序列外,WPS 表格还预定义了其他序列。

查看 WPS 表格预定义序列的方法如下:

(1)单击"文件"菜单中的"选项"命令。

(2)在弹出的"选项"窗口中,单击左侧"自定义序列"项。

显示 WPS 表格预定义序列如图 3.4 所示。

4．在工作表中输入某一预定义序列的任意项,拖动填充柄即可自动填充序列的其他项。

示例 1:在 A1 单元格内输入"星期三",然后向下拖动 A1 的填充柄,则

A2 单元格自动填充为"星期四",A3 单元格自动填充为"星期五"……

示例 2:在 B4 单元格内输入"丁",然后向上拖动 B4 的填充柄,则 B1,B2,B3 单元格自动填充为"甲""乙""丙"。向下拖动 B4 的填充柄,则 B5 单元格自动填充为"戊",B6 单元格会自动填充为"己"……

5. 如果序列由字符和自然序列(1,2,3,…)组成,则只需输入序列的第一项,拖动填充柄即可依次填充序列的其他项。如,在 C1 单元格输入"V1D",向下拖动 C1 单元格的填充柄,即可依次填充"V2D""V3D"……

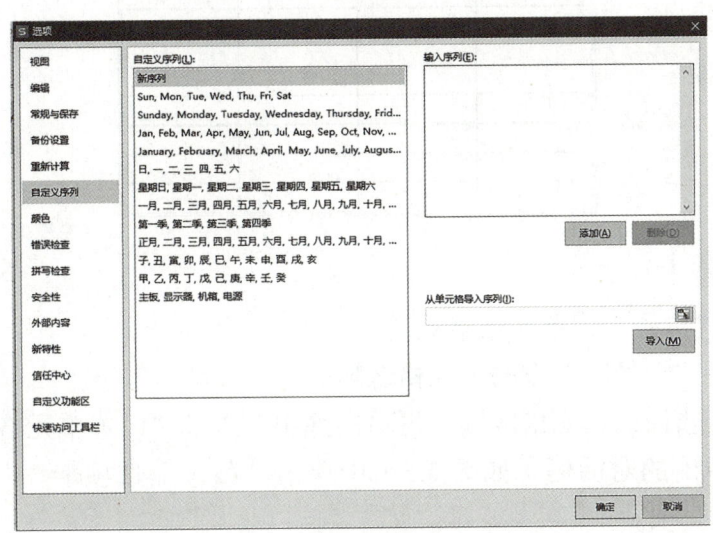

图 3.4 "自定义序列"窗口

任务 4 设置单元格格式

【任务描述】

新建 D:\RW4.et 工作簿,对 Sheet1 工作表按照表 3.1 制作表格,要求:

表 3.1 制作表格效果 1

学号	姓名	出勤率	成绩

1. 学号均为 2024 开头的 8 位数字,最多只需输入学号的后 4 位,即可显示完整学号。如:输入"1",则显示"20240001"。输入"16",则显示"20240016"。

2. "出勤率"列能够自动添加符号"%"且显示两位小数。例如:输入

12.357，显示为 12.36%。

3. 数据区域内部表格线为单实线，外框为双实线。

4. 在表头上方插入一行并输入"成绩明细"，要求相对于数据表居中显示。效果参考表 3.2。

表 3.2　制作表格效果 2

成绩明细			
学号	姓名	出勤率	成绩

【操作步骤】

1. 设置"学号"列单元格格式

（1）选择"学号"下方的单元格区域。

（2）右击选择的单元格区域，再单击弹出菜单的"设置单元格格式"命令。

（3）在弹出的对话框（如图 3.5）中单击"数字"选项卡→"分类"列表中的"自定义"项。

（4）在"类型"下方的输入框中输入"20240000"。

（5）单击"确定"按钮。

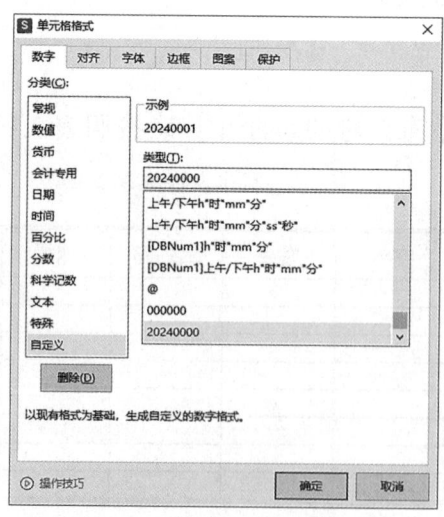

图 3.5　自定义数字格式

2. 设置"出勤率"列单元格格式

（1）选择"出勤率"下方的单元格区域。

（2）右击选择的单元格区域，再单击弹出菜单的"设置单元格格式"命令。

(3)在弹出的对话框中单击"数字"选项卡→"分类"列表中的"百分比"项。

(4)在窗口右侧输入小数位数2。

(5)单击"确定"按钮。

3．绘制表格线

(1)选择表格区域。

(2)右击鼠标，再单击弹出菜单的"设置单元格格式"命令。

(3)在弹出的对话框中单击"边框"选项卡（显示窗口如图3.6所示）。

(4)线条样式选择双实线（第二列最后一个）。

(5)单击右侧"外边框"。

(6)选择线条样式：单实线（第一列最后一个）。

(7)单击右侧"内部"。

(8)单击"确定"按钮。

4．添加行

(1)右击表头所在行的行号。

(2)单击"在上方插入行"命令（行数设置为1）。

(3)在插入的新行中，选择数据表上方的单元格区域。

(4)单击"开始"选项卡→"合并"→"合并居中"命令。

(5)输入文本"成绩明细"。

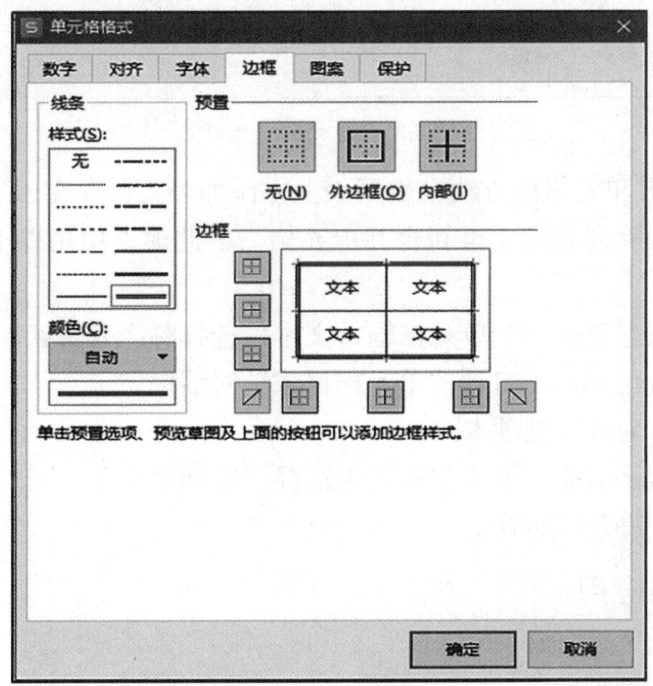

图3.6 "边框"窗口

【特别提示】

1. 按键 Ctrl+1（数字 1）也可以打开"单元格格式"对话框。
2. 应用已有单元格的格式有以下几种方法：

（1）利用"复制"命令。复制单元格后，选择需要设置相同格式的单元格区域，右击，再单击弹出菜单的"选择性粘贴"列表"仅粘贴格式"选项。

（2）利用格式刷。先单击已设置格式的单元格，单击"开始"选项卡"剪贴板"组（在窗口左侧）的"格式刷"，再在需设置相同格式的单元格区域拖动鼠标。如果需要多次"刷"格式，则需双击"格式刷"。

（3）新建单元格样式。单击"开始"选项卡下"单元格样式"图标 ，在弹出的"样式"对话框（如图 3.7）中单击"格式"按钮，在弹出的"单元格格式"窗口中可设置单元格格式。设置好单元格样式后，再对选择的单元格区域应用该样式即可。

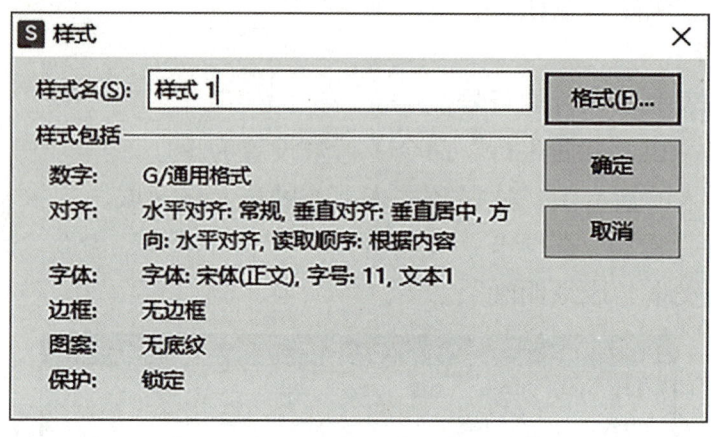

图 3.7 "样式"对话框

3. 使用合并单元格的方法在数据表上方添加表头，存在以下不足：当在数据表中添加或删除列时需要重新合并单元格。因此建议使用以下方法，操作更方便。

（1）在表头左侧第一个单元格输入文本后选择整个表头区域。

（2）按组合键 Ctrl+1 打开"单元格格式"对话框。

（3）单击"对齐"选项卡。

（4）在"水平对齐"下方的列表中选择"跨列居中"。

（5）单击"确定"按钮。

任务 5　公式应用

【任务描述】

1. 新建 D:\RW5.et 工作簿，对 Sheet1 工作表按照图 3.8 输入数据，要求利用公式计算：总评（四舍五入保留小数点后两位小数）、名次、各门课程不及格的人数，并得到每个学生的补考课程信息。

	A	B	C	D	E	F	G	H	I
1									
2		学号	姓名	英语	高等数学	C语言	总评	名次	补考课程
3		20230001	张英杰	84	60	92			
4		20230002	刘四会	70	83	41			
5		20230003	李大伟	92	46	56			
6		20230004	孙碧玥	41	71	52			
7		20230005	胡琪	51	91	92			
8		20230006	赵飞雄	81	48	55			
9		20230007	易依	57	83	43			
10		20230008	万路达	73	87	40			
11		不及格人数：							
12									

图 3.8　任务 5 数据 1

2．在 A 列输入序号。要求删除行时序号能够自动更新。

3．假定上述工作簿的 Sheet2 工作表中有 Sheet1 中部分学生的学号，利用公式将这些学生的姓名和补考课程导入到 Sheet2 中。

4．创建名为"Count"的工作表，在该工作表中利用 WPS 表格公式求解：

（1）求 [100,400] 上是 3 的倍数且含数字 5 的整数个数。结果保存到 A1 单元格（由公式计算）。

（2）求 [100,500] 上除 5 余 4、除 7 余 2 的数的和。结果保存到 B1 单元格（由公式计算）。

5．在图 3.8 所示表中的 A13 单元格输入公式，随机从 C 列的姓名中抽取一个姓名并显示。

6．如表 3.3，利用公式计算"停留时间"。

表 3.3　任务 5 数据 2

进站时间	离开时间	停留时间
2023/9/16 8:15	2023/9/17 18:21	
2023/9/18 8:22	2023/9/19 20:37	
2023/9/21 8:09	2023/9/23 18:24	
2023/9/24 9:00	2023/9/24 19:50	
2023/9/27 8:10	2023/9/28 8:20	
2023/10/3 8:45	2023/10/6 15:26	
2023/10/7 8:53	2023/10/8 16:37	

【操作步骤】

1．计算总评

（1）在 G3 单元格输入公式 =ROUND(AVERAGE(D3:F3),2)。

（2）向下拖动 G3 单元格的填充柄至 G10 单元格。

2．计算名次

（1）在 H3 单元格输入公式 =RANK(G3,$G$3:$G$10)。

（2）向下拖动 H3 单元格的填充柄至 H10 单元格。

3．统计各课程不及格人数

（1）在 D11 单元格输入公式 =COUNTIF(D3:D10,"<60")。

（2）向右拖动 D11 单元格的填充柄至 F11 单元格。

4．列出每个学生的补考课程

（1）在 I3 单元格输入公式：

=TRIM(IF(D3<60,D$2,"")&" "&IF(E3<60,E$2,"")&" "&IF(F3<60,F$2,""))

或者，使用 TEXTJOIN 函数：

=TEXTJOIN("",1,IF(D3:F3<60,$D$2:$F$2,""))

如果有成绩输入为"缺考"，则公式中需要利用 N 函数（该函数对无效数据均转换为数值 0）将单元格数据转换为数值后再处理。上面的公式应改为：

=TEXTJOIN("",1,IF(N(D3:F3)<60,$D$2:$F$2,""))

（2）向下拖动 I3 单元格的填充柄至 I10 单元格。

5．插入能够自动更新的序号

在 A3 单元格输入公式"=ROW( )–2"并填充至 A10 单元格。

6．假定 Sheet2 工作表的 A1，B1，C1 单元格的内容分别为学号、姓名、补考课程，从第二行开始，A 列是部分学生的学号。要将相应学生的姓名和补考课程导入到 Sheet2 中，可按以下步骤进行：

（1）在 Sheet2 的 B2 单元格输入公式：

=VLOOKUP(A2,Sheet1!$B$3:$C$10,2,FALSE)

（2）在 Sheet2 的 C2 单元格输入公式：

=VLOOKUP(A2,(Sheet1!$B$3:$I$10),8,FALSE)

（3）选择 B2，C2 两个单元格，向下拖其填充柄至最后一个学号所在行。

7．计算在 [100,400] 上是 3 的倍数且含数字 5 的整数个数

求解基本思路：

（1）从 A2 单元格开始，在 A 列输入 3 的倍数序列：A102，A105，…，A399。

（2）再在 A1 单元格利用 COUNTIF 函数统计序列中含数字 5 的个数。输入公式：

=COUNTIF(A2:A101,"*5*")

说明：

COUNTIF 函数在条件（第二个参数）中使用通配符时，单元格的数据必须

是文本。因此，在输入的数值前均添加了字符"A"。

如果直接输入数值，也可求解。基本思路是：先使用 TEXT 函数将 A2:A101 区域的数值转换为文本，再使用 FIND 函数查找字符"5"。（如果文本中存在字符"5"，FIND 函数返回"5"在文本中出现的位置。否则返回"#VALUE!"表示值错误。）最后使用 COUNT 函数统计数值个数。其中 TEXT 和 FIND 函数返回的均是数组（参阅拓展性实验任务 10）。在 A1 单元格输入公式：

=COUNT(FIND("5",TEXT(A2:A101,"0")))

8. 求 [100,500] 上除 5 余 4、除 7 余 2 的数的和

求解基本思路：

（1）从 B2 开始，在 B 列输入除 7 余 2 的整数序列：100，107，…，499。

（2）在 C 列计算 B 列中各单元格除以 5 的余数。

在 C2 单元格输入公式"=MOD(B2,5)"后，向下拖其填充柄至 C59 单元格（或者双击 C2 单元格的填充柄）。

（3）在 B1 单元格输入下面的公式，得到计算结果。

=SUMIF(C2:C59,0,B2:B59)

9. 姓名的随机抽取

在 A13 单元格输入公式"=INDEX(C3:C10,INT(RAND()*8+1))"后按回车键，再按下 F9，即会不停变换显示随机抽取的姓名，松开按键，停止变换。

10. 停留时间的计算（假定数据单元格区域为 B20:D27）

（1）在 D21 单元格输入公式 =TEXT(C21−B21,"[h]:mm")。

（2）拖动 D21 单元格填充柄至 D27 单元格（或双击 D21 单元格填充柄）。

注意：公式中 "[h]:mm" 指定时间显示格式。其中"h"两侧的方括号（表示按实际小时显示，不转换为 24 小时形式）不能缺省，否则显示结果是错误的。

也可以在 D21 单元格直接输入公式"=C21−B21"，再设置单元格格式为自定义格式"[h]:mm"。

【特别提示】

1. 在单元格内输入的公式必须以半角符号"="（等于）开头。

2. 公式中的函数名称不区分大小写。

3. 公式中使用的标点符号（如逗号、双引号、圆括号）均为半角符号，需要在英文输入状态下输入。

4. 公式中可以引用单元格地址。引用的方式有三种：

（1）相对引用。单元格地址使用"CR"格式，如：A3，H14。

（2）绝对引用。单元格地址使用"CR"格式，如：$A$3，$H$14。

（3）混合引用。单元格地址使用"$CR"或"C$R"格式，如：$A1，B$3。

5. 单元格引用中，可以把符号"$"想象为一把锁，行号、列标可以分别上锁或不上锁。上锁是为了控制拖动填充柄时复制公式的方法，遵循以下规则：

（1）上下行变。上下拖动填充柄时，当前单元格的公式会复制到新的单元格，且公式中未上锁的行号会相应变化，列标无论上锁与否，均不变。

假定 B1 单元格的公式是"=A1+5"，将 B1 单元格的填充柄拖到 B2 单元格，则 B2 单元格的公式为"=A2+5"。这是因为，B1 单元格的公式复制到 B2 单元格时，公式中"A1"的列标不变，行号加 1。如果 B1 单元格的公式是"=A$1+5"，将 B1 单元格的填充柄拖到 B2 单元格，则 B2 单元格的公式为"=A$1+5"，由于行号已加锁，复制公式后行号不变。

（2）左右列变。左右拖动填充柄时，当前单元格的公式会复制到新的单元格，且公式中未上锁的列标会相应变化，行号无论上锁与否，均不变。

假定 B1 单元格的公式是"=A1+5"，将 B1 单元格的填充柄拖到 C1 单元格，则 C1 单元格的公式为"=B1+5"，即列标加 1，行号不变。如果 B1 单元格的公式是"=$A1+5"，将 B1 单元格的填充柄拖到 C1 单元格，则 C1 单元格的公式为"=$A1+5"，由于列标已加锁，复制公式后列标不变。

（3）加锁不变。如上所述，公式中的行号（或列标）加锁后，复制的公式不会改变已加锁的行号（或列标）。

6. ROUND(x,n) 函数返回的是 x 四舍五入保留小数点后第 n 位的数值。如果 n 为零，则四舍五入到个位。如果 n 为负整数，则四舍五入到个位前的第 |n| 位。例如，ROUND(12345,−2) 的值为 12300。

7. AVERAGE 函数用于计算平均值。

8. RANK(v,a,f) 函数返回数值 v 在序列 a 中的次序。f=0 或省略，表示对序列 a 降序排序；f=1 表示对序列 a 升序排序。

9. COUNTIF(a,c) 函数返回单元格区域 a 中满足条件 c 的单元格个数。

（1）当单元格区域的数据均为文本时，条件中可使用通配符"*"（表示任意个任意字符）和"?"（表示任意一个字符）。例如，COUNTIF(A1:A100,"*a*") 返回值为单元格区域 A1:A100 中，数据含字符"a"的单元格个数。

（2）条件只能是单一条件。例如，A1 至 A100 的数据均为整数，如需统计值在 [60,75] 上的单元格个数，使用公式"=COUNTIF(A1:A100,">=60 and <=75")"是错误的，可使用下面公式计算得到：

=COUNTIF(A1:A100,">=60")− COUNTIF(A1:A100,">75")

COUNTIFS 函数支持多条件统计，该函数参数可由若干组组成。每组的第一个参数是条件区域，第二个参数是条件。例如，上例中统计值在 [60,75] 上的单元格个数，可用公式"=COUNTIFS(A1:A100,">=60", A1:A100,"<=75")"实现。

显然，各条件必须同时成立。当条件区域的数据为文本时，也可在条件中使用通配符"*"和"?"。

10. 当 a 为真时，IF(a,b,c) 函数的返回值为 b；当 a 为假时，其返回值为 c。

11. TRIM 函数用于删除字符串中多余的前导或者后置空格。

12. VLOOKUP(a,b,c,d) 函数在单元格区域 b 的第一列查找数据 a，并返回单元格区域 b 第 c 列对应的数据。"d=False"表示精确匹配，"d=True"表示模糊匹配。如果未找到匹配项，则返回"#N/A"值。使用 HLOOKUP 函数可以按行查找。

13. WPS 表格常用函数还有如下几种：

（1）SUM：求和。如：SUM(A1:A20) 返回 A1 至 A20 单元格共 20 个数据的和。

（2）SUMIF：条件求和。如：SUMIF(A1:A4,">=60",B1:B4) 对 B1 至 B4 四个单元格中，满足对应 A 列数据不小于 60 的单元格数据求和。注意，A1:A4 是条件区域，B1:B4 是求和区域。多条件时使用 SUMIFS 函数。当条件区域的数据为文本时，也可在条件中使用通配符"*"和"?"。

（3）MOD：求余。如：MOD(17,3) 返回值为 2。

（4）AND，OR：逻辑与、逻辑或。常与 IF 函数结合使用。

（5）COUNT：数值单元格计数。如：COUNT(A:A) 返回 A 列中数值单元格个数。

（6）INT：取整。如：INT(A1) 返回不超过 A1 单元格数据的最大整数。

（7）RAND：产生 [0,1) 上的一个随机数。如：INT(RAND( )*10) 返回 [0,9] 上的一个随机整数。

（8）MAX，MIN：返回数值区域的最大、最小值。

（9）TEXTJOIN：使用指定字符将多个数据连接成一个字符串。

任务 6　数据排序

【任务描述】

在图 3.8 给出的数据表中删除第 11 行后分别完成以下操作：

1. 按总评成绩降序排序。
2. 按姓名笔画升序排序。
3. 按总评成绩降序排序，如果总评成绩相同，则按英语成绩降序排序。

【操作步骤】

1. 删除第 11 行

（1）右击第 11 行的行标。

（2）单击弹出菜单的"删除"命令。

注意：选择行后如果按 Del 键，只是删除单元格的数据，并非删除行。

2. 按总评成绩降序排序

（1）将插入点移到总评的数据区域。

（2）单击"开始"选项卡（或"数据"选项卡）。

（3）单击"排序"按钮下的降序命令图标。

3. 按姓名笔画升序排序

（1）将插入点移到姓名数据区域。

（2）单击"开始"选项卡。

（3）单击"排序"按钮下的"自定义排序"命令，弹出如图 3.9 所示对话框，主要关键字设置为"姓名"，排序依据选择"数值"，次序选择"升序"。

（4）在"排序"对话框中单击"选项"按钮。

（5）在弹出的窗口（如图 3.10）中选择"笔画排序"。

（6）单击"确定"按钮，关闭所有窗口。

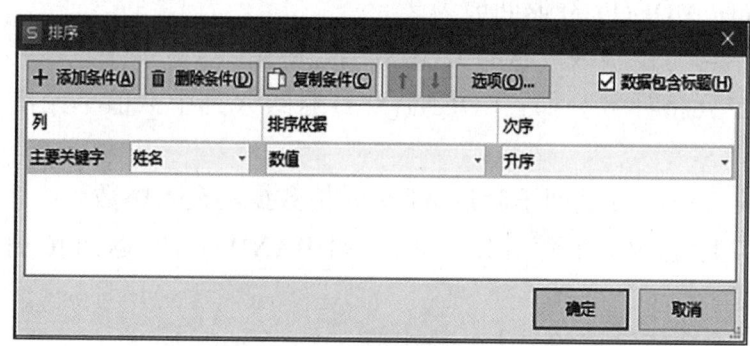

图 3.9　"排序"对话框　　　　　图 3.10　排序选项

4. 按总评成绩降序排序，如果总评成绩相同，则按英语成绩降序排序

（1）将插入点移到总评的数据区域。

（2）单击"开始"选项卡。

（3）单击"排序"按钮下的"自定义排序"命令。

（4）"主要关键字"选择"总评"，排序依据选择"数值"，"次序"选择"降序"。

（5）单击"添加条件"。

（6）"次要关键字"选择"英语"，排序依据选择"数值"，"次序"选择"降序"（如图 3.11）。

（7）单击"确定"按钮。

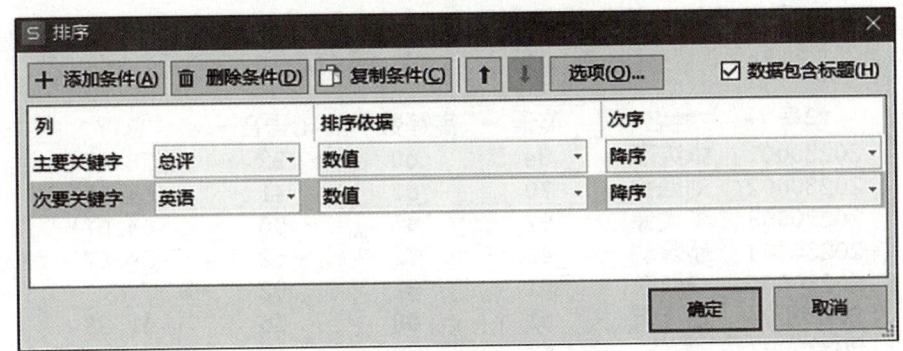

图 3.11　设置排序关键字

【特别提示】

1. 在"数据"选项卡的"排序和筛选"组有三个命令可以完成排序：

（1）$^A_Z\downarrow$：升序。字符按字母顺序（默认，汉字按拼音）、数值按大小递增排序。

（2）$^Z_A\downarrow$：降序。字符按字母顺序（默认，汉字按拼音）、数值按大小递减排序。

（3）自定义排序。单击时弹出图 3.11 所示的窗口，在该窗口中，"主要关键字"是确定排序位置的第一个字段。如果两条记录的第一字段数据相同，可以指定按"次要关键字"排序（单击"添加条件"后指定字段）。

2. 只有"主要关键字"，没有"次要关键字"的排序通常称为"简单排序"，否则称为"多重排序"。

3. 如果数据区域无标题行，在图 3.11 窗口中需取消选择"数据包含标题"选项。

任务 7　数据筛选

【任务描述】

在图 3.8 给出的数据表中分别完成以下操作：

1. 显示总评前五名的学生信息。
2. 显示各门课程全部及格的学生信息。

【操作步骤】

1. 显示总评前五名的学生信息

（1）将插入点定位到数据区域（B2:I10）。

（2）单击"数据"选项卡。

（3）单击"筛选"命令。这时数据表的每个字段右侧会显示一个下拉按钮，如图 3.12 所示。

B	C	D	E	F	G
学号	姓名	英语	高等数学	C语言	总评
20230001	张英杰	84	60	92	78.67
20230002	刘四会	70	83	41	64.67
20230003	李大伟	92	46	56	64.67
20230004	孙碧玥	41	71	52	54.67
20230005	胡琪	51	91	92	78
20230006	赵飞雄	81	48	55	61.33
20230007	易依	57	83	43	61
20230008	万路达	73	87	40	66.67

图 3.12　自动筛选效果

（4）单击"总评"右侧的下拉按钮。

（5）单击弹出菜单的"数字筛选"，再单击下拉菜单"前十项"命令。

（6）在弹出的窗口（如图 3.13）中，将 10 改为 5。

（7）单击"确定"按钮。

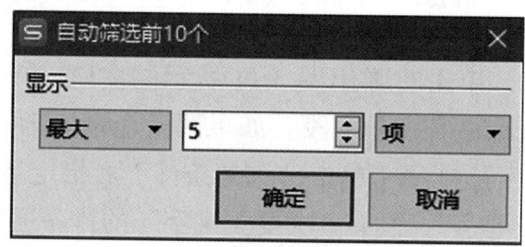

图 3.13　数字筛选设置对话框

2. 显示各门课程全部及格的学生信息

（1）单击"筛选"命令撤销前次的筛选。

（2）再次单击"筛选"命令开始新的筛选。

（3）单击"英语"右侧的下拉按钮。

（4）单击弹出菜单的"数字筛选"→"大小或等于"命令。

（5）在弹出的如图 3.14 所示对话框中，在"大于或等于"右侧的输入框输入"60"。

（6）单击"确定"按钮。

（7）分别单击"高等数学"和"C 语言"右侧的下拉按钮，类比上面的操作，完成筛选条件的设置。

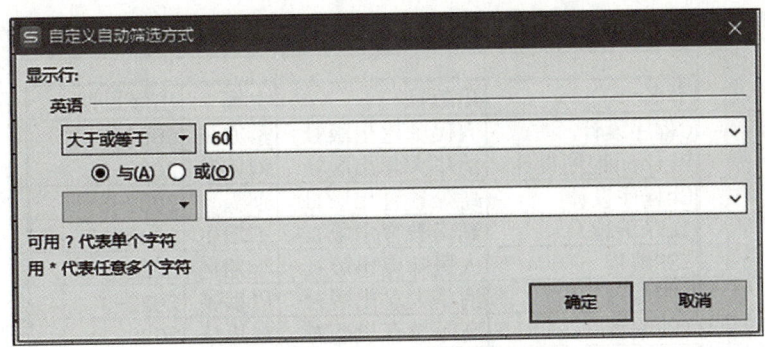

图 3.14　自定义自动筛选方式

【特别提示】

1. 单击"筛选"命令设置筛选条件后，再次单击"筛选"命令可撤销筛选。

2. 借助下拉按钮设置筛选条件，查找满足条件的记录的方法称为"自动筛选"或"简单筛选"。

3. 如果筛选字段是文本，则可使用通配符"*"（代表任意个任意字符）和"?"（代表任意一个字符）。例如，需查找姓"张"的所有学生记录，可以按以下步骤进行：

（1）单击"姓名"右侧的下拉按钮。

（2）在弹出的命令列表的"搜索"栏输入"张*"。

（3）单击"确定"按钮。

4. 简单筛选存在以下局限：

（1）每个字段最多两个筛选条件（在逻辑上是"且"或"或"的关系）。

（2）各字段可以分别设置筛选条件，但这些条件是"且"的关系，不能是"或"的关系。要解决这些问题，需要用到"高级筛选"（参考拓展性实验任务 6）。

任务 8　分类汇总

【任务描述】

如图 3.15 创建 D:\RW8.et 工作簿，分别完成以下操作：

1. 直接在数据表中分类统计各出版社的教材数量。

2. 在 G，H 列显示各出版社在 2022 年出版的教材数量。

3. 在 F 列显示全部出版社（不能重复）。

	A	B	C	D	E
1					
2		书名	出版社	主编	出版日期
3		C程序设计	人民邮电出版社	蔡亦玉	2022-8
4		Python程序设计	清华大学出版社	刘伟发	2022-1
5		C#程序设计	高等教育出版社	李淼	2022-5
6		JAVA编程	湖南教育出版社	王培生	2022-12
7		JSP编程	人民邮电出版社	李期亿	2022-9
8		ASP编程	清华大学出版社	周嘉芙	2022-3
9		WEB编程	高等教育出版社	赵思乐	2022-1
10		汇编语言	湖南教育出版社	龚在云	2022-11
11					

图 3.15　任务 8 数据

【操作步骤】

1．在数据表中分类统计各出版社的教材数量

（1）将插入点定位到"出版社"字段所在区域。

（2）单击"开始"选项卡。

（3）单击"排序"按钮下的"升序"或"降序"命令（目的：对出版社分类，使相同出版社的记录排放在一起）。

（4）单击"数据"选项卡下的"分类汇总"命令，弹出如图 3.16 所示对话框。

（5）"分类字段"选择"出版社"，"汇总方式"选择"计数"，"选定汇总项"只选择"书名"。

（6）单击"确定"按钮。

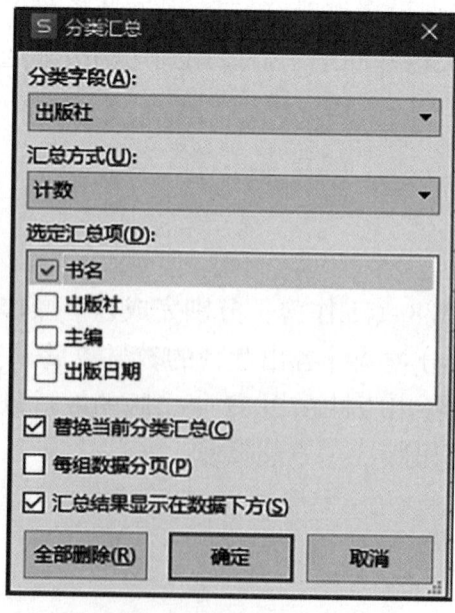

图 3.16　"分类汇总"对话框

2. 在 G，H 列显示各出版社在 2022 年出版的教材数量

（1）右击 C 列。

（2）按 Ctrl+C 复制 C 列数据。

（3）单击 G1。

（4）按 Ctrl+V 将 C 列数据复制到 G 列。

（5）单击 G 列。

（6）单击"数据"选项卡。

（7）单击"删除重复项"命令。

（8）在弹出的"删除重复项警告"窗口中选择"选定当前区域"选项。

（9）单击"删除重复项"按钮，再单击弹出窗口的"确定"按钮。

（10）在 H3 单元格输入公式：
=COUNTIFS($E$3:$E$10,"2022*",$C$3:$C$10,G3)

（11）向下拖动 H3 的填充柄至最后一个数据行。

3. 显示全部出版社（无重复）

在 F 列显示全部出版社（无重复）可参考以下两种方法：

（1）利用"删除重复项"命令。

将 C2:C10 单元格区域的数据复制到 F 列后，单击"数据"选项卡下"重复项"→"删除重复项"命令，即可删除重复数据。

（2）利用 UNIQUE 函数。

在 F1 单元格输入公式"=UNIQUE(C2:C10)"后回车。

【特别提示】

1. 在执行"分类汇总"前，必须先对分类字段进行分类。分类的方法就是排序（升序、降序均可）。

2. 在图 3.16 中如果不选择"汇总结果显示在数据下方"选项，则汇总结果显示在数据上方。

3. 单击图 3.16 中的"全部删除"按钮，可取消分类汇总。

4. 公式"=COUNTIFS($E$3:$E$10,"2022*",$C$3:$C$10,G3)"统计满足条件的单元格个数。这里有两个条件：

（1）$E$3:$E$10 区域中每个单元格的数据必须是以 2022 开头的文本，其中"*"代表任意个任意字符。

（2）$C$3:$C$10 区域的每个单元格的数据必须与 G3 单元格的数据相等。

注意：使用的两个条件区域必须具有相同数目的行和列。

任务 9　绘制函数图象

【任务描述】

创建 D:\RW9.et 工作簿，在 Sheet1 工作表中绘制函数 y=sin x 在 [0,2π] 上的图象（用五点法作图）。

【操作步骤】

1．确定五点坐标。其中横坐标 x 的值分别为 0，π/2，π，3π/2，2π，π 的值由 C2 单元格指定，纵坐标 y 的值直接输入（或由 y=sin x 计算产生），如图 3.17。

图 3.17　任务 9 数据

2．将插入点定位到上面创建的数据表中，单击"插入"选项卡"图表"组的"散点图"图标，在弹出的列表中单击"带平滑线和数据标记的散点图"类型（第一行第二个），这时会自动生成图表。

3．点击生成的图表，单击"图表工具"选项卡下的"添加元素"按钮，在弹出的快捷菜单中选择"图例"子菜单，打开子菜单选择"右侧"，使图例显示在图表右侧。

4．在图表上部，将图表标题"y"修改为"y=sin x 函数图象"，如图 3.18 所示。

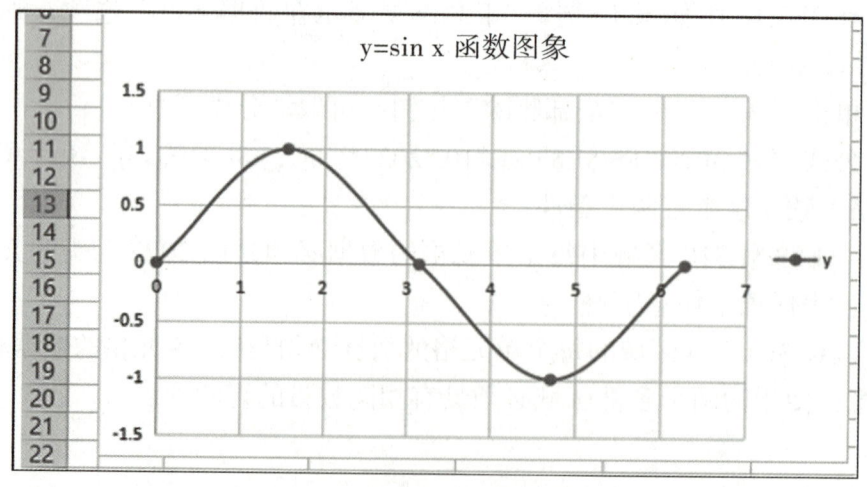

图 3.18　y=sin x 的带平滑线和数据标记的散点图

【特别提示】

采取描点法绘制函数图象时，要注意特征点（端点、一阶导数为零的点、二阶导数为零的点或不可导点）的选择。如果点选择不当，会导致绘制的图象形态错误。

任务 10　绘制簇状柱形图

【任务描述】

创建 D:\RW10.et 工作簿，参考图 3.19，在 Sheet1 工作表中创建数据表和对应的图表（簇状柱形图）。

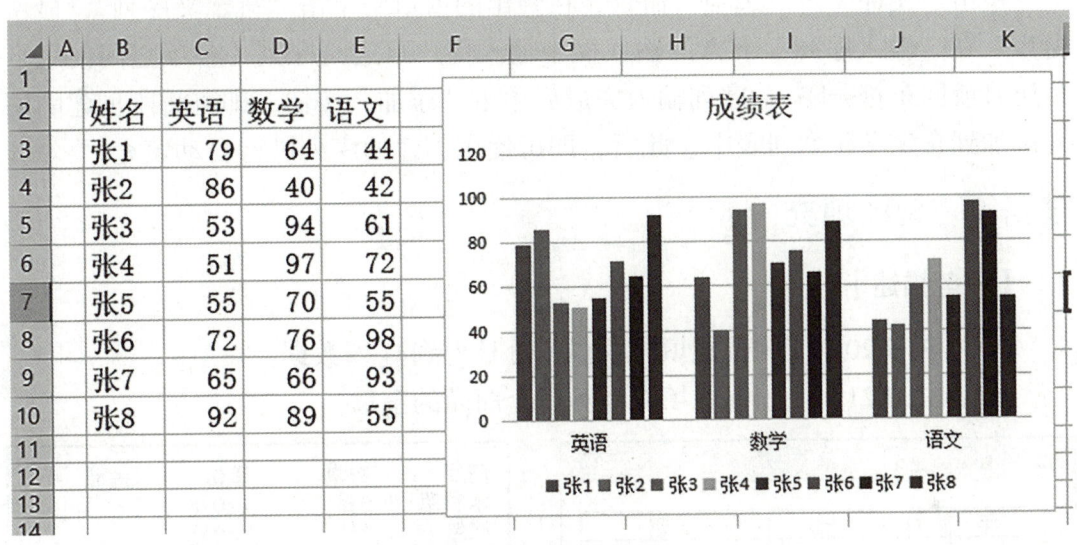

图 3.19　任务 10 效果图

【操作步骤】

1. 在 Sheet1 工作表中，参考图 3.19 输入数据表（B2:E10 单元格区域）。

2. 将插入点定位到数据区域，单击"插入"选项卡"图表"组的"柱形图"图标，在弹出的菜单中单击"簇状柱形图"图标（第一行第一个）。

3. 选择插入的图表，单击"图表工具"选项卡下"切换行列"图标（目的：课程显示为横轴）。

4. 在图表上部，将图表标题修改为"成绩表"。

【特别提示】

1. 生成图表后，修改数据表中的数据，图表会自动更新。

2. 利用"图表工具"选项卡，可以完成添加元素、快速布局、更改颜色、更改类型、切换行列、选择数据、移动图表等操作。

第二节　拓展性实验

任务 1　自定义序列

【任务描述】

自定义序列：办公室、财务部、销售部、人事部、后勤部、广告部。并在工作表中的 A1:F6 单元格区域填充该序列。

【特别提示】

单击"文件"→"选项"命令，在弹出的窗口中单击"自定义序列"，显示窗口。在"输入序列"下方的输入框中输入用户自定义序列（各项之间使用半角逗号或回车符分隔），序列输入完成后单击"添加"按钮，即可将刚创建的序列添加到自定义序列列表中。此后，即可使用创建的序列进行自动填充。

任务 2　智能填充

【任务描述】

1. 如图 3.20，使用智能填充根据年月日得到 G 列数据。
2. 如图 3.21，使用智能填充计算每个商品的金额。

年	月	日	日期
2001	5	12	
2015	2	23	
2014	11	30	
2013	8	7	

图 3.20　日期数据

商品	数量	单价	金额
水彩笔	6箱	120元	
腊纸	7件	763元	
毛笔	12盒	96元	
作业本	36箱	360元	
粉笔	100箱	800元	
墨水	100瓶	1200元	

图 3.21　金额计算数据

3. 如图 3.22，使用智能填充根据身份证号码得到出生日期。设计效果如图 3.23 所示。

身份证号码	出生日期
430104198802153961	
430104198706173961	
430104198912153961	
430104198808063961	
430104200501013961	
430126200008173961	
430101196912053961	
430102198008163961	
430115198412153961	
430121198506273961	

图 3.22　身份证信息

身份证号码	出生日期
430104198802153961	1988年02月15日
430104198706173961	1987年06月17日
430104198912153961	1989年12月15日
430104198808063961	1988年08月06日
430104200501013961	2005年01月01日
430126200008173961	2000年08月17日
430101196912053961	1969年12月05日
430102198008163961	1980年08月16日
430115198412153961	1984年12月15日
430121198506273961	1985年06月27日

图 3.23　出生日期格式

【特别提示】

利用 WPS 表格的“智能填充”功能，可以根据已有数据自动发现规律，提取、添加、替换、合并或重组数据。

1．提取字符。从已有数据中智能提取数据。

示例：在图 3.22 中“出生日期”下方的第一个单元格输入“19880215”后回车，再按组合键 Ctrl+E（智能填充），即可提取全部出生日期。这时显示的日期还是整数形式，需要自定义单元格式为“0000 年 00 月 00 日”。

2．替换字符。可以实现字符的批量替换。

示例：在图 3.22 中“身份证号码”左侧的第一个单元格输入“430104***3961”后回车，再按 Ctrl+E（智能填充的快捷键），则得到的同列数据如图 3.24 所示。

3．添加字符。在原有字符基础上批量添加字符。

示例：如图 3.25，第二列是第一列数据添加一对书名号的效果。

操作要点：在第二列第一个单元格输入“《红楼梦》”回车，再按组合键 Ctrl+E。

4．合并字符。把分散在不同列的数据合并到一列。

示例：如图 3.20，根据年月日得到日期。

操作要点：在日期列的第一个单元格中输入“2001 年 5 月 12 日”，按回车键后再按 Ctrl+E。

5．重组字符。将原字符拆分后重新组成新字符。

示例：如图 3.26，第一列数据包括书名和作者。

第二列数据填充要点：在第二列第一个单元格输入“红楼梦（曹雪芹）”，按回车键后再按 Ctrl+E。

430104***3961
430104***3961
430104***3961
430104***3961
430104***3961
430126***3961
430101***3961
430102***3961
430115***3961
430121***3961

图 3.24 替换字符效果

红楼梦	《红楼梦》
水浒传	《水浒传》
三国演义	《三国演义》
西厢记	《西厢记》

图 3.25 添加字符效果

红楼梦 曹雪芹	红楼梦（曹雪芹）
水浒传 施耐庵	水浒传（施耐庵）
三国演义 罗贯中	三国演义（罗贯中）
西厢记 王实甫	西厢记（王实甫）

图 3.26 重组字符效果

6．图 3.21 中的金额计算是以上方法的综合，操作要点如下：

（1）在“金额”下方的第一个单元格输入“"6*120”。

（2）按回车键。

（3）按 Ctrl+E 智能填充。

（4）选择"金额"下方已填充的区域。

（5）按组合键 Ctrl+H 打开"替换"对话框，如图 3.27 所示。

（6）在"查找内容"右侧输入""（半角双引号）。

（7）在"替换为"右侧输入"="（半角等号）。

（8）单击"全部替换"按钮。

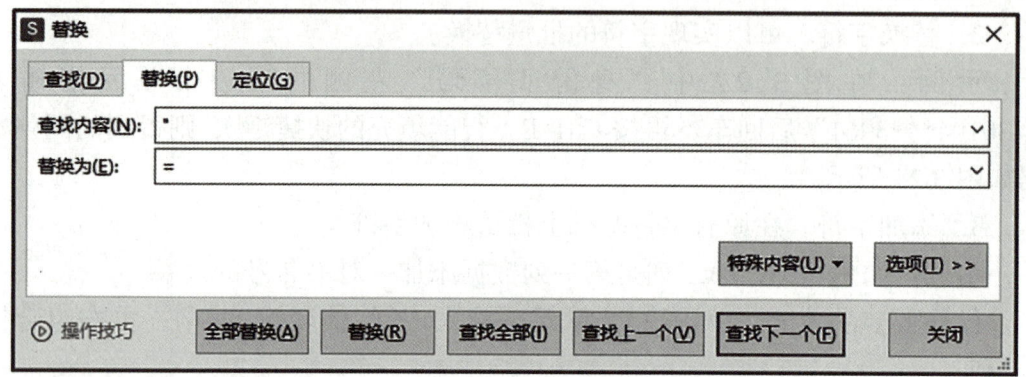

图 3.27 "替换"对话框

任务 3　应用选择性粘贴

【任务描述】

数据如图 3.28 所示。完成以下操作：

学号	姓名					
20240001	张1					
20240002	张2					
20240003	张3	A矩阵			A+B	
20240004	张4	1	2			
20240005	张5	3	4			
20240006	张6	B矩阵			A*B	
20240007	张7	5	6			
20240008	张8	7	8			

图 3.28　任务 3 数据

1．将"学号"和"姓名"两列数据另存为图片。

2．将"学号"和"姓名"两列数据转换为两行数据。

3．计算 A 矩阵与 B 矩阵的和（A+B）与积（A*B，对应数值相乘）。

【特别提示】

1．单元格区域另存为图片

操作要点：

（1）选择单元格区域，按组合键 Ctrl+C（复制单元格区域）。

（2）右击鼠标，单击弹出菜单的"选择性粘贴"→"粘贴为浮动图片"命令。

（3）右击生成的图片，单击弹出菜单的"另存为"命令，即可保存为图片文件。

注意：利用"插入"选项卡下的"照相机"命令，可以将选择的单元格区域转换为链接的图片对象。修改单元格数据，图片中的数据也会相应改变。

2．行列转置

复制单元格区域后，右击需要粘贴的单元格，再单击弹出菜单的"选择性粘贴"图标→"粘贴内容转置"命令（如图 3.29），即可实现行列转置。

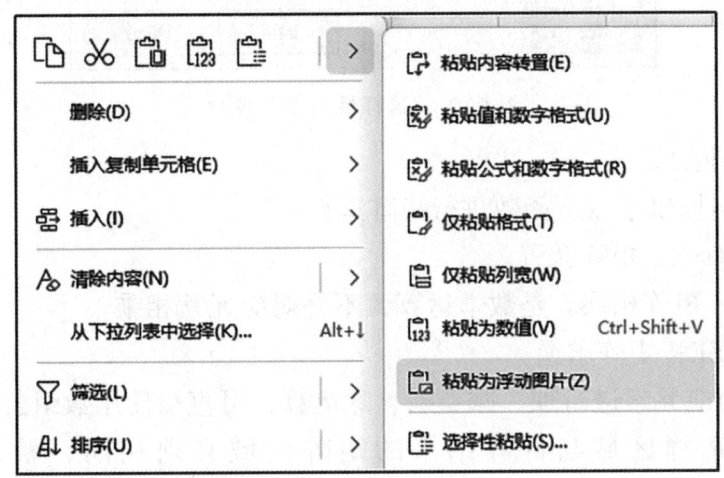

图 3.29 "选择性粘贴"选项

3．矩阵运算

有两种方法实现矩阵运算：

（1）利用"选择性粘贴"功能

操作要点：复制第一个矩阵所在单元格区域后，右击第二个矩阵所在区域的左上角单元格，在弹出的菜单中单击"选择性粘贴"图标（如图 3.29 左上方第 5 个图标），在弹出窗口（如图 3.30）的"运算"栏选择需要的运算后单击"确定"按钮。

注意："选择性粘贴"窗口中提供了四种矩阵运算（加、减、乘、除），均为相同位置的元素进行运算，因此参与运算的两个矩阵的形状必须相同。

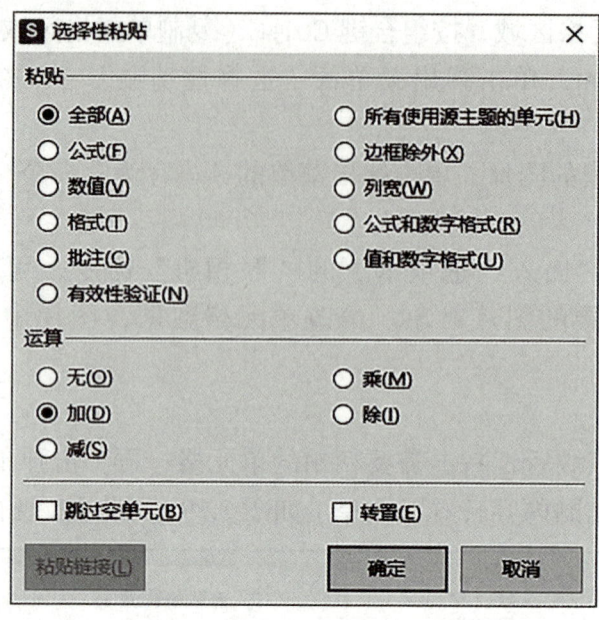

图 3.30 "选择性粘贴"窗口

（2）利用公式

WPS 表格提供了以下函数进行矩阵运算：

TRANSPOSE：矩阵转置。

MMULT：矩阵相乘。是数学运算，不是对应元素相乘。

MINVERSE：矩阵求逆。

如果是对应元素进行加、减、乘、除运算，可直接使用数组公式。

示例（选择区域与计算结果的矩阵区域必须相同，输入公式后按 Ctrl+Shift+Enter）：

"=A1:C4+D1:F4"：两个矩阵相加。

"=A1:C4–D1:F4"：两个矩阵相减。

"=A1:C4*D1:F4"：两个矩阵相乘。

"=A1:C4/D1:F4"：两个矩阵相除。

任务 4　空行、空列与空单元格的处理

【任务描述】

数据表如表 3.4，完成以下操作：

1. 删除数据表中的空行和空列。
2. 在数据表的空单元格中均输入数值零。

表 3.4　任务 4 数据

学号	姓名	英语	高等数学	C语言
20230001	张1	97	97	92
20230002	张2		52	
20230003	张3	76	94	86
20230004	张4	93		83
20230005	张5	91	80	73
20230006	张6		91	73
20230007	张7	51	56	
20230008	张8	84	86	71

【特别提示】

1. 删除空行、空列

右击行号或列标，再单击弹出菜单的"删除"命令，即可删除选择的行或列。也可选择行（或列）后，按组合键"Ctrl"和"-"（减号）删除行（或列）。

说明：

（1）选择行（或列）后，按组合键"Ctrl"和"+"（加号）可添加行（或列）。

（2）删除行（或列）后，选择新的行（或列），按 F4，也可删除行（或列）。

（3）选择单元格区域后，按组合键"Ctrl"和"G"，可打开如图 3.31 所示"定位"对话框。在该对话框中选择"空值"后单击"定位"按钮（数据表中的空单元格均会被选择）；右击选择区域，再单击弹出菜单的"删除整行"或"删除整列"命令，也可删除全部空行或空列。如果某行存在空的单元格，该行（或列）也会被删除。

2. 在数据表的空单元格中均输入数值 0

除了直接在各单元格中分别输入 0 外，还有两种方法：

（1）利用"替换"功能

选择数据区域后，按组合键 Ctrl+H，打开如图 3.32 所示"替换"对话框。清空"查找内容"右侧输入框的数据，在"替换为"右侧输入框输入数值 0 后单击"全部替换"按钮。

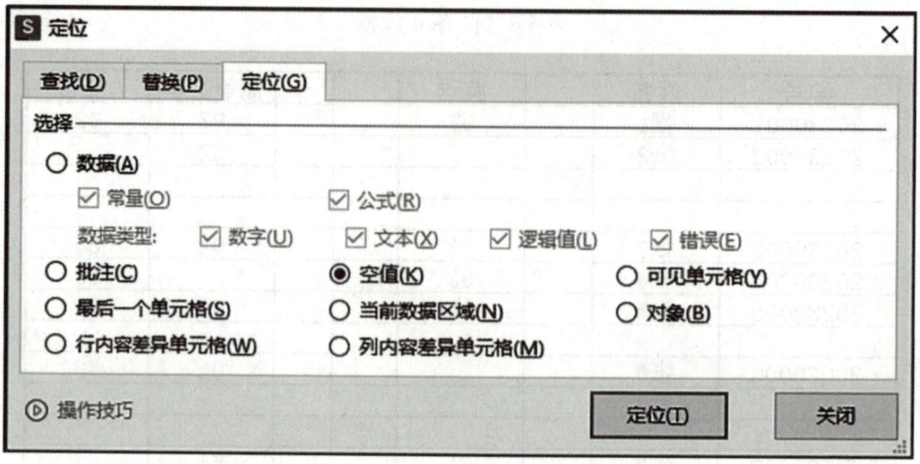

图 3.31 "定位"对话框

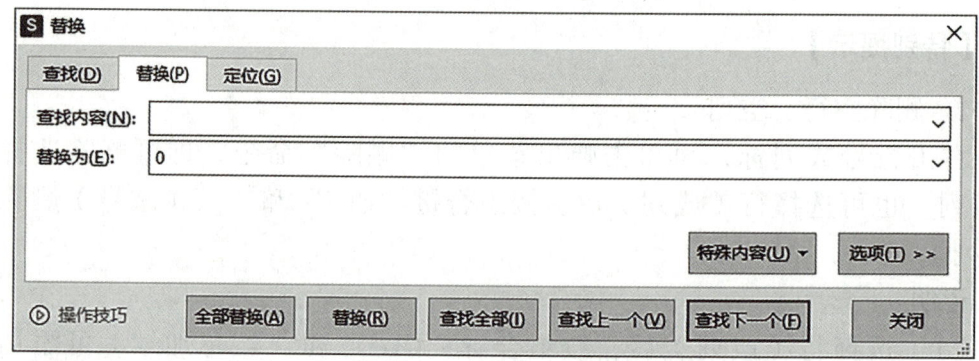

图 3.32 "替换"对话框

（2）利用"定位"功能

选择数据区域后按 Ctrl+G 可打开如图 3.31 所示"定位"对话框。在该对话框中选择"空值"后单击"定位"按钮，数据表的空单元格均会被选择。输入数值 0 后按 Ctrl+Enter 即可。

任务 5　自定义单元格格式

【任务描述】

利用自定义单元格格式实现以下效果：

1．性别列输入"1"显示"男"，输入"0"显示"女"。输入其他字符时不显示任何字符。

2．输入日期，显示该日期的星期。如输入"2024-3-1"，则显示"星期五"。

3．输入成绩小于 60 时显示为红色分数，否则显示为黑色分数。

4．输入的数值转换为百分数显示。如输入"0.567"，则显示为"56.7%"。

5．输入任何数据均使用"*"填满列宽。

【特别提示】

在 WPS 表格中可自定义单元格的数字格式。在单元格输入数据后，WPS 表格自动将其转换为自定义格式的数据后显示。

1. 自定义数字格式的语法规则

自定义数字格式包括四段，完整语法为：

正数格式；负数格式；零值格式；文本格式。

（1）只有一段，则指定格式应用于所有类型。

（2）使用二段，则第一段应用于正数和零，第二段应用于负值。

（3）使用三段，则第一段应用于正数，第二段应用于负数，第三段应用于零值。

2. 自定义格式中的常用字符

（1）小数点占位符"."。需结合数字占位符使用，表示小数点。

（2）数字占位符"#"。代表数字。按实际匹配数字个数显示。如果小数的整数部分是零，则不显示整数部分。小数点后未匹配的数字按四舍五入处理。

示例：自定义格式为"#.##"，则输入数据"0.256"显示为".26"，输入数据"12.5"显示为"12.5"。

（3）数字占位符"0"。代表数字。匹配的数字个数不足时补零。小数点后未匹配的数字按四舍五入处理。

示例：自定义格式为"0.00"，则输入数据"0.256"显示为"0.26"。输入数据"12.5"显示为"12.50"。

（4）数字占位符"?"。代表数字。匹配的数字个数不足时补空格。小数点后未匹配的数字按四舍五入处理。

示例：自定义格式为"0.??"，则输入数据"0.256"显示为"0.26"，输入数据"12.5"显示为"12.5 "（**注意**：数字"5"之后有一个空格）。

（5）文本占位符"@"。代表文本。

（6）转义字符"!"。表示其后的字符是普通字符，不是占位符。

示例：自定义格式为"!#0.00"，则输入数据"0.256"显示为"#0.26"，输入数据"12.5"显示为"#12.50"。

（7）千位分隔符","。需结合数字占位符使用，表示从个位起，每 3 个数字之间有一个逗号分隔。如果","在格式最后，则表示将原数据除以 1000 且四舍五入后舍去小数部分。

示例：自定义格式为"#,##0"，则输入数据"123456"显示为"123,456"。自定义格式为"0,"，则输入数据"12681.56"显示为"13"。

（8）百分符"%"。转换为带 % 的数值。

示例：自定义格式为"0.00%"，则输入数据"0.456"显示为"45.60%"。

（9）日期占位符。主要有："yyyy"显示年的4位数字，"yy"显示年的后2位，"m"显示月份，"mm"显示月份（不足2位补0），"d"显示天数，"dd"显示天数（不足2位补0），"mmm"显示英文月份的简称，"mmmm"显示英文月份的全称，"ddd"显示英文星期的简称，"dddd"显示英文星期的全称，"AAAA"显示日期的星期（汉字）。

示例：自定义格式为"yy年mm月dd日"，则输入数据"2024-3-8"显示为"24年03月08日"。如果自定义格式为"AAAA"，则输入"2024-3-1"时显示"星期五"。

注意：使用日期占位符时，输入的必须是日期数据。

（10）时间占位符。包括："h"显示小时，"hh"显示小时（不足2位补0），"m"显示分钟，"mm"显示分钟（不足2位补0），"s"显示秒，"ss"显示秒（不足2位补0）。"AM/PM"或"上午/下午"设置显示上午或下午标识符。

示例：自定义格式为"上午/下午hh时mm分ss秒"，则输入数据"6:13:5"显示为"上午06时13分05秒"。

（11）重复占位符"*"。表示重复其后的字符并填满列宽。

示例：自定义格式为"**"，则输入任意数据均用字符"*"填满列宽。单元格中的数据可在编辑栏查看。

注意：编辑栏位于表格上方。"视图"选项卡中有"编辑栏"选项，勾选则显示编辑栏，否则隐藏编辑栏。

（12）颜色占位符。有两种方式：

方式一：[颜色名称]。有八种颜色可选：红色、黑色、黄色、绿色、白色、蓝色、青色和洋红。

示例：自定义格式为"[<60][红色];[绿色]"，则输入数据"56"显示为"56"（红色）。输入数据"76"显示为"76"（绿色）。

方式二：[颜色N]。N为[0,56]上的整数，代表调色板中的颜色索引。

（13）条件字符"[ ]"。

使用条件字符时，可以包括二段或三段格式。

二段格式：[条件]格式1;格式2。满足条件时为格式1，否则为格式2。

三段格式：[条件1]格式1;[条件2]格式2;格式3。满足条件1时为格式1，否则满足条件2时为格式2，其他情形为格式3。

示例：自定义格式为"[=0]" 女 ";[=1]" 男 ";"""，则输入数据"0"显示为"女"，输入"1"显示为"男"，输入其他数据不显示任何字符。

任务 6　高级筛选

【任务描述】

在图 3.33 给出的数据表中，分别完成以下操作：

1. 筛选出至少一门课程不及格的学生信息。
2. 筛选出全部课程及格，且总评不小于 80 分的学生信息。
3. 筛选出全部课程及格，且至少有一门课程在 90 分以上的学生信息。

学号	姓名	英语	高等数学	C语言
20230001	张1	97	97	92
20230002	张2	74	52	83
20230003	张3	76	94	86
20230004	张4	93	94	83
20230005	张5	91	80	73
20230006	张6	76	91	73
20230007	张7	51	56	83
20230008	张8	84	86	71

图 3.33　任务 6 数据

【特别提示】

1. 利用简单筛选时，各字段筛选条件在逻辑上是"且"的关系。而利用高级筛选可解决各类复杂条件下的筛选。

2. 利用高级筛选查找满足条件的记录的一般步骤如下：

（1）对筛选条件进行规范化。即化为多个子条件的或运算。而每个子条件只能是多个字段筛选条件的且运算，不能含有或运算。对于本任务的三种筛选操作，可分别化为：

① 操作 1：三个条件的或运算，（英语 <60）或（高等数学 <60）或（C 语言 <60）。

② 操作 2：一个条件，（英语 ≥ 60）且（高等数学 ≥ 60）且（C 语言 ≥ 60）且（总评 ≥ 80）。

③ 操作 3：三个条件的或运算，[（英语 >90）且（高等数学 ≥ 60）且（C 语言 ≥ 60）] 或 [（英语 ≥ 60）且（高等数学 >90）且（C 语言 ≥ 60）] 或 [（英语 ≥ 60）且（高等数学 ≥ 60）且（C 语言 >90）]。

（2）创建条件区域。在数据表区域之外，将筛选条件涉及的字段（可以重复）作为条件区域的第一行，从第二行开始，每一行代表一个子条件。以本任务的操作 1 为例，条件区域应该如表 3.5 所示。

表 3.5 条件区域

英语	高等数学	C语言
<60		
	<60	
		<60

（3）将插入点定位到数据表区域。

（4）单击"开始"→"筛选"→"高级筛选"命令，在弹出的如图 3.34 所示对话框中，确定列表区域（即数据表区域）和条件区域后单击"确定"按钮。如果需要将筛选结果显示在其他位置，需选择"将筛选结果复制到其它位置"选项。

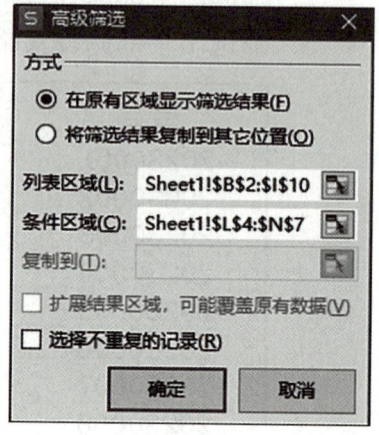

图 3.34 "高级筛选"对话框

任务 7　设置数据有效性

【任务描述】

创建 D:\TZ7.et 工作簿，完成以下设置：

1. 在 Sheet1 工作表的 A1:D1 区域依次输入以下数据：学号、姓名、性别、联系电话。

2. "学号"列只能输入以 2022 开头的八位数字且不能重复。

3. "姓名"字符数至少 2 个，最多 4 个。

4. "性别"列只能输入"男"或"女"（提供下拉列表项）。

5. "联系电话"列只能输入 11 位数字（以 1 开头）。

6. 创建名为"查询"的工作表，如图 3.35 所示。要求：

（1）"商品"和"月份"下方的单元格均提供下拉按钮，可以选择商品和月份。

（2）选择商品或月份后，"销量"根据表 3.6 的数据自动更新。

表 3.6 任务 7 数据

商品	1月	2月	3月
钢笔	25	27	26
铅笔	27	25	20
记事本	20	20	29
毛笔	25	27	24
墨水	29	29	27

查询表		
商品	月份	销量
记事本	2	20

图 3.35 查询表

【特别提示】

1. 单击"数据"选项卡→"有效性"命令，可打开如图 3.36 所示的对话框。该对话框包括以下 3 个选项卡：

（1）"设置"选项卡。用于设置有效性条件，控制输入。

（2）"输入信息"选项卡。单元格得到焦点时需显示的信息。如果不选择"选择单元格时显示输入信息"选项，则单元格得焦点时不显示信息。

（3）"出错警告"选项卡。设置输入无效数据时显示的出错警告。

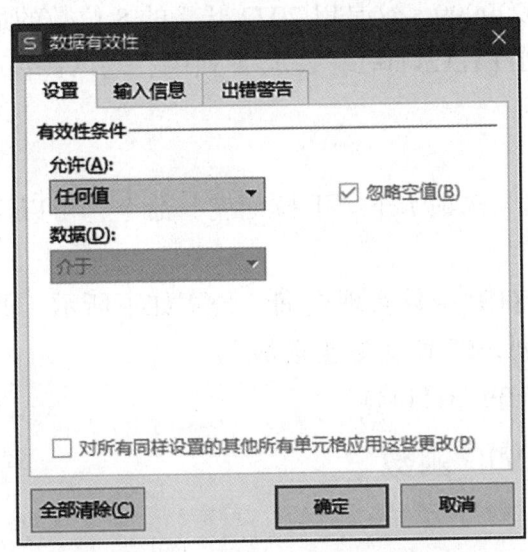

图 3.36 "数据有效性"对话框

2. 可以设置的有效性条件（即输入的数据必须满足的条件）为以下几种类型：

（1）任何值。等效于没有设置任何条件，可以输入任何数据。

（2）整数。指定允许输入的整数范围。如果"联系电话"单元格区域为"常规"或"数字"格式，可使用这种类型控制输入。

（3）小数。指定允许输入的实数范围。

（4）序列。需输入数据序列。选择"提供下拉箭头"选项后，数据输入时可直接从下拉列表中选择。"性别"单元格区域可使用这种类型控制输入。在输入序列时，各数据需用半角符号","（逗号）分隔。

（5）日期。指定日期范围。单元格数据必须是日期格式。

（6）时间。指定时间范围。单元格数据必须是时间格式。

（7）文本长度。指定输入文本长度的取值范围。"姓名"单元格区域可使用这种类型控制输入。

（8）自定义。需输入公式（为逻辑值）。公式中可引用单元格地址。

3．"学号"输入控制（单元格格式必须为"常规"或"数字"）

（1）设置有效性条件类型为"自定义"。

（2）通常情况下，公式中只需对选择区域的第一个单元格设置条件（单元格引用为相对引用）。公式为：

=AND(A1>=20220000,A1<=20229999,COUNTIF(A:A,A1)=1)

该公式中包含必须同时满足的三个条件：

条件1：A1>=20220000。这是以2022开头的8位数的最小值。

条件2：A1<=20229999。这是以2022开头的8位数的最大值。

条件3：COUNTIF(A:A,A1)=1。表示A列中，与A1单元格的值相等的只有一个单元格。

4．查询的实现

（1）利用"数据"选项卡下"下拉列表"命令，可以设置商品和月份的下拉列表选项。

（2）使用VLOOKUP函数实现查询。公式如下所示（假定"销量"下方的单元格为第11行H列，F3:I7为数据区域）。

=VLOOKUP(F11,F3:I7,G11+1)

任务8　使用SUMIF函数

【任务描述】

根据图3.37创建WPS表格，并利用公式填充F列数据（每月收入）。

	A	B	C	D	E	F
1						
2		日期	收入（万元）		月份	收入（万元）
3		2024/1/19	68		1月	
4		2024/1/19	62		2月	
5		2024/2/11	55		3月	
6		2024/2/18	56		4月	
7		2024/2/20	74		5月	
8		2024/3/10	70		6月	
9		2024/3/12	55			
10		2024/3/18	54			
11		2024/4/10	58			
12		2024/4/26	58			
13		2024/4/30	66			
14		2024/5/10	75			
15		2024/5/25	70			
16		2024/6/17	75			
17		2024/6/25	70			
18						

图3.37　任务8数据

【特别提示】

1. SUMIF 函数的语法格式为：

SUMIF（条件区域, 条件, 求和区域）

函数作用：对"条件区域"中满足"条件"的单元格，计算"求和区域"中对应单元格数据的和。其中"求和区域"缺省时即为"条件区域"。

1月份的收入可以按公式"=SUMIF($B$3:$B$17,"<2024/2/1",$C$3:$C$17)"计算。其中 $B$3:$B$17 为条件区域，"<2024/2/1" 为条件（日期小于 2024 年 2 月 1 日，即 2024 年 1 月份），$C$3:$C$17 为求和区域。

2月份的收入可以利用下面公式计算。其中 SUMIF 函数用于计算 1 月和 2 月共 2 个月的收入和，F3 即 1 月收入。类似的方法可计算其他月份的收入。

=SUMIF($B$3:$B$17,"<2024/3/1",$C$3:$C$17)–F3

2. 也可以结合 IF 函数和 SUM 函数进行计算。例如，1 月份的收入也可以使用下面的公式进行计算。

=SUM(IF(B3:B17<DATE(2024,2,1),C3:C17,0))

或者简化为 =SUM((B3:B17<DATE(2024,2,1))*C3:C17)。

这里是利用 DATE 函数返回日期数据进行比较的，不能直接使用字符串 "2024/2/1" 比较。其中 "(B3:B17<DATE(2024,2,1))*C3:C17" 利用了数组运算（参阅本章拓展性实验任务 10）。

任务 9　使用 LOOKUP 函数

【任务描述】

如图 3.38，试根据交税标准计算应交税。

工号	奖金(元)	应交税(元)		不超过(元)	税率
T19950247	46416			5000	0
T19950248	60151			10000	0.03
T19950249	51057			20000	0.05
T19950250	27342			50000	0.1
T19950251	52465			80000	0.15
T19950252	22035			100000	0.2
T19950253	33535				
T19950254	30732				
T19950255	37194				
T19950256	60302				

图 3.38　任务 9 计算数据

【特别提示】

1. LOOKUP 函数能够从数组中查找数据。其语法格式为：

（1）格式1：LOOKUP(lookup_value,lookup_vector,result_vector)

作用：从区域（或一维数组）lookup_vector 中查找不超过 lookup_value 的最大值，并返回 result_vector 中同位置的数据。如果未找到这个最大值，则返回值为"#N/A"。

参数说明：lookup_vector 与 result_vector 均为一行（或一列）单元格区域，且数据个数相同。其中 lookup_vector 必须已经排序。

示例：假定 A1:A4 单元格区域的数据依次为 2，4，6，8；B1:B4 单元格区域的数据依次为 10，45，60，28。则 lookup(5,A1:A4,B1:B4) 的返回值为 45。这是因为，在 A1:A4 单元格区域中查找不超过 5 的最大值是 4。而 4 是 A1:A4 单元格区域的第 2 个数，所以 lookup 函数返回 B1:B4 单元格区域的第 2 个数，即 45。

（2）格式2：LOOKUP(lookup_value,array)

作用：从区域（或二维数组）array 的第一行（或第一列）中查找不超过 lookup_value 的最大值，并返回 result_vector 最后一行（或最后一列）中同位置的数据。如果未找到这个最大值，则返回值为"#N/A"。

参数说明：如果 array 的列数大于行数，则按行查找；否则按列查找。

2. VLOOKUP 函数从二维数组（或单元格区域）首列查找数据，并返回指定列的同行数据。

语法格式：VLOOKUP(lookup_value, table_array, col_index_num, range_lookup)。

作用：从 table_array 的第一列查找数据 lookup_value，并返回第 col_index_num 列的同行数据。如果未找到，返回 #N/A。

参数说明：range_lookup 为逻辑值。False 表示精确匹配，True 表示近似匹配（查找不超过 lookup_value 的最大值）。要求 table_array 已经按第一列升序排序。

示例：假定图 3.38 中的税率数据为单元格区域 E1:F7。则查找数据 x 对应税率的计算公式为"=vlookup(x,E1:F7,2,True)"。

3. HLOOKUP 函数。与 VLOOKUP 函数相似，但是按行查找。

4. XLOOKUP 函数。该函数与 LOOKUP 函数类似，但功能更强。

语法格式：XLOOKUP（查找值，查找数组，返回数组，查找无结果返回值，匹配模式，搜索模式）。

作用：从"查找数组"中查找"查找值"。如果找到，返回"返回数组"中相同位置的数据。如果未找到，返回"查找无结果返回值"。

参数说明："查找数组""返回数组"为形状相同的一维数组。"匹配模式"可以是 0（精确查找）、1（精确查找或大于查找值的最小值）、–1（精确查找或小于查找值的最大值）、2（使用通配符匹配）。"搜索模式"可以是 –1（从后向前搜索）、1（从前向后搜索）、–2（二分搜索，查找数组必须降序）、2（二分搜索，查找数组必须升序）。

示例：如表 3.7，数据区域为 A1:B10。

表 3.7　XLOOKUP 函数示例数据

小组	销量
1	29
2	15
3	20
1	26
2	15
3	23
1	25
2	16
3	27

"XLOOKUP(3,A2:A10,B2:B10,0,0,–1)"的值为 27（在 A2:A10 从后向前搜索 3，返回 B2:B10 中同行的值）。

"XLOOKUP(3,A2:A10,B2:B10,0,0,1)"的值为 20（在 A2:A10 从前向后搜索 3，返回 B2:B10 中同行的值）。

"XLOOKUP(2.5,A2:A10,B2:B10,0,–1,–1)"的值为 16（在 A2:A10 从后向前搜索 2.5，未找到时返回小于查找值的最大值）。

"XLOOKUP(2.5,A2:A10,B2:B10,0,1,–1)"的值为 27（在 A2:A10 从后向前搜索 2.5，未找到时返回大于查找值的最小值）。

任务 10　使用数组

【任务描述】

创建 D:\TZ10.et。具体要求如下：

1. 在 Sheet1 工作表中：

（1）参考图 3.39 创建数据表。

（2）利用数组公式随机生成区域 C4:D13 的数据（均为 [40,100] 上的整数）。

（3）利用数组公式计算总评（= 平时 *30%+ 考试 *70%，向下取整）。

	A	B	C	D	E
1					
2					
3		姓名	平时	考试	总评
4		张1			
5		张2			
6		张3			
7		张4			
8		张5			
9		张6			
10		张7			
11		张8			
12		张9			
13		张10			

图 3.39　成绩明细表

2．新建 Sheet2 工作表，数据如图 3.40，利用公式填充右侧数据。

	A	B	C	D	E	F	G	H	I
1									
2		商品	月份	销量		商品	1月	2月	3月
3		毛笔	1	25		钢笔			
4		墨水	1	29		铅笔			
5		记事本	1	20		记事本			
6		钢笔	1	25		毛笔			
7		铅笔	1	27		墨水			
8		毛笔	2	27					
9		墨水	2	29					
10		记事本	2	20					
11		钢笔	2	27					
12		铅笔	2	25					
13		毛笔	3	24					
14		墨水	3	27					
15		记事本	3	29					
16		钢笔	3	26					
17		铅笔	3	20					

图 3.40　商品销量表

3．假定 A 列从 A1 单元格开始有 100 名学生名单，随机选择 9 名学生分成 3 组（每组 3 人），显示在 C1:E3 单元格区域。要求：按下 F9 时选择的 9 名学生名单会随机变化。

【特别提示】

1．数组是数据（称为元素）的集合。在 WPS 表格中，可以使用三种类型的数组：

（1）列数组。可以是同列单元格，或一对大括号 {} 内由半角分号分隔的数据序列。例如，公式"=SUM(A1:A4)"中"A1:A4"是列数组，公式"={1;2;3;4}*5"中"{1;2;3;4}"是列数组。因此，列数组只有一列数据，由多行数据组成。

（2）行数组。可以是同行单元格，或一对大括号 {} 内由半角逗号分隔的数据序列。例如，公式"=SUM(A1:D1)"中"A1:D1"是行数组，公式"={1,2,3,4}*5"中"{1,2,3,4}"是行数组。因此，行数组只有一行数据，由多列数据组成。

（3）二维数组。可以是多行多列组成的单元格区域，或一对大括号 {} 内由半角逗号和分号分隔的数据序列。行间数据使用逗号分隔，列间数据使用分号分隔。例如，公式"=SUM(A1:D4)"中"A1:D4"是二维数组，公式"={1,2;3,4}*5"中"{1,2;3,4}"是二维数组。

2．数组运算

（1）数组与数值运算，等效于数组的每一数据与数值进行运算。

示例：{1,2;3,4}+5 的结果为 {6,7;8,9}。

（2）同大小的数组（即行数、列数均相同的数组）按元素逐一运算。

示例：计算 {1,2,3;4,5,6}*{7,8,9;7,8,9}，

计算结果：{7,16,27;28,40,54}。

分析：各数组用表格形式表示如图 3.41。其中 {1,2,3;4,5,6} 对应单元格区域 B2:D3，{7,8,9;7,8,9} 对应单元格区域 B5:D6，{7,16,27;28,40,54} 对应单元格区域 B8:D9，是计算结果。

数组输入方法示例：选择单元格区域 B2:D3，输入公式"={1,2,3;4,5,6}"后按 Ctrl+Shift+Enter，即可显示图 3.41 中的第一个矩阵。

	A	B	C	D
1				
2		1	2	3
3		4	5	6
4				
5		7	8	9
6		7	8	9
7				
8		7	16	27
9		28	40	54

图 3.41　数组运算

（3）不同大小的数组也可以进行运算。先将两个数组扩展为同大小的数组，再进行运算。

设数组 1 为 a 行 b 列的数组，数组 2 为 c 行 d 列的数组，则数组 1 与数组 2 进行运算时的扩展规则为：

如果 a=1，则数组 1 将行数据重复，填充至 c 行。如果 c=1，则数组 2 将行数据重复，填充至 a 行。如果 a，c 均大于 1，则取 a，c 较小者作为两个数组的行数（舍弃后面的行）。对列数 c，d 也作类似的处理。

示例 1：{1,2,3}+{4;5}。

运算过程：

{1,2,3} 只有一行数据，扩展为两行：{1,2,3;1,2,3}，

{4;5} 每行只有 1 个数据，扩展为每行 3 个数据：{4,4,4;5,5,5}。

运算：{1,2,3;1,2,3}+{4,4,4;5,5,5}，得到 {5,6,7;6,7,8}。

示例 2：{1,2,3}+{4,5;6,7}。

运算过程：

{1,2,3} 只有一行数据，扩展为两行：{1,2,3;1,2,3}，

{4,5;6,7} 每行只有 2 个数据，{1,2,3;1,2,3} 舍弃第三列数据为 {1,2;1,2}。

运算：{1,2;1,2}+{4,5;6,7}，得到 {5,7;7,9}。

3. 数组公式

在 WPS 表格中，运算结果是数组的公式称为数组公式。这时，选择的区域通常与公式返回的数组大小一致，且输入数组公式后需要按组合键 Ctrl+Shift+Enter。

4. 成绩的随机生成

（1）选择 C4:D13 区域。

（2）编辑栏输入数组公式 =INT(RAND()*61)+40。

（3）按 Ctrl+Shift+Enter。

说明：在 C4 单元格中输入公式 "=INT(RAND()*61)+40" 后再填充到 C13 单元格，也能在 C4:C13 区域得到随机数据，但操作不如数组公式简便。

如果修改其他单元格的数据，生成的随机数据会同步刷新。如果需要生成的随机数据不会刷新，可以先将随机数据生成到其他单元格区域，再以复制后"粘贴为数值"的方式粘贴到 C4:D13 区域。

5. 计算总评

（1）选择 E4:E13 区域。

（2）输入数组公式 =INT(C4:C13*0.3+D4:D13*0.7)。

（3）按键 Ctrl+Shift+Enter。

6. 商品销量表转换

G3 单元格公式如下：

=SUM(($B$3:$B$17=$F3)*($C$3:$C$17=1)*$D$3:$D$17)

公式分析：

（1）"$B$3:$B$17=$F3"确定单元格区域 B3:B17 中哪些单元格的数据与 F3 单元格的数据（"钢笔"）相同。其返回值为数组（设为 A）：

{FALSE;FALSE;FALSE;TRUE;FALSE;FALSE;FALSE;FALSE;TRUE;FALSE;FALSE;FALSE;FALSE;TRUE;FALSE}

（2）"$C$3:$C$17=1"确定单元格区域 C3:C17 中哪些单元格的数据为 1（月份）。其返回值为数组（设为 B）：

{TRUE;TRUE;TRUE;TRUE;TRUE;FALSE;FALSE;FALSE;FALSE;FALSE;FALSE;FALSE;FALSE;FALSE;FALSE}

（3）数组 A 与数组 B 相乘（A*B）是逐元素相乘。由于数组元素均为逻辑值，进行数乘时，"FALSE"转换为数值 0，TRUE 转换为数值 1，A*B 的值为：

{0;0;0;1;0;0;0;0;0;0;0;0;0;0;0}

（4）A*B*$D$3:$D$17，即 {0;0;0;1;0;0;0;0;0;0;0;0;0;0;0}*$D$3:$D$17，得到的值（设为数组 C）为 {0;0;0;25;0;0;0;0;0;0;0;0;0;0;0}。

（5）"SUM(($B$3:$B$17=$F3)*($C$3:$C$17=1)*$D$3:$D$17)"即"SUM(C)"，值为 25。改为"MAX(C)"结果相同。

其他单元格的公式类似。

7. 随机分组

操作要点：

（1）在 B 列产生一个随机序列。

在 B1 单元格输入公式"=RAND()"后双击 B1 单元格的填充柄，这时 B 列会随机产生 100 个小数。

（2）抽取 9 名学生并分组。

选择单元格区域 C1:E3，输入以下公式后按 Ctrl+Shift+Enter。

=INDEX(SORTBY($A$1:$A$100,$B$1:$B$100),{1,2,3;4,5,6;7,8,9})

说明：

"SORTBY($A$1:$A$100,$B$1:$B$100)"的作用：对区域 A1:A100 按随机序列区域 B1:B100 排序，得到的是一个数组。

"INDEX(SORTBY($A$1:$A$100,$B$1:$B$100),{1,2,3;4,5,6;7,8,9})"的作用：从 SORTBY 函数返回的数组中选择前 9 个数据，组成一个 3 行 3 列的二维数组。

由于在 B 列生成了随机序列，按下功能键 F9 时，WPS 表格会刷新公式，B

列的数据会自动更新。而 B 列数据的更新会导致上面 SORTBY 函数值的变化，INDEX 函数值也随之更新，从而产生抽取的 9 名学生名单随机变化的效果。

任务 11 日历制作

【任务描述】

参考图 3.42 制作动态日历。要求：修改数据表中的年份或月份，下方的日期数据能够自动更新。

2024	年		03	月		
星期一	星期二	星期三	星期四	星期五	星期六	星期日
				1	2	3
4	5	6	7	8	9	10
11	12	13	14	15	16	17
18	19	20	21	22	23	24
25	26	27	28	29	30	31
1	2	3	4	5	6	7

图 3.42 日历制作效果

【特别提示】

1. 年份和月份是整数，输出格式分别自定义为 "0000 年" "00 月"。

2. 日期显示区域自定义格式为 "d"，表示为日期数据，但只显示日期的天数。

3. 主要是计算日期区域的第一行数据，其他日期数据可以通过上一个日期数据 +1 得到。

4. 假定年份数据 "2024" 在 E6 单元格，月份数据 "03" 在 G6 单元格，第一行日期数据计算要点：

（1）第一个单元格输入公式：

=IF(WEEKDAY(DATE($E$6,$G$6,1),2)=1,1,"")

其中：DATE($E$6,$G$6,1) 根据 E6 单元格设置的年份和 G6 单元格设置的月份返回月份第一天的日期数据。再由 WEEKDAY 函数得到该日期的星期数。如果该日期是星期一，则返回该日期数据，否则返回空字符串。

（2）第二个单元格输入公式：

=IF(E8="", IF(WEEKDAY(DATE($E$6,$G$6,1),2)=2,1,""), E8+1)

其中 E8 即日期区域第一个单元格。如果其值非空，则返回 E8+1。否则，判断当月 1 日是否为星期二。如果是星期二，则返回该日期，否则返回空。

类似步骤（2），设置后续五个单元格的公式。其中最后一个单元格的公式可简化为：

=IF(J8="",1,J8+1)

说明：

第一行数据也可通过以下方法得到，在 K6 单元格得到当月第一天的星期数：
=WEEKDAY(DATE(E6,G6,1),2)

再将 K6 单元格格式自定义为 """"（目的，隐藏单元格数据）。再在 E8 单元格输入以下公式，即可得到第一行全部数据。

=CHOOSECOLS({"","","","","","",1,2,3,4,5,6,7}, 8-K6, 9-K6, 10-K6, 11-K6, 12-K6, 13-K6, 14-K6)

任务 12　名称管理

【任务描述】

在任务 11 中，将 DATE($E$6,$G$6,1) 的函数值定义名称为"dt"，并在公式中使用。

【特别提示】

在 WPS 表格中，可以为单元格区域、公式定义名称。利用公式进行数据处理时，可以引用已定义的名称。

单击"公式"选项卡→"名称管理器"按钮，弹出如图 3.43 所示"名称管理器"对话框。在该对话框中：

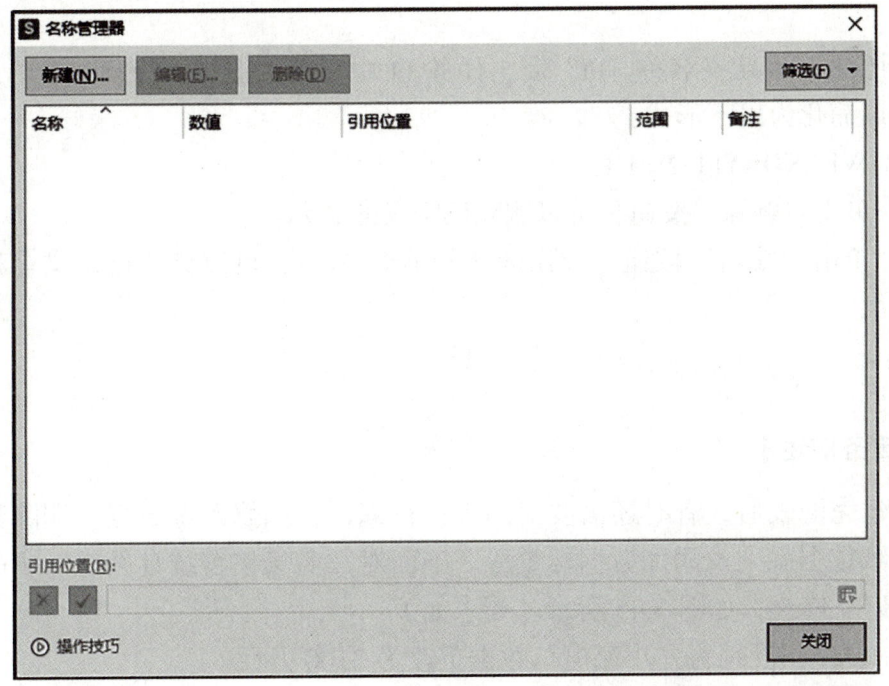

图 3.43　"名称管理器"对话框

1. 单击"新建"按钮，弹出如图 3.44 所示对话框，可以创建名称。

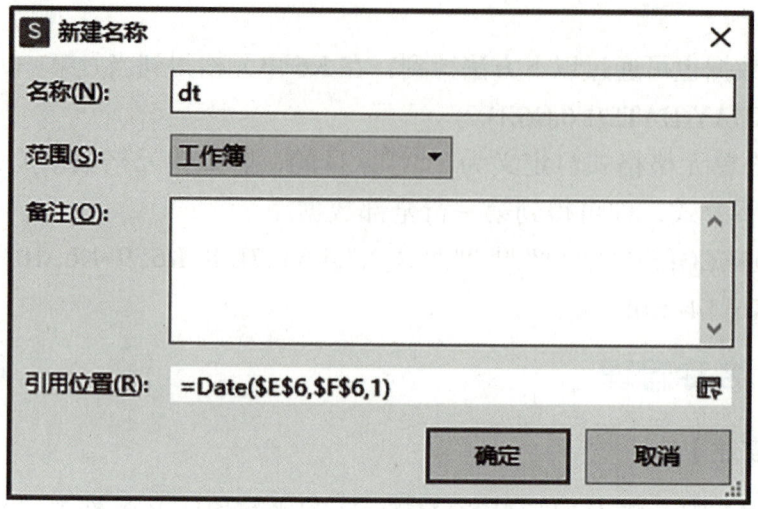

图 3.44 "新建名称"对话框

（1）在"名称"右侧输入框输入名称。

（2）在"范围"右侧的列表中选择名称的有效作用范围。

（3）在"引用位置"右侧输入框内输入公式。在公式中可以引用单元格区域。

注意：引用单元格区域时"绝对引用"和"相对引用"是有差别的。如果是相对引用，在不同单元格使用公式时，名称对应的单元格引用也会相应变化。

按照图 3.44 定义名称"dt"后，任务 11 中日期数据第一行第一个单元格的公式可以简化为以下形式：

=IF(WEEKDAY(dt,2)=1,1,"")

2. 单击"删除"按钮，可以删除已定义的名称。

3. 单击"编辑"按钮，弹出图 3.44 所示窗口，可以修改已定义名称的相关参数设置。

任务 13 编辑图表

【任务描述】

创建完图表后，有时还需要对图表进行编辑，如修改源数据、删除数据系列、隐藏数据系列及添加数据标签等。下面对"商场销售统计图表"中的柱形图完成以下修改，如图 3.45 所示。要求如下：

1. 2022 年度销售"小家电"数据更改为 3100 万元。

2. 删除日用品列的数据信息。

3. 删除图表中的小家电系列，但不能影响数据源中的数据内容。

4. 图表中只要求显示 2017—2021 年的数据信息。

5. 添加图表数据标签。

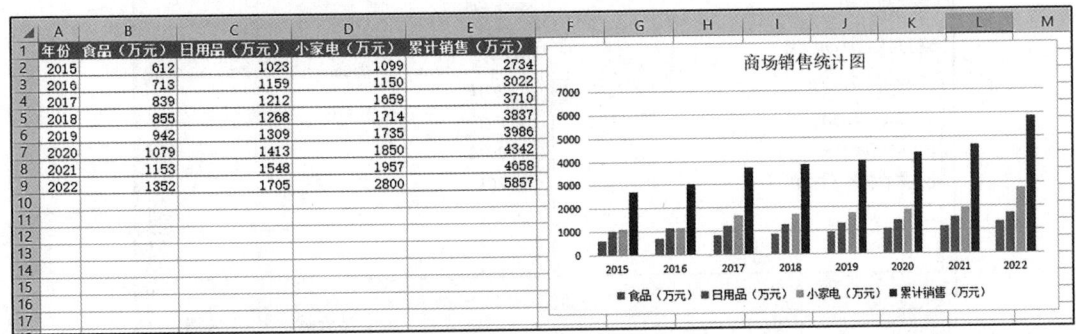

图 3.45　任务 13 图表

【特别提示】

1．当对源数据进行修改时图表中的数据也会自动进行更新。例如，2022 年度销售"小家电"数据更改为 3100 万元后，商场销售统计图中的数据会自动更新。删除日用品列的数据信息后，图表数据也会自动更新。如图 3.46 所示。

2．单击"小家电"数据系列任意一个图形，将该数据系列选中，然后按"Delete"键即可。结果如图 3.46 所示。

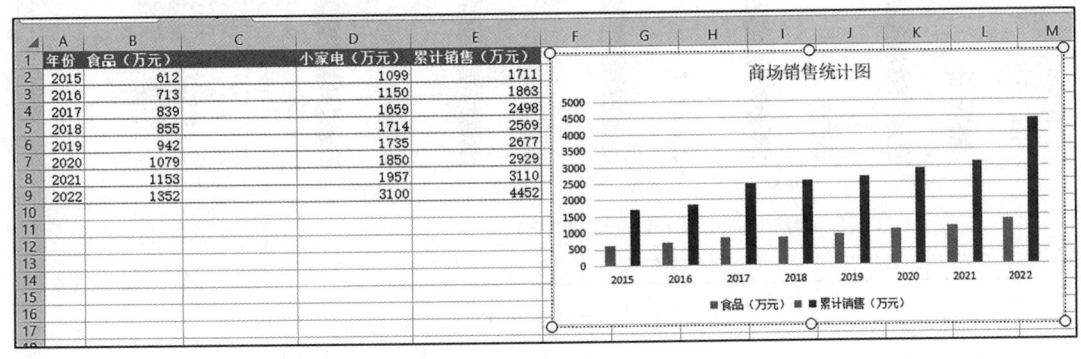

图 3.46　删除数据系列

3．选中图表，单击"图表工具"选项卡→"选择数据"按钮，打开"编辑数据源"对话框，在左下方的列表框中选择要显示的数据系列，在右下方的列表框中可以选择要显示的数据类别，设置完毕后单击"确定"按钮即可。如图 3.47 所示。

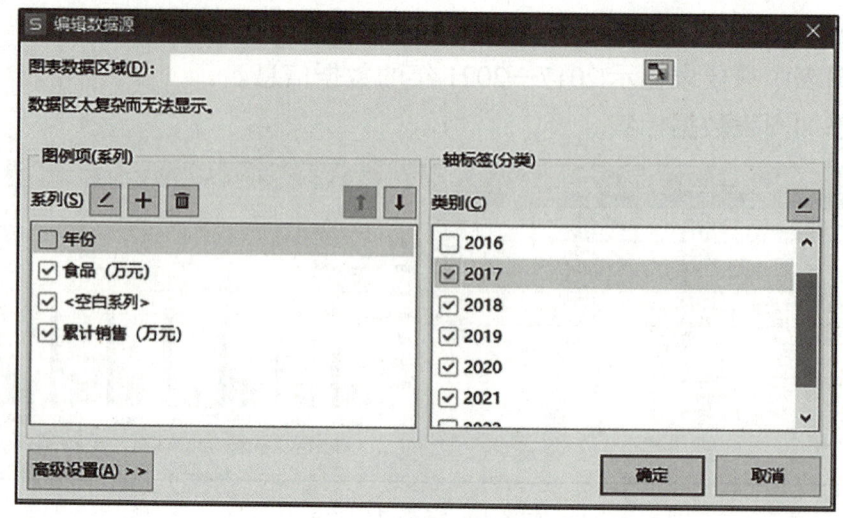

图 3.47　隐藏数据系列

4．单击图表右侧的"图表元素"按钮，在弹出的列表中勾选"数据标签"复选框即可。此外，单击其后的三角形按钮，在弹出的子菜单中可以选择数据标签的位置。如图 3.48 所示。

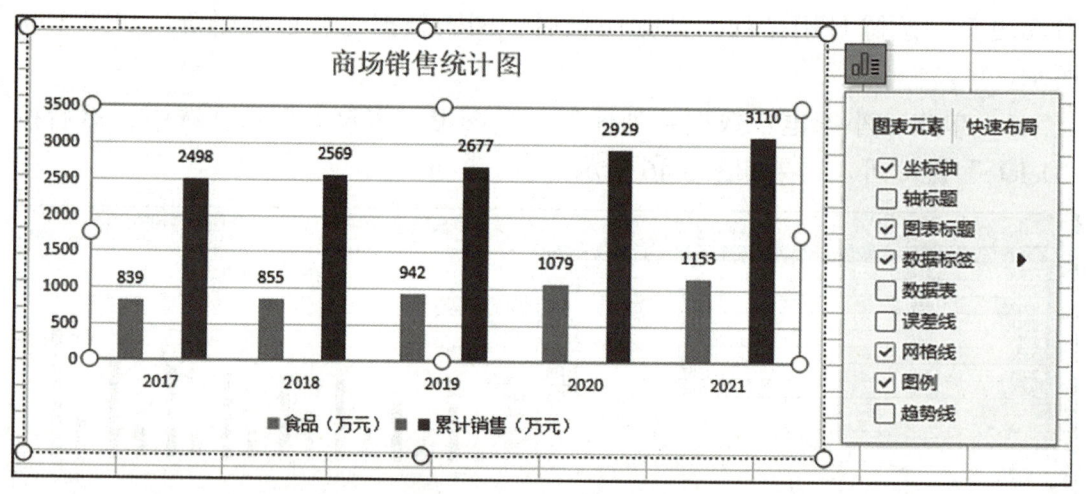

图 3.48　添加数据标签后的效果

任务 14　使用数据透视表

【任务描述】

根据图 3.49 给出的数据表 B2:F14，生成数据透视表。具体要求如下：
1．能够通过选择"专业"得到不同专业的报表。
2．在报表中，可根据"班级"设置筛选条件。
3．在报表中，能够对"人数""团员"和"党员"进行分类汇总。

【特别提示】

1. 将插入点定位到数据表后，单击"数据"选项卡下的"数据透视表"，可弹出"创建数据透视表"窗口。在该窗口中：

（1）需确定要分析的数据。选择"请选择单元格区域"选项。可在右侧的输入框内直接输入数据所在区域，也可将插入点定位到输入框后在工作表中拖动鼠标确定。

（2）设置数据透视表的显示位置。选择"新工作表"或"现有工作表"均可。

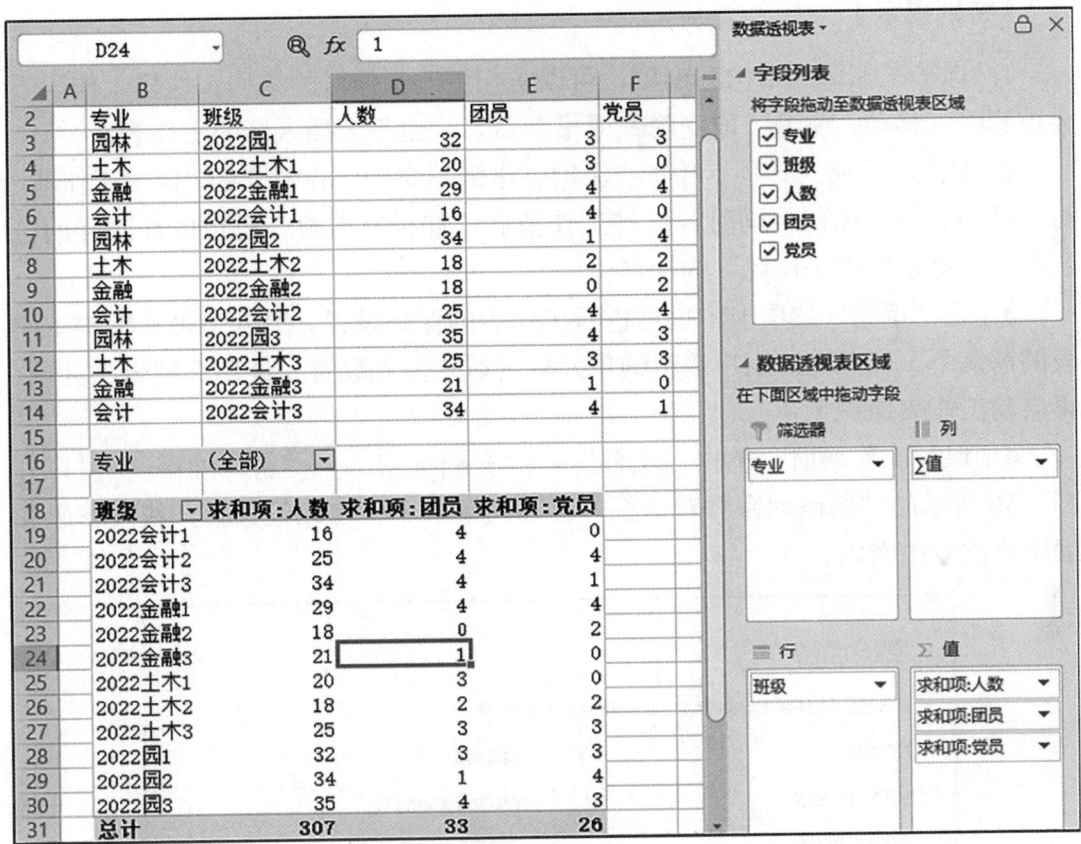

图 3.49　数据透视表

2. 如图 3.49 所示，数据透视表包括：

（1）报表筛选。用于指定生成报表的筛选字段。可以根据需要选择多个字段。

（2）列标签。确定汇总项需显示的列。

（3）行标签。确定汇总项需显示的行。

（4）数值。确定汇总项。单击字段右侧的下拉按钮，可设置汇总方式。

任务 15　工作簿的保护

【任务描述】

创建 D:\TZ15.et。具体要求如下：

1. 需要密码才能打开工作簿。
2. 没有操作密码，不允许对工作簿的结构进行更改。
3. 没有操作密码，不允许对 Sheet1 工作表进行更改，但可对单元格区域 A1:A8 授权编辑。

【特别提示】

1. 保护工作簿的结构和窗口，可以防止更改工作簿的结构，这样工作表不会被删除、移动、隐藏、取消隐藏或重新命名，也不会插入新的工作表。

2. 执行"审阅"选项卡中的"保护工作簿"命令，在打开的"保护工作簿"对话框中，键入密码。同时，保护工作簿后，如果有需要，也可以在同样的位置设置"撤销保护工作簿"的操作。

3. 在"审阅"选项卡中也可进行工作表的保护设置。另外也可在保护工作表的前提下，设置允许用户编辑的单元格区域（需先设置允许用户编辑的区域，再启动工作表保护）。

4. 保存工作簿时，单击"文件"→"文档加密"→"密码加密"，可打开图 3.50 所示的"密码加密"对话框。在该对话框中，可以设置打开权限密码和编辑修改权限密码。

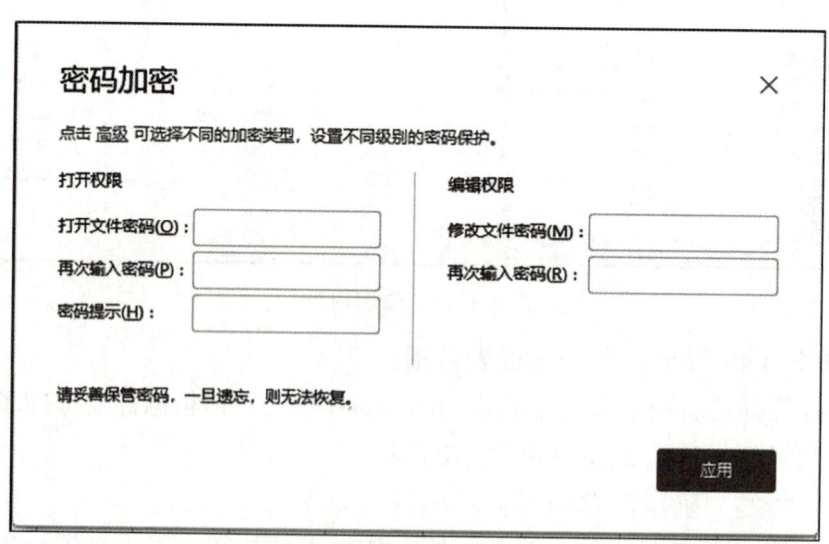

图 3.50　"密码加密"对话框

任务 16 使用条件格式

【任务描述】

1. 创建如图 3.51 所示的数据表，并完成以下操作：

	A	B	C	D	E	F	G
1							
2		学号	高等数学	英语	计算机基础	平均分	补考
3		20220001	30	53	92		
4		20220002	23	53	66		
5		20220003	52	17	24		
6		20220004	35	94	96		
7		20220005	68	78	18		
8		20220006	81	84	74		
9		20220007	72	58	64		
10		20220008	84	88	50		
11		20220009	87	72	81		
12		20220010	60	85	65		

图 3.51 任务 16 数据表 1

（1）计算平均分（舍弃小数部分），并根据分值显示数据条（如图 3.52 所示）。

	A	B	C	D	E	F	G
1							
2		学号	高等数学	英语	计算机基础	平均分	补考
3		20220001	30	53	92	58	▶
4		20220002	23	53	66	47	▶
5		20220003	52	17	24	31	▶
6		20220004	35	94	96	75	▶
7		20220005	68	78	18	54	▶
8		20220006	81	84	74	79	▶
9		20220007	72	58	64	64	▶
10		20220008	84	88	50	74	▶
11		20220009	87	72	81	80	▶
12		20220010	60	85	65	70	▶

图 3.52 设计效果

（2）确定补考科目数（科目数不显示，仅根据科目数显示不同的图标：补考科目数为 3，显示红旗；补考科目数为 1 或 2，显示黄旗；无补考科目，显示绿旗）。

（3）给有补考科目的学号添加下划线。

（4）在后续行添加数据时自动添加表格边线。删除行数据时自动删除表格边线。

2. 创建如表3.8所示的数据表，并完成以下操作（效果如表3.9）：

表3.8 任务16 数据表2

题号	答案	学生1	学生2	学生3	学生4	学生5
1	A	A	B	A	A	A
2	D	D	D	D	D	D
3	D	C	D	D	A	D
4	C	C	C	C	C	B
5	B	D	B	B	B	B
6	B	B	B	B	A	B
7	A	A	A	A	A	A
8	A	C	A	A	A	C
9	C	B	D	C	C	C
10	D	D	D	B	A	D

表3.9 答案标记与统计效果

题号	答案	学生1	学生2	学生3	学生4	学生5
1	A	A	~~B~~	A	A	A
2	D	D	D	D	D	D
3	D	~~C~~	D	D	~~A~~	D
4	C	C	C	C	C	~~B~~
5	B	~~D~~	B	B	B	B
6	B	B	B	B	~~A~~	B
7	A	A	A	A	A	A
8	A	~~C~~	A	A	A	~~C~~
9	C	~~B~~	~~D~~	C	C	C
10	D	D	D	~~B~~	~~A~~	D
答对题数		6	8	9	7	8

（1）给每个学生的错误答案添加删除线。

（2）在数据表下方添加一行，计算出每个学生答对题数。

（3）隐藏五名学生的答题信息。在"学生5"右侧的单元格中输入正确的密码时显示答题信息。如果密码错误，则隐藏答题信息。

3. 利用条件格式功能，标记出表3.10中未签到的人员。

表3.10 任务16 数据表3

应到人员	签到
张1	张3
张2	张8
张3	张4
张4	张2
张5	张1
张6	
张7	
张8	

【特别提示】

1. 平均分的计算：利用 AVERAGE 函数计算均值，利用 INT 函数取整。

2. 数据条的显示：利用"条件格式"→"数据条"→"渐变填充"→"绿色数据条"。

3. 补考科目数的计算：利用 COUNTIF 函数。

4. 图标的显示：利用"条件格式"→"图标集"→"三色旗"。按照图 3.53 编辑规则。

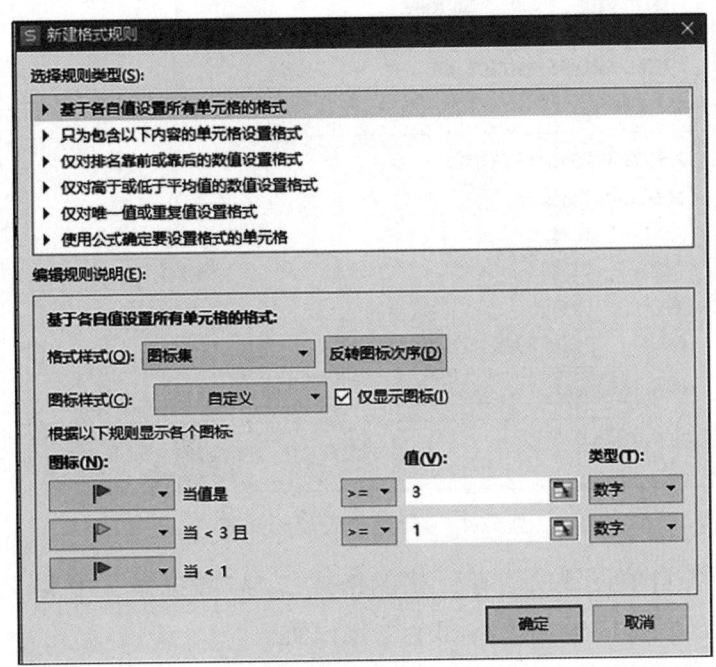

图 3.53　编辑格式规则

5. 学号格式设置：选择学号区域（不含表头）；利用条件格式"新建规则"→"使用公式确定要设置格式的单元格"，输入的公式为 =G3>0，格式设置字体添加单下划线。

6. 在"条件格式"中，预置了五个格式规则：

（1）突出显示单元格规则：用于对数据在一定范围内的单元格设置格式。

（2）项目选取规则：主要针对最大（小）值或平均值，取前若干值或按比例取值的单元格设置格式。

（3）数据条：显示渐变的或实心填充的数据条，其长度越长，表明数据越大。

（4）色阶：显示双色或三色渐变。颜色的变化体现数据的大小。

（5）图标集：每个图标代表一定范围的值，可用代表该范围的图标对每个单元格进行批注，图标不同，则表明数据不同。

7. 如果预置的五个格式规则无法满足设计要求，还可以通过"条件格式"弹出菜单的"新建规则"命令（弹出窗口如图 3.54）创建更加灵活的条件格式规则。规则类型有以下六种：

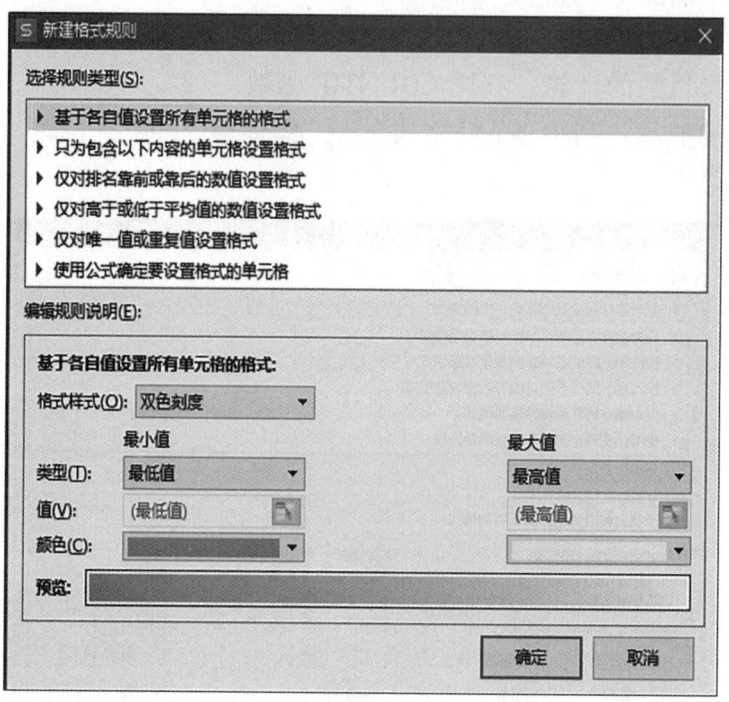

图 3.54 "新建格式规则"窗口

（1）基于各自值设置所有单元格的格式：为"数据条""色阶"和"图标集"三个预置格式规则提供更加灵活和个性化设置。

（2）只为包含以下内容的单元格设置格式：相当于"突出显示单元格规则"，但设置更加灵活方便。

（3）仅对排名靠前或靠后的数值设置格式：主要针对"项目选取规则"的最大、最小值设置条件格式。

（4）仅对高于或低于平均值的数值设置格式：主要针对"项目选取规则"的平均值设置条件格式。

（5）仅对唯一值或重复值设置格式：与"突出显示单元格规则"中的"重复值"相同。

（6）使用公式确定设置格式的单元格：通过输入公式（值为逻辑值）来确定格式。在公式中一般只需要输入选择区域的第一个单元格（相对引用）应该满足的条件，选择区域的其他单元格会自动填充条件格式。

8. 添加或删除数据时自动匹配表格边线

选择全部数据区域 B2:G12，使用公式"=$B3<>"""设置条件格式（格式为加外边框）。然后选择最后一行，并向下拖其填充柄。这时在 B13 单元格添加数据，则 B2:G13 单元格区域会自动添加外边框。删除 B13 单元格的数据，会自动消除 B2:G13 单元格区域的外边框。

9．标记错误答案

（1）选择五个学生的答案数据区域。

（2）单击"开始"选项卡→"条件格式"→"新建规则"命令。

（3）选择规则类型为"使用公式确定要设置格式的单元格"。

（4）输入公式"=M3<>$L3"。

说明：这里假定第 1 题的答案在 L3 单元格，学生 1 的答案在 M3 单元格。

（5）单击"格式"按钮，在弹出的"单元格格式"窗口中设置"字形"为"粗体"，"特殊效果"选择删除线。

10．统计正确答案的数目

在学生 1 下方的单元格（假定为 M3）输入下面公式后，拖其填充柄至 Q3 单元格。

=SUM((M3:M12=$L$3:$L$12)*1)

说明："M3:M12=$L$3:$L$12"的返回值是下面的数组，元素为逻辑值，如果直接求和，和值为 0。该数组乘以 1 后得到数组 {1;1;0;1;0;1;1;0;0;1}（逻辑值为数值进行运算时，"TRUE"自动转换为数值 1，"FALSE"自动转换为数值 0），求和值为 6。

{TRUE;TRUE;FALSE;TRUE;FALSE;TRUE;TRUE;FALSE;FALSE;TRUE}

11．答题信息的隐藏与显示

（1）将五名学生的答题信息所在单元格设置自定义格式";;;"。

（2）使用公式"=$R$2="good""添加条件格式（"数字"格式为"常规"）。其中 "good" 为密码。

12．标记出未签到的人员

选择单元格区域后，利用"条件格式"→"突出显示单元格规则"→"重复值"命令，在弹出的对话框（如图 3.55）中选择"唯一"后单击"确定"按钮，即可标记出未签到的人员（默认设置为浅红填充色深红色文本，可修改）。

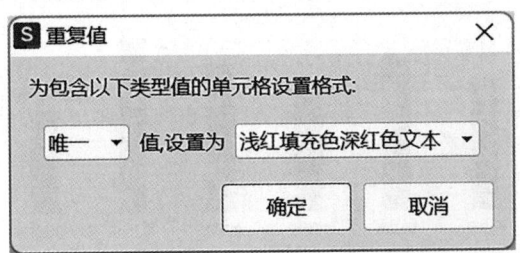

图 3.55 "重复值"设置对话框

任务 17　创建动态图表

【任务描述】

1. 利用数据表（如图 3.56）创建动态图表（如图 3.57）。效果：从公司或城市的列表中改变选择，图表实时更新。

图 3.56　任务 17 数据

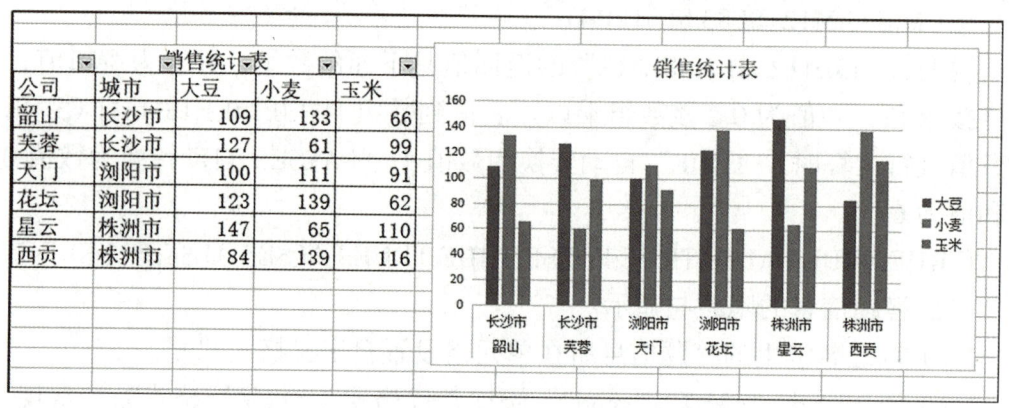

图 3.57　动态图表效果 1

2. 创建动态图表（如图 3.58）。效果：从"图例项"列表中选择不同的选项，图表实时更新。

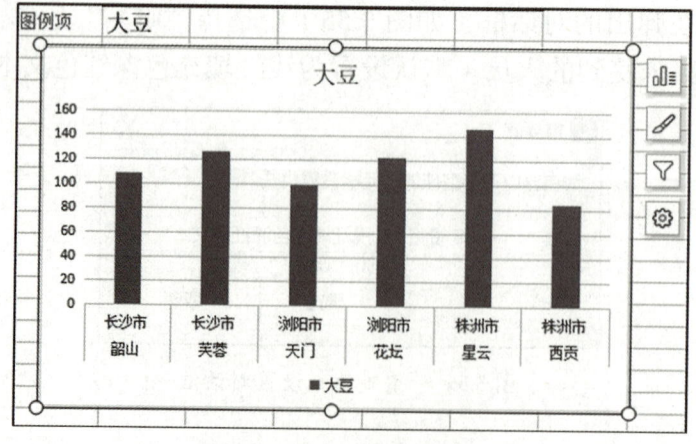

图 3.58　动态图表效果 2

【特别提示】

1. 创建动态图表效果 1

将插入点移到数据表中，插入簇状柱形图后，单击“数据”→“筛选”图标。

2. 创建动态图表效果 2

（1）在 Sheet1 工作表中 A11 单元格编辑文字“图例项”，选择“图例项”右侧单元格 B11，单击“数据”→“数据有效性”命令，在弹出的窗口中，“允许”列表中选择“序列”；勾选“提供下拉箭头”；“来源”输入大豆，小麦，玉米。在 B11 单元格中选择“大豆”。

（2）定义名称。选择数据表最后三列数据（D4:F10），单击“公式”→“指定”命令。在弹出的对话框中选择“首行”后单击“确定”按钮。

效果：定义了三个名称，大豆、小麦、玉米。分别表示其数据列。

（3）单击“公式”→“名称管理器”→“新建”命令，在弹出的窗口中，“名称”输入 xTL，“引用位置”输入“=INDIRECT(Sheet1!$B$11)”。

效果：用 xTL 得到选择的图例项在数据表中的所在列数据。

（4）创建图表。

①将插入点移到数据表中，单击“插入”→“柱形图”→“簇状柱形图”命令。

② 右击生成的图表，单击弹出菜单的“选择数据”，在弹出的窗口中单击“图例项（系列）”部分的“添加”按钮。在弹出的窗口中，“系列名称”输入“$B$11”，“系列值”输入“=xTL”，单击“确定”按钮。

③ 删除图例项之前的其他列表项（只保留刚编辑的项）。

④ 单击“确定”按钮。

任务 18　单变量求解

【任务描述】

创建图 3.59 所示的数据表，利用“单变量求解”求解：

	A	B	C	D	E	F
1						
2		单价	14.00			
3		数量	1630			
4		折扣	0.90			
5		金额				
6						
7	1、假定单价和数量不变，求：折扣为多少时金额为15000。					
8						
9		单价	14.00			
10		数量	1630			
11		折扣	0.90			
12		金额				
13						
14	2、假定折扣和数量不变，求：单价为多少时金额为15000。					

图 3.59　任务 18 数据

1. 假定单价和数量不变，求：折扣为多少时金额为 15000。
2. 假定折扣和数量不变，求：单价为多少时金额为 15000。

【特别提示】

1. 问题 1 求解

（1）在 C5 单元格输入公式"=C2*C3*C4"。

（2）执行"数据"→"模拟分析"→"单变量求解"命令。

（3）在弹出的对话框中设置：

"目标单元格"：C5，"目标值"：15000，"可变单元格"：C4。

（4）单击"确定"按钮。

2. 问题 2 求解：参考问题 1 求解。

任务 19　规划求解

【任务描述】

创建图 3.60 所示的数据表，利用"规划求解"求解图中所述问题。

	A	B	C	D	E	F	G	H	I	J	K
1											
2		1、下表给出了准备购买的商品信息，可花费金额为500元，每种商品的购买量不超过3。试给出一种购买方案。									
3		商品	金额	购买量							
4		A	78								
5		B	153								
6		C	117								
7		D	108								
8		E	124								
9		F	124								
10		G	74								
11		可花费金额：									
12											
13		2、用100米长的电线裁成2、3和7米长三种规格。每种规格不少于2根，试给出一种裁切方案。									
14		规格（米）	数量								
15		2									
16		3									
17		7									
18		电线长：									

图 3.60　任务 19 数据

【特别提示】

1. 求解问题 1

（1）在 D11 单元格输入公式 =SUMPRODUCT(C4:C10,D4:D10)。

（2）单击"数据"→"模拟分析"→"规划求解"命令。

（3）在弹出的对话框中：

① 设置目标：D11。

② 选择"目标值"，并设置为 500。

③“通过更改可变单元格”下方输入：D4:D10。

④单击“添加”按钮，添加约束：“单元格引用”为 D4:D10，INT 整数约束。

⑤单击“添加”按钮，添加约束：“单元格引用”为 D4:D10，>=0 约束。

⑥单击“添加”按钮，添加约束：“单元格引用”为 D4:D10，<=3 约束。

⑦选择求解方法：“单纯线性规划”。

⑧单击”求解”按钮。

⑨在弹出的对话框中选择“保留规则求解的解”。

⑩单击“确定”按钮。

2. 求解问题 2：参考问题 1 完成。

任务 20　多图表应用

【任务描述】

根据图 3.61 所示数据表创建图 3.62 所示的图表。

	A	B	C
1	地区	营业额（万元）	完成度
2	北京	76	85.7%
3	上海	88	89.2%
4	广州	85	86.4%
5	深圳	89	95.0%
6	成都	88	92.6%

图 3.61　任务 20 数据

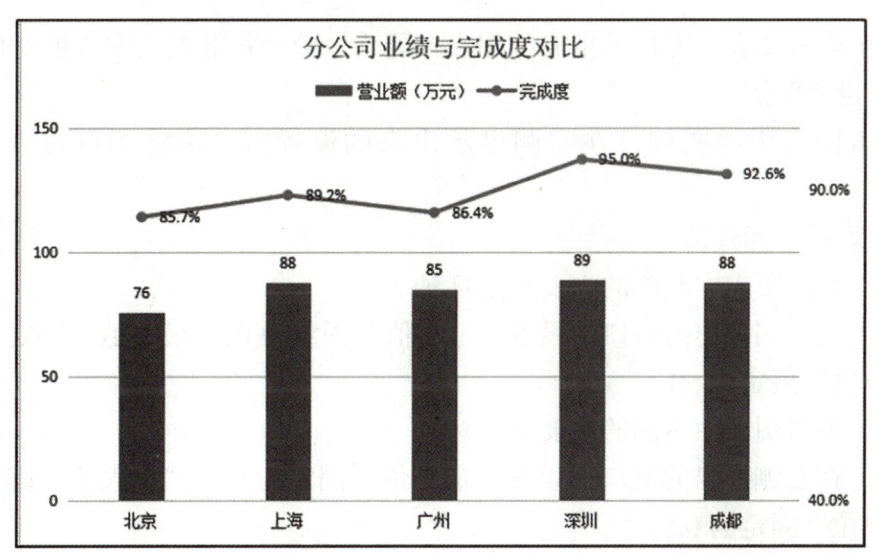

图 3.62　创建的图表效果

【特别提示】

1. 创建柱形图：光标定位到数据区域，单击"插入"→"柱形图"→"簇状柱形图"命令。

2. 更改"完成度"数据系列格式

（1）在图表中右击"完成度"的任意柱形。

（2）单击弹出菜单的"设置数据系列格式"命令。

（3）在右侧弹出的窗口中，选择系列绘制在"次坐标轴"。

3. 更改"完成度"系列的图表类型

（1）在图表中右击"完成度"的任意柱形。

（2）单击弹出菜单的"更改系列图表类型"命令。

（3）在弹出的窗口中选择"组合图"，将"完成度"的图表类型更改成"带数据标记的折线图"后单击"插入"按钮。

4. 设置两个系列标签的显示位置

（1）在图表中右击"营业额"系列，在弹出菜单中选择"添加数据标签"列表项。

（2）在图表中右击"营业额"系列，在弹出菜单中选择"设置数据标签"列表项，将标签位置更改为"数据标签外"。

（3）同样的方法设置"完成度"系列的数据标签位置"靠右"。

5. 设置图表标题

（1）单击"图表工具"→"添加元素"→"图表标题"→"图表上方"命令。

（2）修改图表上方自动生成的图表标题为"分公司业绩与完成度对比"。

6. 设置图例

单击图表中的图例，在右侧显示出来的设置窗口中将图例位置更改为"靠上"。

7. 设置坐标轴选项

（1）单击图表中左侧的主要纵坐标轴。

（2）在右侧弹出的窗口中设置"最小值"固定为 0，"最大值"固定为 150，"主要单位"固定为 50。

（3）单击图表中右侧的次要纵坐标轴。

（4）在右侧弹出的窗口中设置"最小值"固定为 0.4，"最大值"固定为 1，"主要单位"固定为 0.5。

任务 21　合并计算

【任务描述】

将图 3.63 左侧三个数据表合并到一个数据表中（效果如图 3.63 右一）。

工号	A	B		工号	A	D		工号	E	D		工号	A	B	D	E
T1	1	2		T4	5	6		T6	3	4		T1	9	2	9	
T2	2	3		T2	6	7		T4	4	5		T2	8	3	14	6
T3	3	4		T3	7	8		T5	5	6		T3	10	4	8	
T4	4	5		T1	8	9		T2	6	7		T4	9	5	11	4
T5	5	6						T7	3	5		T5	5	6	6	5
T6	6	7										T6	6	7	4	3
												T7			5	3

图 3.63　合并计算数据

【特别提示】

利用 WPS 表格的"合并计算"功能，可以将多个数据表合并为一个数据表。

1. 单击一个空的单元格（作为合并表的左上角单元格）。
2. 单击"数据"选项卡中"合并计算"命令，弹出对话框如图 3.64 所示。

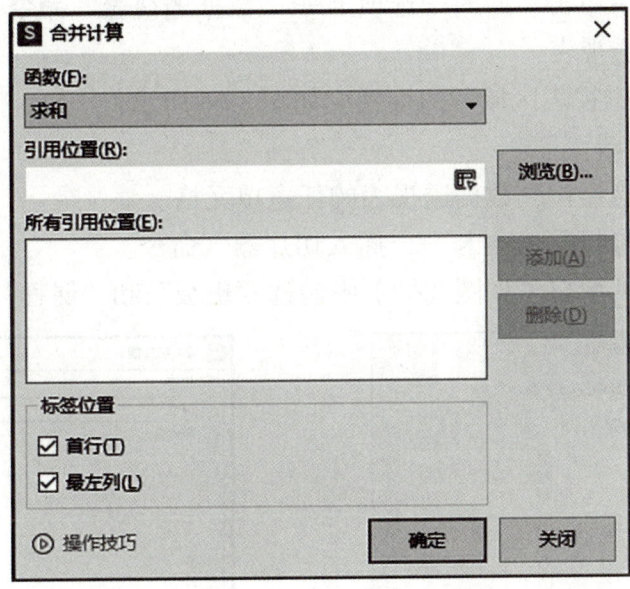

图 3.64　"合并计算"对话框

3. 选择第一个数据表区域后单击"添加"按钮。
4. 选择第二个数据表区域后单击"添加"按钮。
5. 选择第三个数据表区域后单击"添加"按钮。
6. 勾选"首行"和"最左列"两个选项。
7. 单击"确定"按钮。

任务 22　使用切片器

【任务描述】

利用图 3.65 的左图数据创建数据透视表（图 3.65 左二），并插入两个切片器（图 3.65 右一、右二）实现对数据透视表数据的筛选。

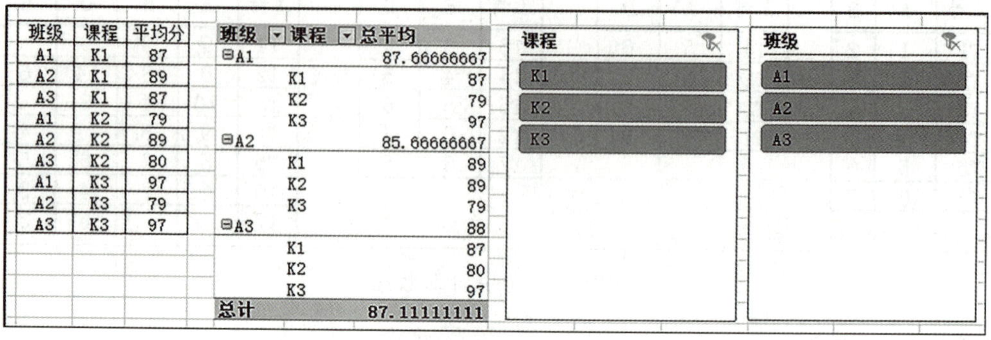

图 3.65　数据透视表与切片器

【特别提示】

1. 创建数据透视表

选择数据表后单击"插入"选项卡→"数据透视表"命令，可以在当前工作表中插入数据透视表。

注意："数据透视表区域"的设置应如图 3.66 所示。

2. 插入切片器

（1）将插入点定位到数据透视表的任意单元格。

（2）单击"分析"选项卡→"插入切片器"命令。

（3）在弹出的窗口（如图 3.67）中勾选"班级"和"课程"选项。

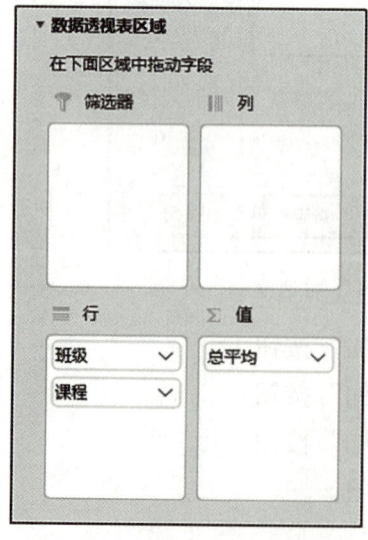

图 3.66　数据透视表区域设置

图 3.67　"插入切片器"窗口

（4）单击"确定"按钮。

3. 使用切片器

（1）单击切片器上的列表项，数据透视表即自动筛选并显示相应数据。单击切片器右上角的"清除筛选器"按钮，数据透视表即恢复全部数据的显示。单击切片器，再按 Delete 键，可删除切片器。

（2）在切片器中，按下 Ctrl 键可选择不连续的字段。按下 Shift 键可选择连续的字段。

示例：在"课程"切片器中单击"K2"项，数据透视表显示效果如图 3.68 所示。

（3）切片器主要用于对超级表的字段进行分类筛选。图 3.68 中的"课程"切片器，实际上是对"课程"列的数据进行分类，得到的是三个类别（K1，K2，K3）的列表。而"班级"切片器是对"班级"列的数据进行分类，得到的是三个类别（A1，A2，A3）的列表。

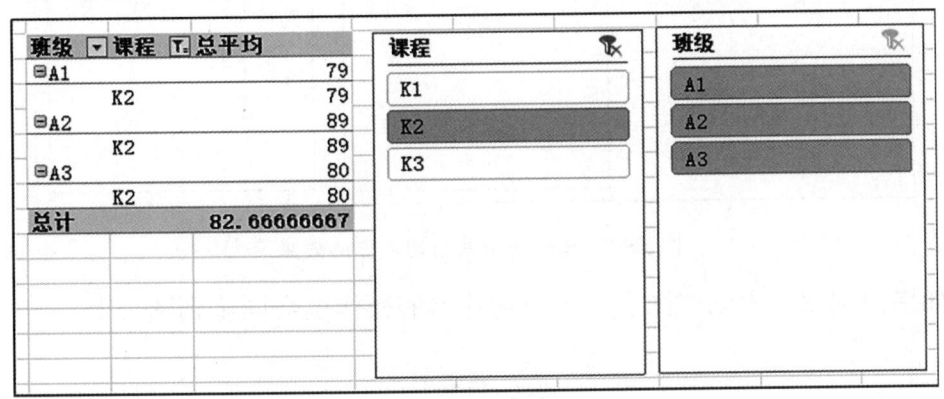

图 3.68　使用切片器的效果

4. 将数据表转换为超级表后也可使用切片器

（1）数据表转换为超级表

选择数据表区域（或将光标定位在数据表区域），单击"插入"选项卡下"表格"命令，在弹出的窗口（如图 3.69）中设置相应参数后单击"确定"按钮。

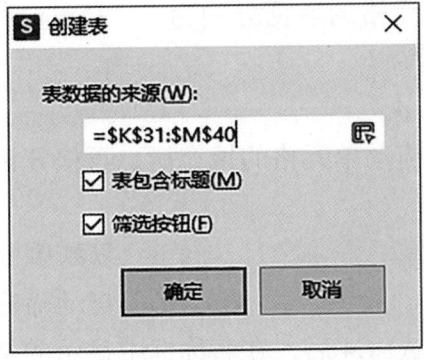

图 3.69　"创建表"窗口

按组合键 Ctrl+L，Ctrl+T，也可创建超级表。

（2）创建超级表的切片器

选择超级表后，WPS 表格会自动显示"表格工具"选项卡。单击"表格工具"选项卡的"插入切片器"命令，弹出类似图 3.67 的窗口，即可根据选择的字段创建筛选器。

单击字段筛选器的任意列表项，超级表即显示满足筛选条件的记录。

示例：将图 3.65 中的数据表转换为超级表后，创建了"课程"和"班级"两个筛选器。图 3.70 是"课程"筛选器中只选择"K2"，"班级"筛选器全选后的显示效果。

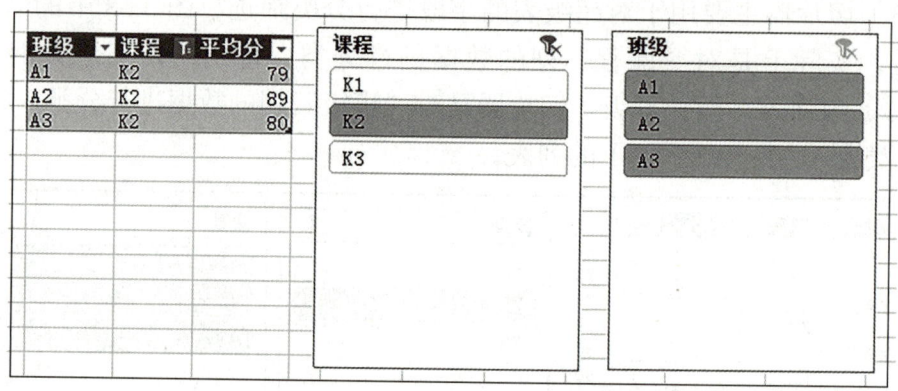

图 3.70 超级表中使用切片器的效果

如果根据超级表创建图表，则对切片器的操作也会同步到图表上。

思考题

一、不定项选择题

1. 填充柄位于单元格的（　　）。

  A．左上角　　　　　　　　　　B．右下角

  C．左下角　　　　　　　　　　D．右上角

2. 假定 A1，A2 单元格的数据分别为 1，3，选择 A1:A2 区域后，向下拖动填充柄，这时 A3 的值为（　　）。

  A．2　　　　B．4　　　　C．5　　　　　　D．6

3. 按下鼠标右键并拖动单元格的填充柄，再松开鼠标时，弹出菜单中没有的命令是（　　）。

  A．以序列方式填充　　　　　　B．复制单元格

  C．仅填充格式　　　　　　　　D．自动筛选

4. 选择单元格区域 A1:C4 后，在名称框中显示的是（　　）。

A. A1 B. C4
C. A1:C4 D. 无法确定

5. 合并单元格区域 A1:C4 后，在名称框中显示的是（　　）。

A. A1 B. C4
C. A1:C4 D. 无法确定

6. 一个工作簿最多有（　　）个工作表。

A. 3 B. 255
C. 256 D. 只要内存足够，无限制

7. 利用"选择性粘贴"可以实现的操作是（　　）。

A. 单元格转置 B. 粘贴列宽
C. 复制格式 D. 复制公式

8. 一个工作表最多有（　　）行。

A. 65536 B. 256
C. 1048576 D. 只要内存足够，无限制

9. 一个工作表最多有（　　）列。

A. 16384 B. 256
C. 65536 D. 只要内存足够，无限制

10. 假定 A1，B1，A2，B2 单元格的数据分别为 1，2，3，4。在 C1 单元格输入公式"=A1+$B$1"后，拖动 C1 单元格的填充柄到 C2 单元格，则 C2 单元格内显示的数据为（　　）。

A. 7 B. 6 C. 5 D. 3

11. 假定 A1，B1，A2，B2 单元格的数据分别为 1，2，3，4。在 C1 单元格输入公式"=A1+$B1"后，拖动 C1 单元格的填充柄到 C2 单元格，则 C2 单元格内显示的数据为（　　）。

A. 6 B. 7 C. 5 D. 3

12. 与公式"=AVERAGE(A1:C1,E1)"等效的公式是（　　）。

A. =(A1+B1+C1+E1)/4 B. =SUM(A1:C1,E1)/4
C. =AVERAGE(A1,B1,C1,E1) D. =SUM(A1,B1,C1,E1)/4

13. A1 单元格的数据为 86，则公式"=IF(A1>75,IF(A1>85,1,2),3)"的值为（　　）。

A. 1 B. 2 C. 3 D. 0

14. 下面选项中，属于排序选项的是（　　）。

A. 区分大小写 B. 按行排序
C. 拼音排序 D. 笔画排序

15. 可作为排序依据的是（　　）。

A．数值 B．单元格颜色
C．字体颜色 D．单元格图标

16．公式"=COUNTIF(A:A,"<60")"的作用是（　　）。

A．计算第一行中，数据小于60的单元格个数

B．确定AA单元格的数据是否小于60

C．确定A1单元格的数据是否小于60

D．计算第一列中，数据小于60的单元格个数

17．启用筛选后，下面筛选条件中可以实现的是（　　）。

A．同一字段同时满足两个条件

B．同一字段至少满足两个条件中的一个

C．不同字段同时满足各自的条件

D．不同字段至少一个字段满足其条件

18．定义高级筛选的条件区域时，同行的条件表示逻辑（　　）。

A．与 B．或 C．否 D．逆否

19．A1单元格的数据为19，则公式"=MOD(A1,10)+INT(A1/10)"的值为（　　）。

A．1 B．9 C．10 D．0

20．以下选项中能通过"条件格式"实现的是（　　）。

A．将包含字符"8"的单元格文本设置为红色

B．将具有与其他单元格不重复值的单元格文本设置为红色

C．将数据为本周日期的单元格文本设置为红色

D．根据单元格值的不同范围显示不同的图标

21．为某单元格区域设置条件格式后，如果修改了单元格的数据而需继续使用设置的条件格式，需进行的操作是（　　）。

A．按F5刷新 B．按F9更新
C．重新设置条件格式 D．无需任何操作

22．创建单元格样式时可以设置（　　）。

A．对齐方式 B．边框格式
C．文本格式 D．填充效果

23．高级筛选定义条件区域时，条件区域必须包含（　　）。

A．条件字段 B．条件表达式
C．公式 D．通配符

24．以下选项中可作为高级筛选条件区域的条件表达式的是（　　）。

A．*务* B．>3700
C．AND(>60,<90) D．>3700 and <4500

25．通配符"*"表示（　　）。
A．任意一个字符　　　　　　　　B．一个数字
C．多个数字　　　　　　　　　　D．零个或多个任意字符

26．可作通配符的是（　　）。
A．?　　　　B．@　　　　C．*　　　　D．%

27．能提供下拉箭头的有效性条件是（　　）。
A．文本长度　　B．整数　　C．序列　　D．日期

28．设置数据有效性时，可以同时设置（　　）。
A．输入信息　　　　　　　　B．出错警告
C．输入法模式　　　　　　　D．默认值

29．选择单元格区域 A2:A40 后，设置其数据有效性条件为"自定义"，公式为"=COUNTIF($A$2:$A$40,A2)=1"。其作用是（　　）。
A．A2 单元格的数据不能与单元格区域 A2:A40 的其他单元格数据相同
B．单元格区域 A2:A40 的所有单元格数据必须互异
C．单元格区域 A2:A40 的所有单元格数据必须递增排序
D．单元格区域 A2:A40 的所有单元格数据必须递减排序

二、填空题

1．WPS 表格工作簿文件的扩展名为＿＿＿＿＿＿＿＿＿＿。

2．创建工作簿时，默认的工作表数目为＿＿＿＿＿＿＿＿＿＿。

3．假定 A1，B1，C1，A2，A3 单元格的数据分别为 1，2，3，4，5。B2 单元格输入的公式为"=A$1+$A2"。将 B2 单元格的填充柄向右拖至 C2，松开鼠标后，再将 B2 单元格的填充柄向下拖至 B3。则 C2 单元格的数据为＿＿＿＿＿＿＿＿＿＿，B3 单元格的数据为＿＿＿＿＿＿＿＿＿＿。

4．在单元格内输入身份证号码的方法是＿＿＿＿＿＿＿＿＿＿，输入分数的方法是＿＿＿＿＿＿＿＿＿＿。

5．默认情况下，在单元格内输入数值后，数值的对齐方式是＿＿＿＿＿＿。

6．在对数据表进行分类汇总时，必须先对分类字段进行＿＿＿＿＿＿＿。

7．将单元格格式设置为＿＿＿＿＿＿＿后，输入的数值会自动添加"%"。

8．快速删除单元格区域中重复数据的方法是＿＿＿＿＿＿＿＿＿＿。

9．进行简单筛选时，同一个字段最多可以设置＿＿＿＿＿＿个筛选条件。

10．第一列单元格格式为"文本"，如果需要统计第一列单元格中含"会计"文本的单元格个数，需使用的公式为＿＿＿＿＿＿＿＿＿＿。

11．在利用高级筛选命令前，必须先定义条件区域。在条件区域中，第一行应填写＿＿＿＿＿＿。从第二行开始，填写＿＿＿＿＿＿。

12. 利用_____，可控制单元格内只能输入满足条件的数据。

13. 利用_____可使单元格格式随数据的不同自动应用设置的格式。

14. 双击_____，在弹出的对话框中可修改图表的背景颜色。

15. 假定某数据表共有班级、姓名、高数、英语四个字段，那么，在生成数据透视表时，最适合拖放到"报表筛选"区域的字段是_____。

三、操作题

参考图 3.71 完成工作表的设计。各月份的销售量随机生成（均为 [10,90] 上的随机整数），"星级"由公式产生（如果四个月中有一个月的销售量超过 75，则添加一个星号），并完成表格线的绘制。

	A	B	C	D	E	F	G	H
1								
2		1-4月销售统计表（单位：吨）						
3		商品	产地	1月	2月	3月	4月	星级
4		青椒	河南	73	71	81	42	★
5		黄瓜	四川	76	78	75	60	★★
6		玉米	河南	85	62	77	44	★★
7		大豆	山东	74	69	38	79	★
8		花生	山东	88	90	66	94	★★★
9		绿豆	河南	41	35	46	33	
10		黑豆	四川	57	82	53	43	★

图 3.71　数据表数据及操作效果

第四章

WPS 演示文稿

第一节　验证性实验

任务 1　合并形状

【任务描述】

利用 WPS 演示设计图 4.1 所示形状，并保存为 PNG 格式的图片文件。

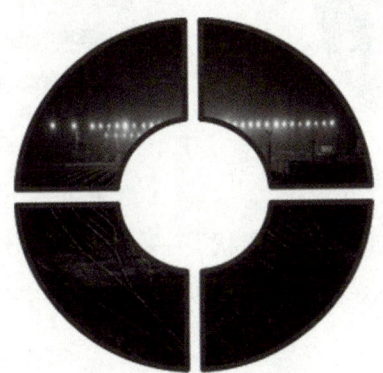

图 4.1　形状编辑效果

【操作步骤】

1. 新建 WPS 演示文稿。

2. 单击"插入"选项卡→"形状"→"同心圆"（"基本形状"第二排第五个）。

3. 按下 Shift 键并拖动鼠标左键在幻灯片上绘制一个同心圆。

4. 选择同心圆，按下 Shift 键并拖动同心圆外侧的小圆点，可调整大小。

拖动同心圆内圆圆周上的黄色小菱形,可调整内圆大小。

说明:按下 Shift 键可以保持形状为正圆。如果按下 Ctrl+Shift 键,则可以保持形状沿中心缩放。

5．右击同心圆,单击"绘图工具"选项卡→"填充"→"图片或纹理"→"本地图片"命令,在弹出的窗口中选择一个图片文件后单击"打开"按钮,填充效果如图 4.2 所示。

说明:右击形状,再单击弹出菜单的"设置对象格式"命令,可以在任务窗格(默认显示在 WPS 演示窗口右侧)中设置选项,如图 4.3 所示。或者,选择形状后,单击任务窗格上的"属性"图标,也可显示图 4.3 所示窗格。

单击"视图"选项卡,勾选"任务窗格"选项,可以打开任务窗格。

图 4.2　形状填充图片效果

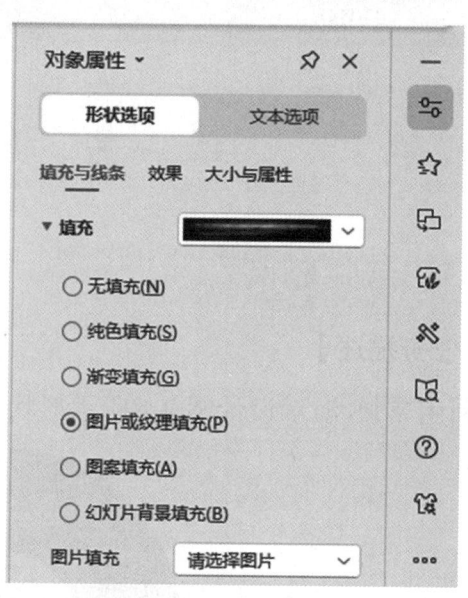

图 4.3　"对象属性"窗口

6．单击"插入"选项卡→"形状"→"矩形",绘制一个矩形,再复制该矩形后旋转 180 度,得到效果如图 4.4 所示。

图 4.4　添加矩形后的效果

7．单击同心圆，再按下 Ctrl 键分别单击两个矩形。

8．单击"绘图工具"选项卡→"合并形状"→"剪除"命令，得到图 4.1 效果。

9．右击合并的形状，单击弹出菜单的"另存为图片"命令，即可选择图片格式保存为图片文件。

【特别提示】

1．当选择多个形状后可执行"合并形状"命令。该命令包括以下操作选项：

（1）结合。将其他形状的区域整合到第一个被选择的形状的区域中。第一个形状的其他属性没有改变，其他形状被删除。

示例：如图 4.5，左图是两个形状结合前的效果，右图是两个形状结合后的效果。

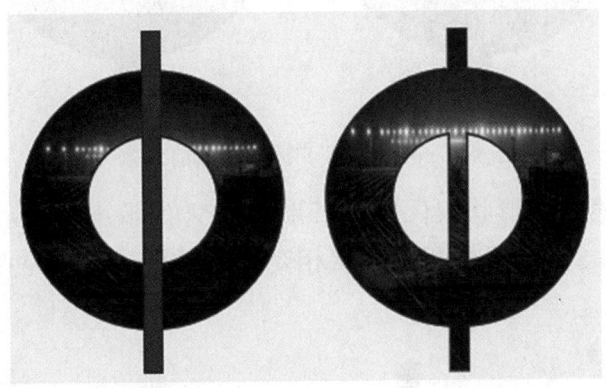

图 4.5　两个形状"结合"的前后效果

（2）组合。从第一个形状的区域中删除与其他形状相交的部分。第一个形状的其他属性没有改变，其他形状被删除。

示例：如图 4.6，左图是两个形状组合前的效果，右图是两个形状组合后的效果。

图 4.6　两个形状"组合"的前后效果

（3）拆分。以形状之间的相交部分切分各形状，各形状保留第一个形状的其他属性。

示例：如图 4.7，左图是两个形状拆分前的效果，右图是两个形状拆分后的效果。拆分后得到 7 个新的形状：原矩形被拆分为 5 个形状（2 个形状是与原同心圆的相交部分，另 3 个形状是同心圆之外的部分）。而同心圆被拆分为 2 个形状（原矩形区域左侧、右侧）。

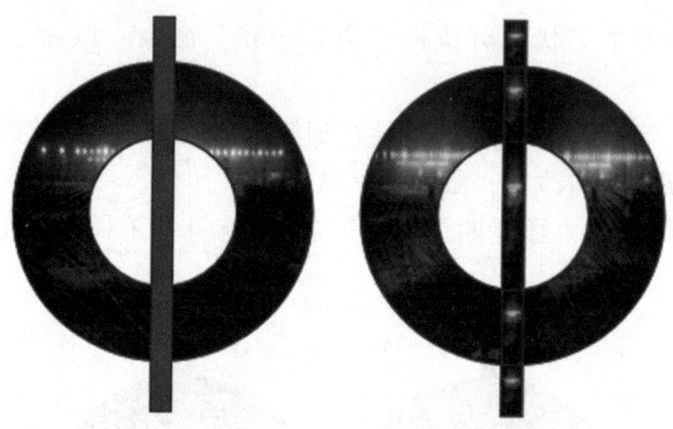

图 4.7　两个形状"拆分"的前后效果

（4）相交。第一个形状仅保留与各形状相交的部分，删除其余部分。

示例：如图 4.8，左图是两个形状相交前的效果，右图是两个形状相交后的效果。

图 4.8　两个形状"相交"的前后效果

（5）剪除。从第一个选择的形状中分别删除与其他各形状相交的部分。

示例：如图 4.9，左图是两个形状剪除前的效果，右图是两个形状剪除后的效果。

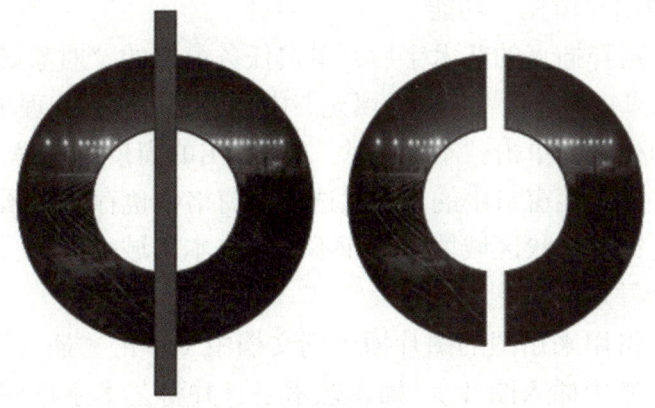

图 4.9　两个形状"剪除"的前后效果

注意：形状之间、形状与图片之间均可以合并形状。图片与图片之间不能合并形状。

2. 右击选择的形状，执行弹出菜单的"组合"命令，得到的图形为组合图形，各形状并没有经过合并处理。每个形状仍然可以单独编辑。因此，这里的"组合"与"合并形状"的"组合"是完全不同的操作。

任务 2　艺术字贴图

【任务描述】

制作艺术字贴图，效果如图 4.10 所示。

图 4.10　艺术字贴图效果

【操作步骤】

1. 创建艺术字

（1）创建空白演示文档后，单击"插入"选项卡→"艺术字"，在打开的艺术字预设样式中单击一种样式。

（2）输入艺术字文本。

2. 艺术字贴图

艺术字贴图有两种方法：

（1）利用"图片填充"功能

操作要点：选择插入的艺术字后，单击任务窗格的"对象属性"，在显示的对象窗口中单击"文本选项"，"文本填充"中选择"图片或纹理填充"，单击"图片填充"右侧的列表，单击"本地图片"，在弹出的窗口中选择一张图片。

注意：在对象属性窗口中的"形状选项"窗格中也存在"图片或纹理填充"选项。该选项是针对形状区域填充，而不是对文本区域填充。

（2）利用合并形状功能

操作要点：将用来贴图的图片插入到文档中（单击"插入"选项卡下"图片"命令可在文档中插入图片），插入艺术字，并将艺术字移到图片适当位置，单击图片，再按下 Ctrl 键单击艺术字，单击"绘图工具"→"合并形状"→"相交"命令。

注意：必须先选择图片，再选择艺术字，才能完成艺术字的贴图操作。

任务3 应用模板与版式

【任务描述】

创建演示文稿 D:\RW3.pptx，完成以下设计：

1. 新建 WPS 演示文稿。

2. 套用模板"currency.potx"。

3. 第一张幻灯片：版式为"标题幻灯片"，主标题为"攀登"。添加备注：PPT 验证性实验任务 3。

4. 第二张幻灯片：版式为"空白"，插入艺术字（预设样式为"渐变填充"→"暗橄榄绿"）。艺术字文本包括两行："数风流人物"为第一行，"还看今朝"为第二行。居中对齐，水平位置相对于左上角 9.50 厘米，垂直位置相对于左上角 6.80 厘米。

5. 第三张幻灯片：版式为"末尾幻灯片"，主标题为"谢谢观看"。

6. 修改本演示文稿的配色方案为"流畅"。

7. 设置幻灯片大小：全屏显示（16∶9）。

8. 按要求将演示文稿以指定的文件名保存在指定的位置。

【操作步骤】

1. 新建 WPS 演示文稿

（1）单击"开始"菜单。

（2）单击"WPS Office"，启动 WPS Office 应用程序。

（3）单击"新建"→"新建演示"命令。

（4）在弹出的窗口中选择"空白演示文稿"命令。

2. 套用模板"currency.potx"

（1）创建空白演示文稿后，在演示窗口中单击"设计"选项卡。

（2）单击功能区中的"导入模板"命令。

（3）在弹出的对话框选择"currency.potx"，如图 4.11 所示。

（4）单击"打开"按钮。

3. 设置第一张幻灯片的标题和备注

（1）第一张幻灯片默认为"标题幻灯片"，此幻灯片的版式无需修改。

（2）在幻灯片窗格（窗口左侧）中修改主标题为"攀登"，如图 4.12 所示。

（3）在备注窗格（窗口下方）添加备注"PPT 验证性实验任务 3"。

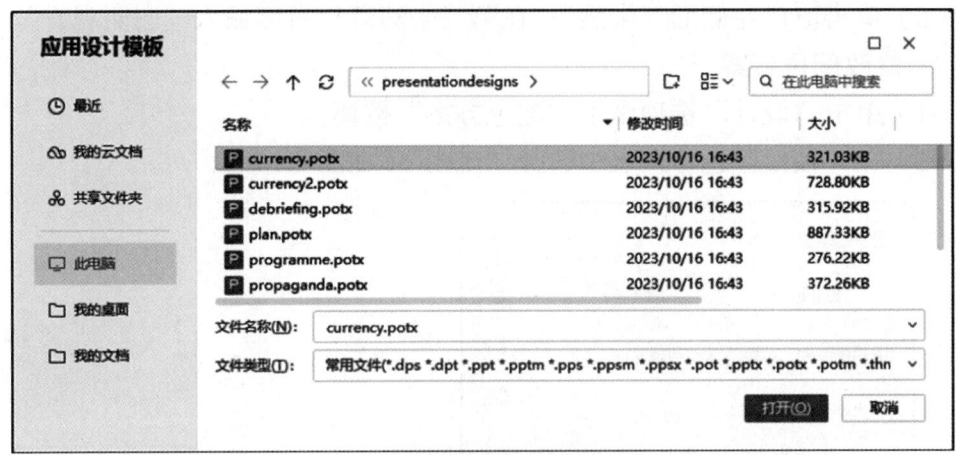

图 4.11　应用本地模板

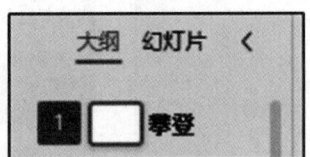

4.12　幻灯片窗格中设置幻灯片主标题

4. 插入第二张幻灯片并设置版式

（1）在幻灯片窗格（如图 4.12）中单击第一张幻灯片。

（2）单击"插入"选项卡下"新建幻灯片"命令。

（3）单击"开始"选项卡下"版式"→"空白"命令。

5. 第二张幻灯片插入艺术字

（1）单击"插入"选项卡下"艺术字"按钮，在展开的"预设样式"列表中选择第一行第七个图标，即"渐变填充"→"暗橄榄绿"样式。

（2）单击"请在此处输入文字"，输入"数风流人物"后回车，再输入"还看今朝"。

（3）单击"文本工具"选项卡下"居中对齐"命令（快捷键为 Ctrl+E）。

（4）在任务窗格（位于演示窗口右侧，可在"视图"选项卡中勾选"任务窗格"打开）中单击"对象属性"按钮。

（5）在任务窗格中，单击"形状选项"→"大小与属性"，展开下方的"大小"和"位置"选项，并设置相关参数。如图4.13。

6．插入并设计第三张幻灯片

（1）单击幻灯片窗格的第二张幻灯片。

（2）单击"插入"选项卡下"新建幻灯片"命令。

（3）单击幻灯片窗格的第三张幻灯片。

（4）单击"开始"选项卡→"版式"→"末尾幻灯片"。

（5）单击窗口左侧的"大纲"，在第三张幻灯片右侧输入"谢谢观看"。

7．修改配色方案

（1）单击"设计"选项卡下"配色方案"按钮。

（2）在"预设颜色"列表中选择"流畅"（如图4.14）。

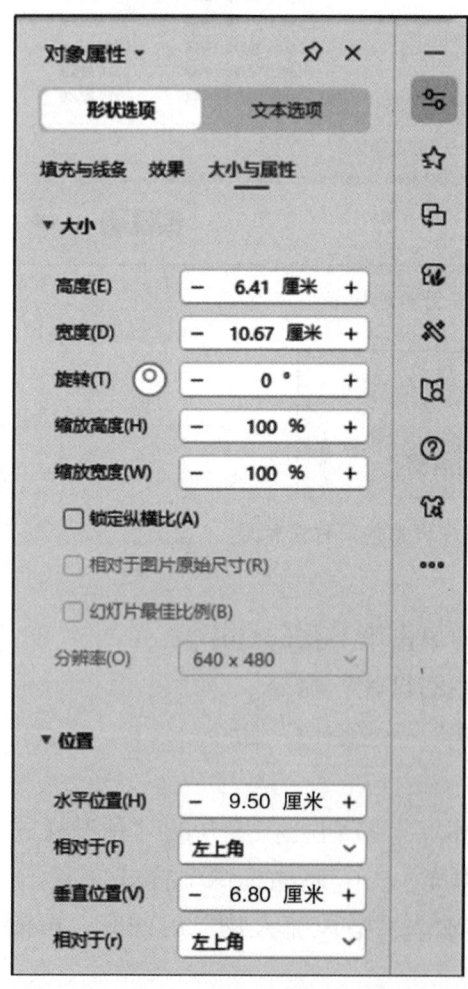

图4.13　艺术字属性设置窗格

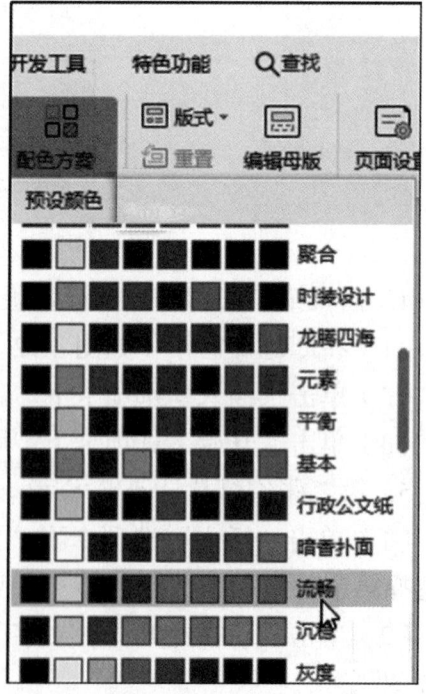

图4.14　设置配色方案

8. 设置幻灯片大小

（1）单击"设计"选项卡下"幻灯片大小"按钮（如图 4.15）。

（2）在下拉列表中选择"宽屏（16：9）"。

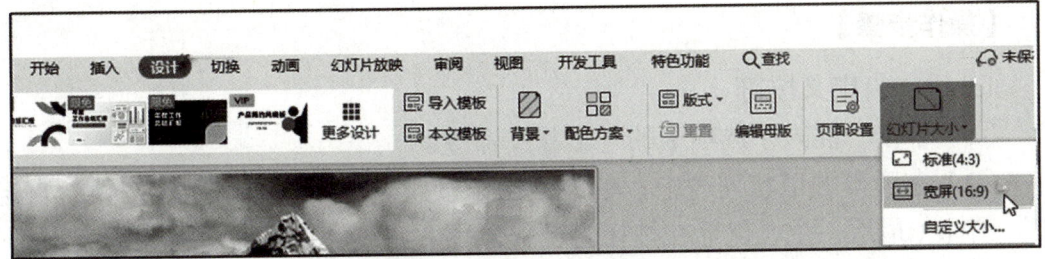

图 4.15　设置幻灯片大小

9. 保存演示文稿

（1）单击"文件"→"另存为"命令（快捷键为 F12）。

（2）"保存文档副本"列表中选择"PowerPoint 演示文稿 (*.pptx)"，如图 4.16。

（3）在打开的对话中设置保存路径和文件名后单击"保存"按钮。

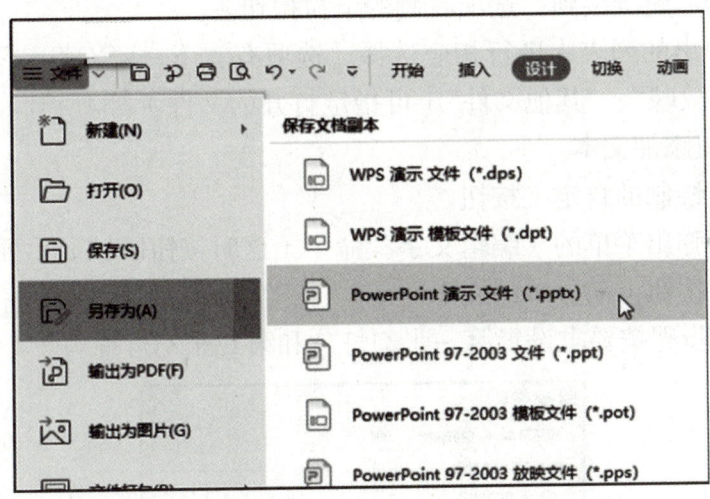

图 4.16　保存演示文稿

任务 4　动作设置

【任务描述】

创建演示文稿 D:\RW4.pptx，完成以下设计：

1. 第一张幻灯片：添加三个"自定义"类型的动作按钮，显示的文本分别为"下一页""结束""参考"。放映演示文稿时：

（1）单击"下一页"按钮，跳转到第二张幻灯片显示。

（2）单击"参考"按钮，打开文档 D:\ 参考 .docx。

(3)单击"结束"按钮,结束幻灯片放映。

2. 第二张幻灯片:添加一个"开始"类型的动作按钮,放映演示文稿时,单击能够跳转到第一张幻灯片显示。

【操作步骤】

1. 添加自定义按钮

(1)单击"插入"选项卡的"形状"命令。

(2)在弹出的形状列表中,单击"动作按钮"类别下的"动作按钮:自定义"图标(最后一个,鼠标在按钮上稍作停留,系统会提示对应按钮的名称)。

(3)在幻灯片上按下鼠标左键并拖动鼠标,即可在幻灯片上绘制一个按钮。

2. 为动作按钮设置超链接

(1)在绘制自定义按钮时,会弹出图4.17所示的对话框。选择需要设置的按钮后,单击"插入"选项卡→"动作"按钮,也可打开该对话框。

(2)在窗口的"鼠标单击"选项卡中,选择"超链接到"选项。

(3)单击"超链接到"选项右侧的下拉按钮。

(4)在弹出的列表中进行相应选择。选项有"下一张幻灯片"、"第一张幻灯片"、"结束放映"、"其他文件"(可指定打开的文件)等。

3. 为按钮添加文本

(1)右击绘制的自定义按钮。

(2)单击弹出菜单的"编辑文字"命令(这时按钮区域显示插入点)。

(3)输入按钮上需显示的文本。

重复上述步骤按要求设置第一张幻灯片和第二张幻灯片。

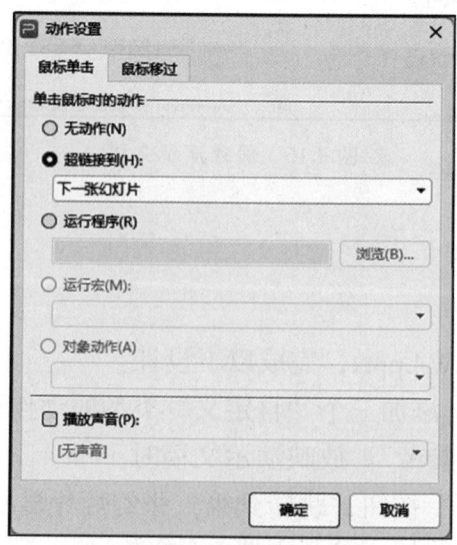

图4.17 "动作设置"对话框

【特别提示】

1．在幻灯片中插入的图片、剪贴画、形状或文本，均可进行动作设置。可以分别设置"鼠标单击"和"鼠标移过"时的具体动作。这些动作主要有以下几种：

（1）超链接到。可链接到当前演示文稿的幻灯片，或链接到其他文件或网页。

（2）运行程序。可单击"浏览"按钮指定需要运行的应用程序。

2．设置动作后，可以指定播放的声音。如图4.17中，选择"播放声音"选项后，再单击其右侧的下拉按钮，可选择需要播放的声音。

3．可以选择部分文本创建超链接。选择文本后，单击"插入"选项卡下"超链接"图标（快捷键为Ctrl+K），可打开如图4.18所示的"插入超链接"对话框，在该对话框中：

（1）单击"原有文件或网页"，可设置链接的文件或网页。

（2）单击"本文档中的位置"，可指定链接到当前演示文稿的某一幻灯片。

（3）单击"电子邮件地址"，可链接到指定的电子邮件地址。

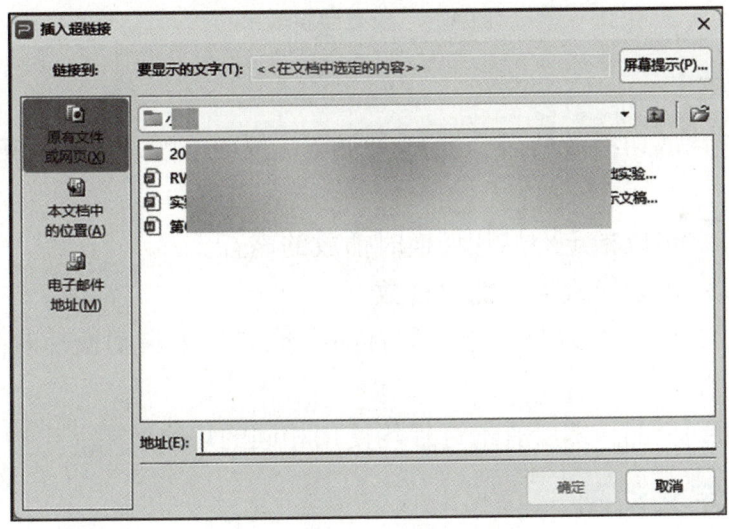

图4.18 "插入超链接"对话框

任务5 幻灯片切换

【任务描述】

创建演示文稿D:\RW5.pptx，完成以下设计：

1．第一张幻灯片：幻灯片切换效果为"时钟"，单击鼠标时切换。

2．第二张幻灯片：幻灯片切换效果为"形状"，自动换片时间为2秒。

【操作步骤】

1. 设置第一张幻灯片的切换效果

（1）选择第一张幻灯片。

（2）单击"切换"选项卡。

（3）单击切换效果列表中的"时钟"图标。

（4）在"切换"选项卡的功能区勾选"单击鼠标时换片"复选框。

2. 设置第二张幻灯片的切换效果

（1）选择第二张幻灯片。

（2）单击"切换"选项卡。

（3）单击切换效果列表中的"形状"图标（如图 4.19）。

（4）在"切换"选项卡的功能区勾选"自动换片"复选框，并在右侧设置时间为 00:02:00（格式含义为：分钟:秒:毫秒）。

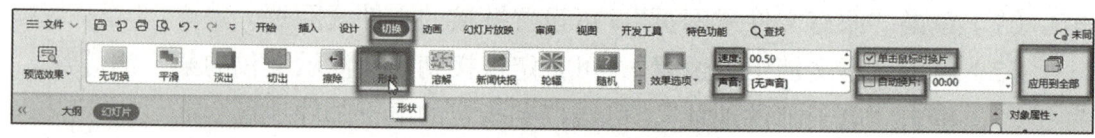

图 4.19　设置切换效果

【特别提示】

设置幻灯片的切换效果后，通过"切换"选项卡的功能区，可以进行如下设置：

（1）声音。可以指定幻灯片切换时播放的声音。

（2）速度。即切换效果的播放秒数。

（3）换片方式。可以是"单击鼠标时"或"设置自动换片时间"，二者可同时设置。

（4）应用到全部。即所有幻灯片均使用相同的切换效果。

任务 6　自定义动画

【任务描述】

创建演示文稿 D:\RW6.pptx，对第一张幻灯片完成以下设计：

1. 标题文本：自定义动画。文本格式：红色、加粗、40 号宋体。
2. 标题进入动画：翻转式由远及近，单击时开始。
3. 标题强调动画：跷跷板，上一动画之后开始。
4. 插入一个文本框：显示内容为"动画类型"，进入动画为"轮子"，与上一动画同时。

【操作步骤】

1. 输入标题
（1）将幻灯片缩略图切换到"大纲"视图。
（2）在第一张幻灯片缩略图右侧直接输入标题"自定义动画"。
（3）在幻灯片编辑区选择标题文本。
（4）单击"开始"选项卡。
（5）在"字体"对话框中设置文本格式。

2. 设置标题的进入动画
（1）选择标题。
（2）单击"动画"选项卡。
（3）在动画效果列表中，选择"进入"类别"翻转式由远及近"选项，如图 4.20 所示。
（4）在"自定义动画"任务窗格的"开始"列表中选择"单击时"。

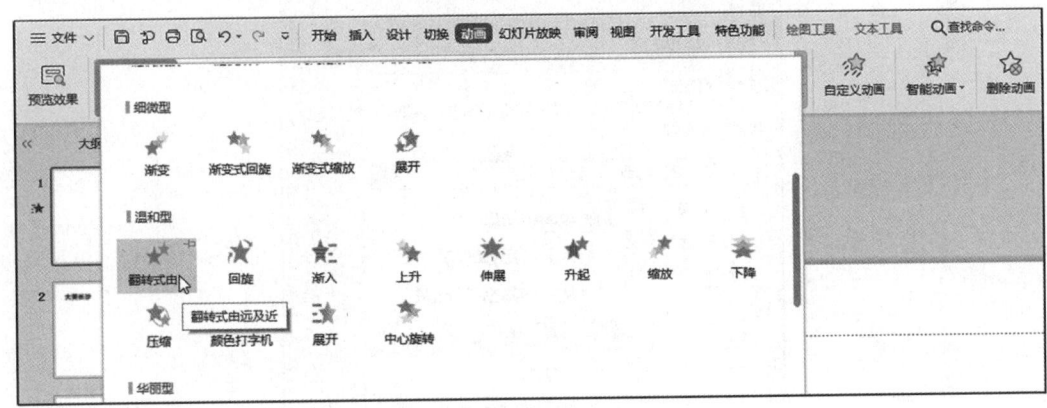

图 4.20 "动画"选项卡

3. 设置标题的强调动画
（1）选择标题。
（2）单击"动画"选项卡。
（3）在动画效果列表中选择"强调"类别中"跷跷板"选项。
（4）在"自定义动画"任务窗格的"开始"列表中选择"在上一动画之后"。

4. 插入文本框
（1）单击"插入"选项卡。
（2）单击"文本框"下拉按钮。
（3）单击弹出菜单的"横向文本框"命令。
（4）在第一张幻灯片的编辑区，按下鼠标并拖动，画出一个文本框。
（5）输入文字"动画类型"。

5. 设置文本框的进入动画

（1）选择文本框（单击文本框选择框边线，不要让插入点移到文本框内）。

（2）单击"动画"选项卡。

（3）在动画效果列表中选择"进入"类别中"轮子"选项。

（4）在"自定义动画"任务窗格的"开始"列表中选择"与上一动画同时"。

【特别提示】

1. 在"自定义动画"任务窗格选择某一动画项，右击或者单击右侧出现的下拉按钮，将弹出图 4.21 所示的快捷菜单。可以选择不同的项完成设置：

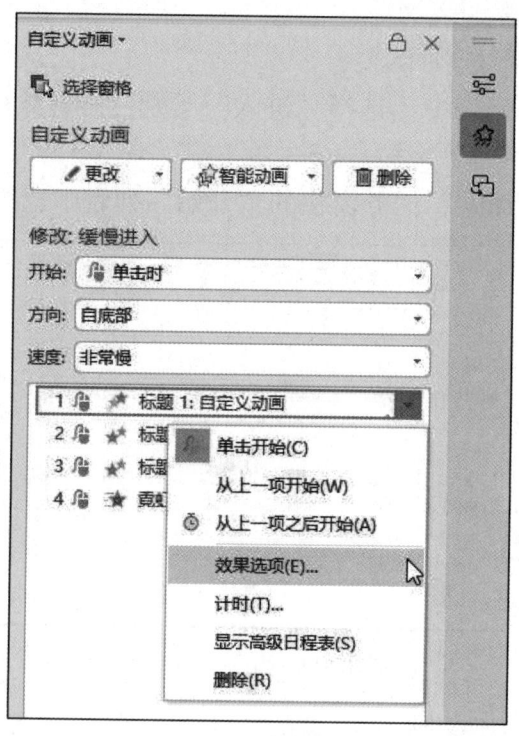

图 4.21 "自定义动画"窗格

（1）设置动画开始的类型。

（2）单击"效果选项"命令，弹出图 4.22 所示窗口。可进一步设置显示动画时播放的声音、动画播放后对象的显示效果（有四个选项：其他颜色、不变暗、播放动画后隐藏、下次单击后隐藏）等等。

（3）单击"计时"命令，弹出图 4.23 所示窗口。在该窗口中，可以设置动画的开始时间、动画播放延迟时间、动画播放的速度、是否重复播放等。

2. 同一个显示对象可以设置多个动画效果。

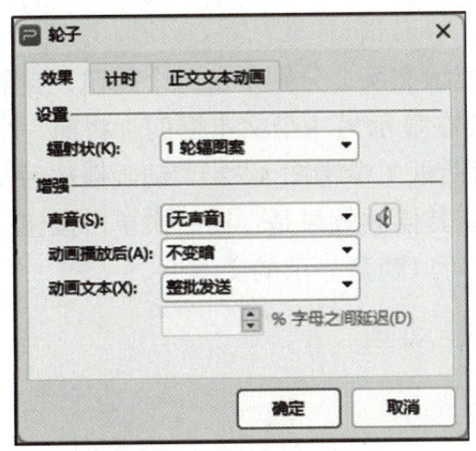
图 4.22 "效果"设置窗口

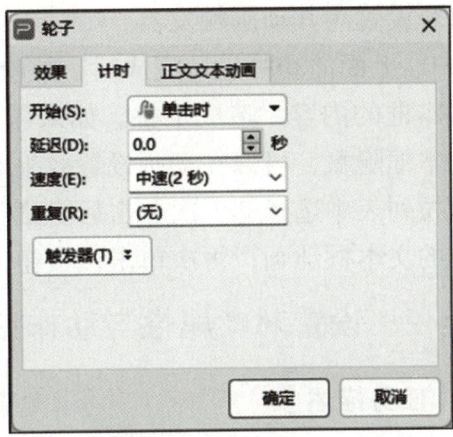
图 4.23 "计时"设置窗口

第二节　拓展性实验

任务 1　动画触发器的应用

【任务描述】

创建演示文稿 D:\TZ1.pptx，对第一张幻灯片完成以下设计：

1. 插入三个自定义按钮，显示文本分别为"进入动画""强调动画""退出动画"。

2. 插入三个文本框：

（1）文本框 1：显示文本为"显示时的动画效果"。

（2）文本框 2：显示文本为"显示后的动画效果"。

（3）文本框 3：显示文本为"退出时的动画效果"。

（4）三个文本框的进入动画均为"回旋"。单击"进入动画"按钮时触发文本框 1 的动画效果，单击"强调动画"按钮时触发文本框 2 的动画效果，单击"退出动画"按钮时触发文本框 3 的动画效果。

【特别提示】

1. 对象动画的显示也可通过单击指定的显示对象来触发。单击时能够触发动画显示的对象称为动画触发器。

2. 设置显示对象的动画后，可以单击"动画"选项卡→"自定义动画"按钮，在打开的"自定义动画"任务窗格中选中动画项。鼠标右击该动画项，弹出菜单中选择"计时"，在打开的窗口中点击"触发器"，在弹出的列表中，选择动画的触发器。触发器可以是当前幻灯片显示的任何对象，也可以将显示对象自身设置为其动画触发器。

3. 上面的动画设计完成后，放映演示文稿，分别单击三个按钮，会显示三个文本框的内容，造成重叠。如果需要在显示另一个文本框前，将前一个显示的文本框隐藏，可以在动画设置效果对话框（参考图 4.22）"动画播放后"右侧的下拉列表中选择"下次单击后隐藏"。其播放效果是：第一次单击按钮，显示相应的文本框动画，再次单击该按钮，可以隐藏显示的文本框。

任务 2 设置对象属性与动作路径动画

【任务描述】

创建演示文稿 D:\TZ2.pptx，对第一张幻灯片完成以下设计：

1. 绘制一个高度和宽度均为 8.8 厘米的圆（绿球）：无线条颜色、渐变填充（渐变样式：路径渐变；左侧光圈"白色，背景 1"，透明度 10%；右侧光圈标准色绿色，透明度 10%）。

2. 绘制一个高度和宽度均为 2.4 厘米的圆（红球）：无线条颜色、渐变填充（渐变样式：路径渐变；左侧光圈"白色，背景 1"，透明度 10%；右侧光圈标准色红色，透明度 10%）。

3. 绘制一个高度为 8 厘米、宽度为 16 厘米的椭圆（黄色环）：无填充；旋转 –24 度；线型（宽 6 磅，"复合类型"为"三线"）；线的颜色为标准色黄色。

4. 黄色环在最底层，绿球在最顶层。

5. 设置红球动画：动作路径"圆形扩展"，运行轨迹与黄色环基本重合；开始：在上一动画之后；重复：直到幻灯片结尾。

【特别提示】

1. 圆的绘制

（1）单击"插入"选项卡→"形状"按钮。

（2）在弹出的形状列表中，单击"基本形状"中的"椭圆"图标（第一行第三个）。

（3）在文档中按下 Shift 键和鼠标左键并拖动，即可绘制圆。

2. 设置圆的格式

右击圆，再单击弹出菜单的"设置对象格式"命令，打开"对象属性"任务窗格。在该窗口中设置：

（1）填充。即对象内部填充效果。可以是无填充（内部透明）、纯色填充、渐变填充、图片或纹理填充、图案填充或幻灯片背景填充。

（2）线条类别。可以设置为无线条，或实线，或渐变线，不同线条类别设置的参数有所差异。

（3）线条颜色。指形状边线的颜色。可以选择主题颜色、标准颜色、用取色器选取颜色和用指定参数设置颜色等。

（4）线型。指形状边线的线型，包括宽度、复合类型、短划线类型、端点类型、联接类型等。

（5）大小。包括高度、宽度、旋转角度、缩放高度、缩放宽度、是否锁定纵横比等。

3. 对象的层叠关系。右击需要设置的对象，选择弹出菜单的"置于顶层"或"置于底层"对应级联子菜单项，可以改变所选对象的前后层叠关系。

4. 选择一种路径动画后，可以对路径（在播放幻灯片时路径是隐藏的）进行编辑，如：旋转、缩放、编辑顶点等。除了内置的动作路径外，用户也可以自定义动作路径。

任务 3　应用母版

【任务描述】

创建演示文稿 D:\TZ3.pptx，在母版视图中完成以下设计：

1. 标题母版左下角显示日期（年月日），能自动更新。

2. 在幻灯片母版中添加：幻灯片编号（显示在右下角）、"开始"动作按钮（显示在右上角）。

【特别提示】

1. 一个演示文稿文件可以应用多组幻灯片母版。不同的幻灯片可以应用不同组幻灯片母版的版式，但一张幻灯片不能同时应用多种版式。一个母版通常包括两部分：

（1）幻灯片母版。为应用该组演示文稿母版的幻灯片共用。

（2）版式母版。针对该组演示文稿母版各类版式均提供了相应的母版。应用同组演示文稿母版的幻灯片，如果版式也相同，则共用版式母版。可以删除未使用的版式母版。

2. 选择相应的版式母版后，单击"插入"选项卡→"日期和时间"图标，打开如图 4.24 所示的"页眉和页脚"对话框。在该对话框中，选择"幻灯片编号"与"日期和时间"选项，在"日期和时间"选项下方勾选"自动更新"，则可在母版中插入幻灯片编号或日期和时间，且日期和时间能够自动更新，对应项前为复选框，可同时选择。

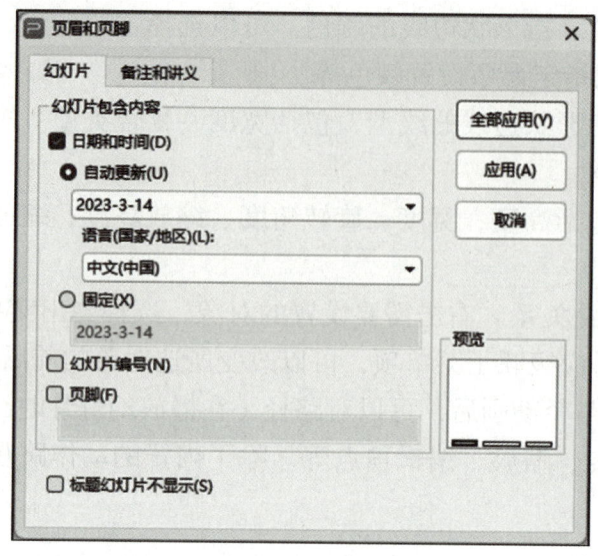

图 4.24 "页眉和页脚"对话框

任务 4　演示文稿的保存与发布

【任务描述】

创建演示文稿 D:\TZ4.pptx，分别保存为：

1. PDF 格式，
2. PowerPoint 放映，
3. PowerPoint 模板，
4. CD 格式。

【特别提示】

1. 演示文稿的保存类型

（1）PowerPoint 演示文稿。这是演示文稿保存的默认类型，扩展名为 .pptx。这类文档可直接通过 WPS Office 2019 演示文稿编辑，可在 WPS Office 或者 MS Office 的 PowerPoint 环境中放映。

（2）PowerPoint97-2003 演示文稿。这是 PowerPoint 早期版本的演示文稿，扩展名为 .ppt。

（3）PDF 格式。是由 Adobe Systems 用于与应用程序、操作系统、硬件无关的方式进行文件交换所发展出的文件格式。是在 Internet 上进行电子文档发行和数字化信息传播的理想文档格式。

（4）PowerPoint 模板。扩展名为 .potx。通过利用该模板，可以轻松制作同类演示文稿。

（5）PowerPoint 放映。扩展名为 .ppsx。在 Windows 资源管理器中，双击这类文档可直接放映演示文稿，不必打开 WPS 应用程序窗口。

（6）视频。扩展名为 .webm。webm 格式的文件很适合在网上播放和传输。

（7）图片格式。包括 JPEG 文件交换格式、PNG 可移植网络图形格式、TIFF Tag 图像文件格式、设备无关位图等格式。

2．利用"文件"→"文件打包"命令可以将演示文稿打包成文件夹或者压缩文件，在有插入视频或音频等情形时推荐使用此方式。

任务 5　应用智能图形

【任务描述】

创建演示文稿 D:\TZ5.pptx，要求应用智能图形对汪汪队成员做简介，效果如图 4.25 所示。

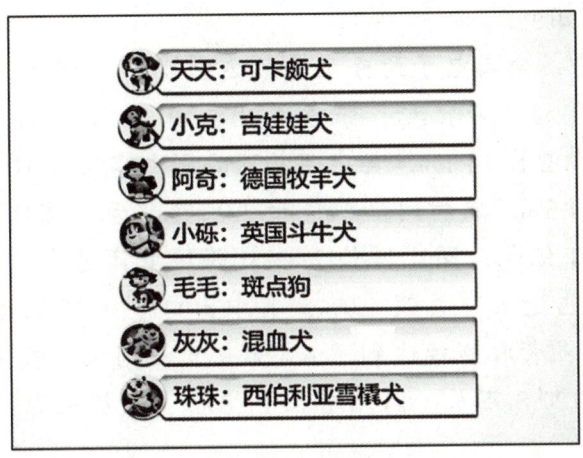

图 4.25　效果图

【特别提示】

"智能图形"是 WPS 演示文稿提供的智能化关系图形表达，它是已经组合好的文本框和形状、线条。利用智能图形可以快速地在幻灯片中插入各类不同的结构化关系图、流程图。

1．WPS Office 2019 提供的智能图形类型有列表、流程、循环、层次结构、关系、矩阵、金字塔、时间轴等。

2．图 4.25 中插入的是"智能图形"中的"垂直图片重点列表"。

3．选中插入的"智能图形"后，在"设计"选项卡下可添加项目。

4．图 4.25 中智能图形使用的是"着色 4"中的第一种，效果列表中的第四种。

5．点击插入的"智能图形"上的图片图标，可插入图片（支持多种图片格式），点击"文本框"可直接输入文字，通过"格式"选项卡对应的功能区的相关按钮可对文字格式进行设置，本处要求设置文字"左对齐"。

6. 选中幻灯片，通过单击"设计"选项卡→"背景"按钮可打开"对象属性"任务窗格，设置渐变样式"中心辐射"，左光圈"位置：56；颜色：白色，浅色42%"，右光圈"位置：100；颜色：金色，着色4，浅色60%"，设置透明度为22%，亮度为42%。

7. 选中智能图形，通过"对象属性"任务窗格设置位置为"水平位置：9厘米，相对于左上角；垂直位置：2.5厘米，相对于左上角"。

任务6　应用图表

【任务描述】

创建演示文稿 D:\TZ6.pptx，要求根据提供的文字内容，插入图表，素材、要求和效果图分别如下：

素材：2021年，全国电子商务交易额达到42.3万亿元，同比增长19.6%，其中商品类交易额31.3万亿元，服务类交易额11万亿元；全国网上零售额13.09万亿元，同比增长14.1%，其中实物商品网上零售额10.8万亿元，占社销零售总额比重为24.5%；农村网络零售额2.05万亿元，同比增长11.3%，农产品网络零售额4221亿元，同比增长2.8%；跨境电商进出口总额1.92万亿元，同比增长18.6%，占进出口总额4.9%，其中出口1.39万亿元，进口0.53万亿元；电子商务服务业营收规模达到了6.4万亿元，同比增长17.42%；电子商务从业人数达到了6727.8万人，同比增长11.8%。（数据来源：《中国电子商务报告（2021）》）

1. 根据素材中商品类和服务类的交易额占比，绘制一个饼图。

2. 设置一个合适的图表样式，颜色为单色中的第四种，图表无标题，在右侧显示图例，并显示"数据标签"，标签位置"数据标签内"，数字格式为"百分比"，小数位数"2"。

3. 图表动画设置为"劈裂"，方向为"中央向左右展开"，速度为"快速"，开始为"在上一动画之后"，延迟时间"0.5秒"。

4. 标题的动画为"更改字体颜色"，速度为"快速"，样式"自动翻转"。

5. 内容文本的动画为"飞入"，方向为"自左侧"；动画顺序是先标题，后内容文本，最后是图表。

6. 效果如图4.26所示。

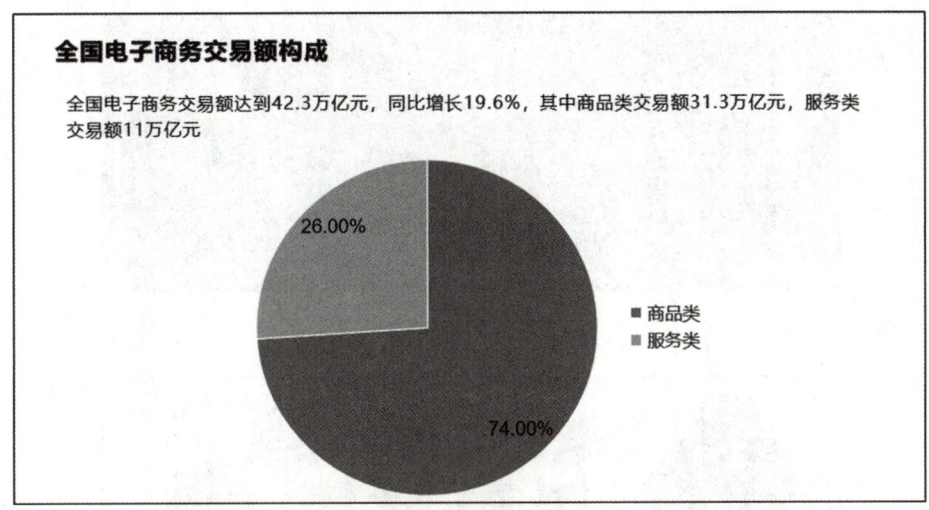

图 4.26 "全国电子商务交易额构成"效果图

【特别提示】

1. 插入图表。在"插入"选项卡中,单击"图表"按钮,弹出"插入图表"对话框,选择图表种类(这里选择"饼图"),单击"插入"按钮。

2. 编辑数据。选中图表,在"图表工具"选项卡中,单击"编辑数据"按钮,弹出"WPS 演示中的图表 .xlsx"文档,删除原有数据,根据内容文本输入现有数据,调整蓝色框线,点击表格的关闭按钮。

3. 编辑图表。选中图表,在"图表工具"选项卡中,单击样式列表框中任意一种样式,单击"更改颜色"按钮,在展开的下拉列表中点击单色中的第四种;单击"添加元素"按钮,选择"图例",在其级联菜单中选择"右侧";单击"添加元素"按钮,选择"数据标签",在其级联菜单中选择"数据标签内"。选中数据标签,在右侧的"对象属性"任务窗格的"标签选项"中单击"标签",展开"数字"选项,将"类别"设置为"百分比",在"小数位数"中输入"2"。

4. 设置动画。选中设置对象后,单击"动画"选项卡→"自定义动画"按钮,在打开的任务窗格中进行设置。

任务 7　自动抠图

【任务描述】

1. 利用 WPS 演示的"自动抠图"功能,将图 4.27 的背景替换为白色,效果如图 4.28 所示。

2. 从图片(如图 4.29)中提取全部文字。

图 4.27　原图

图 4.28　抠图效果

> 3. 编辑图表。选中图表，在"图表工具"选项卡中，单击样式列表框中任意一种样式，单击"更改颜色"按钮，在展开的下拉列表中点击单色中的第四种；单击"添加元素"按钮，选择"图例"，在其级联菜单中选择"右侧"；单击"添加元素"按钮，选择"数据标签"，在其级联菜单中选择"数据标签内"。选中数据标签，在右侧的"对象属性"任务窗格的"标签选项"中单击"标签"，展开"数字"选项，将"类别"设置为"百分比"，在"小数位数"中输入"2"。

图 4.29　包含文字的图片

【特别提示】

单击"图片工具"选项卡下"批量处理"→"批量抠图"命令，可打开"图片批量处理"窗口。在该窗口中可以实现以下功能：从图片中抠出人像、文字、图形、商品；对图片进行裁剪、改尺寸、重命名、压缩、添加水印等操作。

任务 8　使用图片填充形状

【任务描述】

将图 4.30 复制到 Windows 剪贴板中，并将其应用到创建的形状（如图 4.31），效果如图 4.32 所示。

图 4.30　图片素材　　　　图 4.31　创建的形状　　　　图 4.32　填充效果

【特别提示】

准备好图片素材，本任务以图 4.30 为例。

在 WPS 演示窗口中，单击"插入"选项卡→"更多"→"截屏"→"矩形区域截图"，截取上面找到的图片。WPS 演示窗口会显示截取的图片，也会自动复制到 Windows 剪贴板。

在 WPS 演示窗口中，利用"插入"选项卡下"形状"工具，绘制一个对角圆角矩形（拖动其黄色菱形可改变圆角大小）、两个椭圆。参考图 4.31 调整绘制的三个形状的位置后，选择全部形状并单击"绘图工具"选项卡→"合并形状"→"结合"命令，得到结合后的新形状。

使用图片填充创建的新形状。选择形状后，单击任务窗格的"对象属性"，在打开的"对象属性"窗格中：

（1）"填充"选择"图片或纹理填充"。

（2）"图片填充"选项选择"剪贴板"。

（3）"放置方式"选择"拉伸"。

任务 9　制作云彩动态效果

【任务描述】

设置 WPS 演示文档第一张幻灯片的背景图片为一张带有云彩的图片，并设置动画让云彩部分缓慢移动。

【特别提示】

1. 设计幻灯片背景图片

利用"设计"选项卡下"背景"→"背景填充"命令，可将带有云彩的图片设置为幻灯片背景。

2. 设计云彩动态效果

（1）插入一个"矩形"形状。

（2）设置矩形的大小和位置，使其正好覆盖背景的云彩区域。

（3）填充和线条设置：幻灯片背景填充、无线条。

（4）动画设计：设置路径为"直线"（向左或向右），重复"直到幻灯片末尾"，"平滑开始"，"与上一动画同时"开始。

任务 10　幻灯片设计综合案例

【任务描述】

设计一组以"唐诗欣赏"为主题内容的幻灯片。要求如下：

1．每张幻灯片显示一首唐诗，效果如图 4.33 所示。

2．每张幻灯片左侧的图片不同。

3．幻灯片切换时，左侧圆形区域的小圆点系列逆时针旋转 30 度。

图 4.33　幻灯片设计效果

【特别提示】

1．绘制幻灯片右侧的形状

先绘制一个矩形，再绘制一个圆。两个形状经"合并形状"→"剪除"命令得到幻灯片右侧的形状。

2．设置形状格式

合并的形状设置无边框，纯色（D4F4F1）填充。覆盖幻灯片显示区域。

3．每张幻灯片插入的图片靠左，置于底层，图片上插入艺术字"唐诗欣赏"，字体样式如图 4.33。

4．绘制圆形区域小圆点系列

先绘制一个圆（大小和位置参考图 4.33），再绘制一个小圆（作为小圆点），并复制后均匀粘贴到大圆圆环上（共 12 个小圆点）。最后将全部小圆和大圆组合起来，得到一个组合图形。

5．设置幻灯片切换效果为"平滑"。

6．复制设计好的幻灯片，粘贴后得到新的幻灯片。每张幻灯片的组合图形在上一张幻灯片的基础上逆时针旋转 30 度。

7．在每张幻灯片上插入文字。诗标题和诗人为艺术字，诗正文为文本框。

任务 11　插入音频与视频

【任务描述】

创建一个以校园风采为主题内容的 WPS 演示文档。要求如下：

1．第一张幻灯片插入一段视频，显示效果如图 4.34 所示。视频上方显示的是镂空圆角矩形。

2．插入背景音乐，从第二张幻灯片开始循环播放，直到停止。放映时隐藏。

图 4.34　第一张幻灯片设计效果

【特别提示】

1．插入视频

（1）利用"插入"选项卡下"视频"命令可插入视频。插入方式有两种："嵌入视频"。直接将视频插入到文件中，随文件一起保存。

"链接到视频"。仅插入视频的链接，视频不保存到文件中。

（2）插入视频后，可以通过"视频工具"选项卡裁剪视频，设置音量、循环播放、"开始"操作（"自动"或"单击"时播放视频）。

2．镂空圆角矩形设计

（1）将一个矩形形状与艺术字和五个圆角矩形进行"合并形状"→"剪除"操作，即可得到镂空效果。

（2）镂空后的矩形使用蓝色填充，透明度30%。

3．插入音频

（1）选择第二张幻灯片，利用"插入"选项卡下"音频"命令可插入音频（可以是"嵌入音频"或"链接到音频"）。

（2）插入音频后，可通过"音频工具"选项卡裁剪音频、设置音量、循环播放。

任务 12 思维导图的制作

【任务描述】

参考图 4.35 制作一幅思维导图，并保存为 PNG 格式的图片文件。

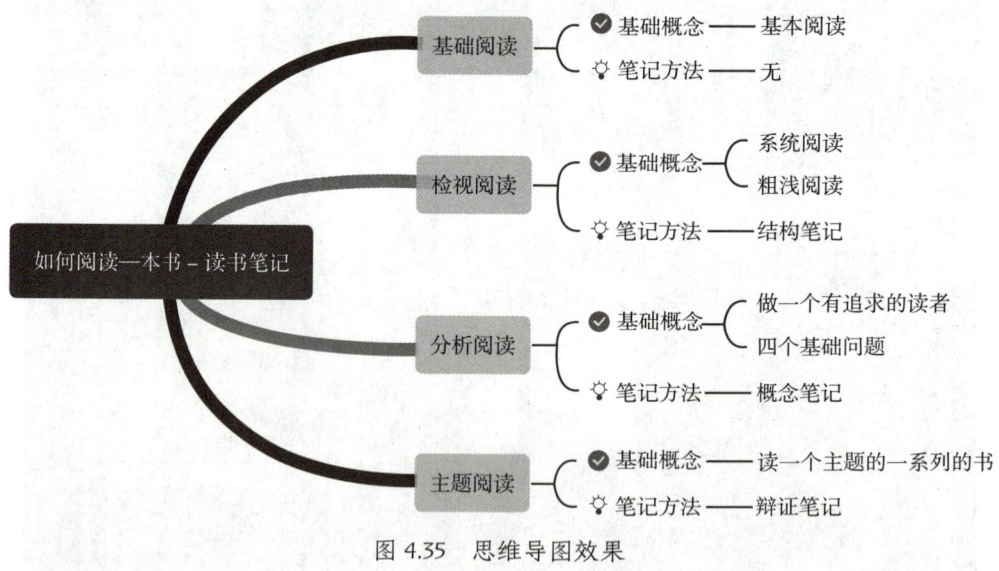

图 4.35 思维导图效果

【特别提示】

利用"插入"选项卡下"思维导图"命令可以在文档中插入思维导图。WPS 提供了很多在线模板，利用这些模板，可以快速生成思维导图。

执行"思维导图"命令，WPS 会弹出的一个"思维导图"窗口。在该窗口中选择合适的模板、结构进行编辑即可。

思考题

一、不定项选择题

1．WPS 演示文件的扩展名为（　　）。

A．.dps　　　　　B．.pp　　　　　C．.dpt　　　　　D．.ppts

2．演示文件可另存为（　　）。

A．WEBM 视频　　　　　　　　B．PDF 文件格式

C．网页文件　　　　　　　　　D．PNG 图形

3．下面有关幻灯片版式的说法中正确的是（　　）。

A．不同的幻灯片可以有不同的版式

B．同一版式可用于不同的幻灯片

C．幻灯片应用版式后仍可添加对象

D．同一演示文稿中不能有两张幻灯片均使用"标题幻灯片"版式

4．选择的文本可超链接到（　　）。

A．Word 文档　　　　　　　　B．网页

C．电子邮件地址　　　　　　　D．其他 PPT 文档的一张幻灯片

5．通过"动作设置"，单击"动作按钮"时可以（　　）。

A．结束放映　　　　　　　　　B．运行程序

C．播放声音　　　　　　　　　D．超链接到其他文件

6．同一演示文稿中，不同的幻灯片可以有不同的（　　）。

A．版式　　　　B．切换方式　　　C．备注　　　　　D．背景

7．模板是定制了演示文稿样式的文件，包括（　　）。

A．字体类型和大小　　　　　　B．背景设计和填充

C．配色方案　　　　　　　　　D．幻灯片母版

8．下面有关动画的说法中正确的是（　　）。

A．一个对象只能设置一个进入动画

B．一个对象既可以设置进入动画，也可以设置强调动画

C．一个对象只能设置一个退出动画

D．一个对象可以设置多个强调动画

9．在"设计"选项卡中可以设置（　　）。

A．幻灯片大小　　　　　　　　B．幻灯片版式

C．背景格式　　　　　　　　　D．配色方案

10．在"切换"选项卡中，可以设置幻灯片的切换效果。包括（　　）。

A．每种切换效果的效果选项　　B．幻灯片切换时是否播放声音

C．幻灯片切换效果的持续时间　　D．换片方式

11．触发对象动画的方式有（　　）。

A．单击时　　　　　　　　　　B．与上一动画同时

C．上一动画之后　　　　　　　D．使用触发器

12．下面选项中，可作为触发器的是（　　）。

A．图片　　　　　　　　　　　B．形状

C．艺术字　　　　　　　　　　D．选择的文本

13．动画播放后的效果可以设置为（　　）。

A．不变暗　　　　　　　　　　B．播放动画后隐藏

C．下次单击后隐藏　　　　　　D．自动退出

14．动画文本的显示效果可以是（　　）。

A．整批发送　　　　　　　　　B．随机次序

C．按字/词　　　　　　　　　　D．按字母

15．动画的重复设置可以是（　　）。

A．（无）　　　　　　　　　　B．指定重复次数

C．直到幻灯片末尾　　　　　　D．直到下一次单击

16．下面选项中属于对象填充方式的是（　　）。

A．纯色填充　　　　　　　　　B．渐变填充

C．图案填充　　　　　　　　　D．幻灯片背景填充

17．下面选项中属于"动作路径"类动画的是（　　）。

A．更改字号　　B．百叶窗　　　C．心跳　　　　D．中子

18．在幻灯片母版中可以（　　）。

A．显示日期　　　　　　　　　B．设置页脚

C．设置母版标题样式　　　　　D．添加文本框或图片

19．可以与文本框组合的是（　　）。

A．图片　　　　B．形状　　　　C．表格　　　　D．艺术字

20．在演示文件中可以另存为图片的是（　　）。

A．文本框　　　B．表格　　　　C．形状　　　　D．组合图形

二、填空题

1．创建新的演示文稿时，第一张幻灯片默认的版式是_____。

2．不同的幻灯片可以使用不同的版式。不含任何占位符的版式是_____。

3．如果需要将幻灯片的占位符大小、位置和格式重设为默认设置，可点击"开始"选项卡上的_____按钮。

4．在幻灯片的缩略图中，选择一张幻灯片后按 Enter 键，其作用是_____。

5．演示文稿的视图有：普通视图、幻灯片浏览、_____ 和_____。

6．母版视图包括幻灯片母版、_____和_____。

7．对象的动作既可以通过单击鼠标时触发，也可以_____时触发。

8．对象的动画触发方式有四种：单击时、_____、与上一动画同时和_____。

9．幻灯片的_____选项卡下的"截屏"按钮提供了常用的截图功能。

10．动画分为五类：进入动画、强调动画、_____、_____和绘制自定义路径。

三、操作题

创建一个演示文稿，具体要求如下：

1．以"个人简历"为主要内容，包括个人基本信息（姓名、性别、出生年月、近照等）、学习经历、所获荣誉等内容。

2．至少设计四张幻灯片，每张幻灯片版式均不能相同。

3．设计每张幻灯片各不相同的切换效果。

4．至少设计四个对象分别应用不同类型的动画。

5．在幻灯片中需插入艺术字和图片。

6．播放背景音乐。

第五章

程序设计基础

第一节 验证性实验

任务1 建立数学模型

【任务描述】

建立以下问题的数学模型：

1. 斐波纳奇数列是指前两项均为1，从第三项起，每项为前两项的和的数列。求斐波纳奇数列的第10项。

2. 现有20人围坐一圈后从0，1，2，…，19依次编号。从编号为0的人开始顺次报数1，2，3，报到数3的人退出，剩下的人从1开始继续报数。最后剩下的人编号是多少？

3. 假定有3名商人各带1名随从乘船过河。仅有的一只小船只能容纳2人。如果要求在乘船过河的过程中，只要岸上有商人，商人人数就不得少于随从人数。应该如何安排过河？

【操作步骤】

1. 问题1操作要点

设斐波纳奇数列第k个数为b，其前一个数为a，则第k+1个数的前一个数为b，第k+1个数为a+b。

得到数学模型：

a，b的初值均为1。

$$b = \begin{cases} 1, & k=1, 2, \\ a+b, & k>2, \end{cases}$$

a=b-a，k>2 时。

2．问题 2 操作要点

（1）问题分析

为了求解问题的方便，每退出 1 人视为 1 轮报数。则 20 人需要计算机模拟 19 轮报数，即可确定最后剩下的人编号。

（2）建立数学模型

设 20 人的编号构成的数组为 a=[0，1，2，3，4，5，6，7，8，9，10，11，12，13，14，15，16，17，18，19]。每轮开始报数时总人数为 n（初值为 20），第 1 个报数人的编号在 a 中的索引位置为 k（初值为 0），更新 k 为 (k+2)%n，则该轮应该退出的人编号为 a[k]。

编号为 a[k] 的人退出后（从 a 中删除 a[k]），下一轮人数为 n-1。

19 轮报数后，最后剩下的人编号为 a[0]。

得到数学模型为：从 a 中删除 19 个数据。分 19 次完成，每次删除的数据为 a[k]，其中 k=(k+2)%n，k 的初值为 0，n 的初值为 20。每删除一个数据，n 的值减 1。

3．问题 3 操作要点

（1）问题分析

决策：需要确定每次过河（从一岸乘船到另一岸）时商人和随从的人数。

要求：每次过河时，有商人的岸上商人人数不得少于随从人数。且过河往返的总次数最少。

（2）建立数学模型

将此岸（即开始过河的一岸）和彼岸（此岸的对岸）的状态使用 (x，y) 一对数据表示，其中 x 为商人人数，y 为随从人数，则此岸和彼岸的状态均只能是以下集合的元素：

State={(0，0)，(0，1)，(0，2)，(0，3)，(1，1)，(2，2)，(3，0)，(3，1)，(3，2)，(3，3)}。

设置此岸的允许状态集合 A 和彼岸的允许状态集合 B。此岸的初始状态为 (3，3)，彼岸的初始状态为 (0，0)。过河方案的决策过程是：从集合 B，A 中轮流搜索可行状态（B 先 A 后）直到彼岸的状态为 (3，3)。

【特别提示】

使用计算机求解问题时，需要对问题进行分析，弄清问题要求和约束条件，将其转换为数据及数据间的关系，并用数学语言和符号表示，称为建立数学模型。

任务 2　算法设计

【任务描述】

针对任务 1 的三个问题所建立的数学模型，分别设计算法，完成问题求解。

【操作步骤】

1. 问题 1 算法设计

从第 3 项开始（k=3）逐项计算，直到 k>10。

（1）初始化参数：a=1，b=1，k=3。

（2）求第 k 项：b=a+b。

（3）更新 b 的前一项：a=b-a。

（4）k=k+1。

（5）如果 k>10，转（6），否则转（2）。

（6）输出 b。

2. 问题 2 算法设计

模拟 19 轮报数，输出最后留下人的编号：

（1）初始化编号序列：a=[0，1，2，3，4，5，6，7，8，9，10，11，12，13，14，15，16，17，18，19]。

（2）初始人数 n=20，第一轮第一个报数人的索引位置 k=0。

（3）确定本轮应退出的人的索引位置 k=(k+2)%n。

（4）从序列 a 中删除 a[k]。

（5）更新余下人数 n=n-1。

（6）如果 n=1，转（7）。否则转（3）。

（7）输出最后留下人的编号 a[0]。

3. 问题 3 算法设计

（1）数据初始化

此岸允许状态集合：A={(0，0)，(0，1)，(0，2)，(0，3)，(1，1)，(2，2)，(3，0)，(3，1)，(3，2)}，

彼岸允许状态集合：B={(0，1)，(0，2)，(0，3)，(1，1)，(2，2)，(3，0)，(3，1)，(3，2)，(3，3)}，

此岸初始状态：c=[3，3]，

彼岸初始状态：d=[0，0]，

求解路径（此岸状态序列）：p=[(3，3)]。

（2）船到彼岸

如果 2 个商人能上船，则更新：c=[c[0]-2，c[1]]，d=[d[0]+2，d[1]]。

否则，如果 2 个随从能上船，则更新：c=[c[0]，c[1] –2]，d=[d[0]，d[1] +2]。

否则，如果 1 个商人和 1 个随从能上船，则更新：

c=[c[0]–1，c[1] –1]，d=[d[0]+1，d[1] +1]。

将 c 添加到 p。

（3）如果 d=[3，3]，转（6）。否则转（5）。

（4）船到此岸

如果 1 个商人能上船，则更新：c=[c[0]+1，c[1]]，d=[d[0]–1，d[1]]。

否则，如果 1 个随从能上船，则更新：c=[c[0]，c[1]+1]，d=[d[0]，d[1] –1]。

否则，如果 1 个商人和 1 个随从能上船，则更新：

c=[c[0]+1，c[1]+1]，d=[d[0]–1，d[1] –1]。

将 c 添加到 p。

（5）转（2）。

（6）输出 p。

任务 3　绘制流程图

【任务描述】

针对任务 2 所设计的三个算法，分别绘制流程图。

【操作步骤】

1. 绘制问题 1 求解流程图。参考图 5.1。

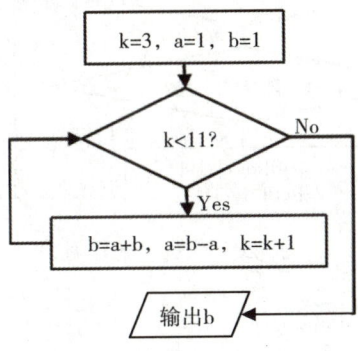

图 5.1　问题 1 流程图

2. 绘制问题 2 求解流程图。参考图 5.2。

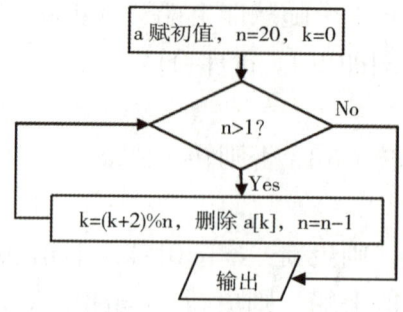

图 5.2　问题 2 流程图

3. 绘制问题 3 求解流程图。参考图 5.3。

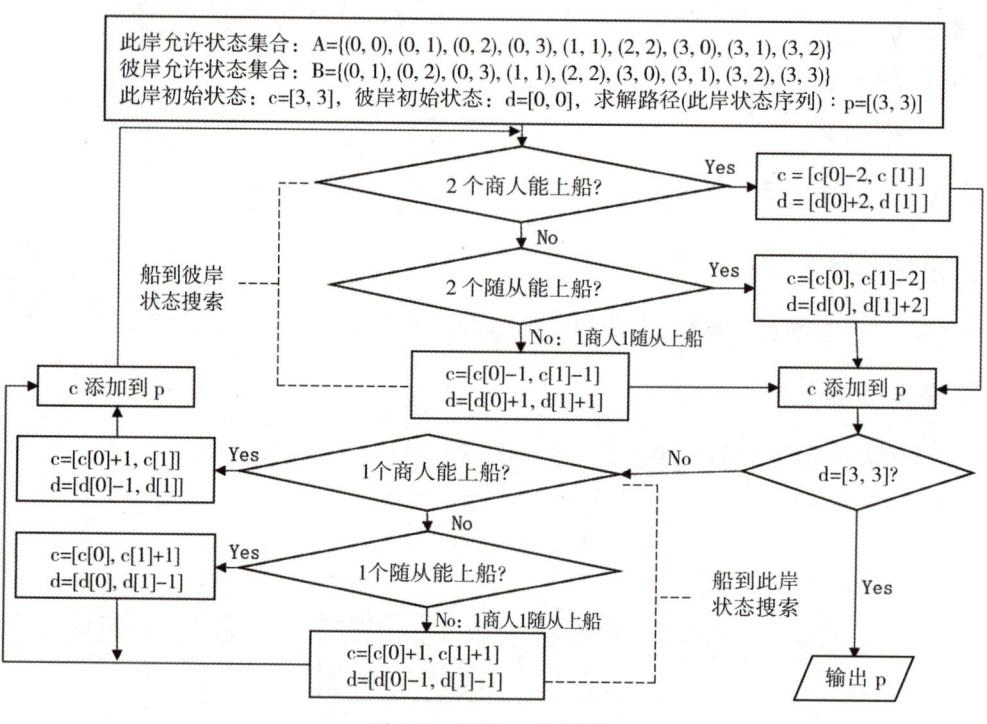

图 5.3　问题 3 流程图

任务 4　程序的编写与调试

【任务描述】

针对任务 2 所设计的三个算法，使用 Python 编写程序，添加代码注释，并完成程序的调试。

【操作步骤】

1. 问题 1 操作要点

（1）编写程序

单击 Windows "开始"菜单→所有应用→ Python3.10 → IDLE(Python3.10 64-bit)，打开 Python IDLE 交互式窗口，如图 5.4 所示。

注意： "3.10"是 Python 安装的版本信息，可能存在差异。

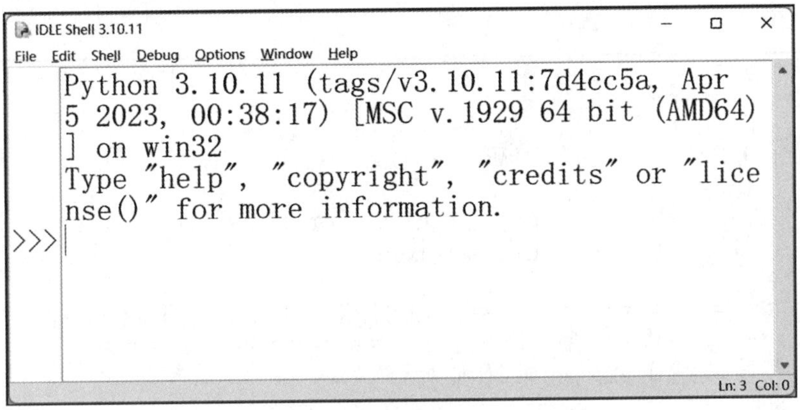

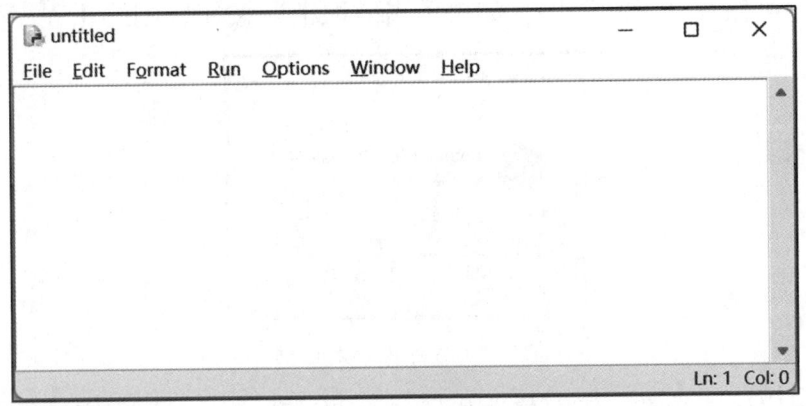

图 5.4　Python IDLE 交互式窗口

在 Python IDLE 交互式窗口中，单击"File"→"New File"命令（快捷键为 Ctrl+N），可打开 Python IDLE 文件式窗口，如图 5.5 所示。

图 5.5　Python IDLE 文件式窗口

在 Python IDLE 文件式窗口中，输入代码。

参考代码：

```
k=3  # 第 k 项
a=b=1  # 数列前二项
while k<11:  # 从第 3 项开始计算数列每一项，直到第 10 项
    a,b=b,a+b  # 更新第 k 项及其前一项
    k+=1  # 项数加 1
print(f" 斐波纳奇数列的第 10 项为 {b}")  # 输出数列第 10 项
```

（2）程序调试

在 Python IDLE 文件式窗口中，单击"Run"菜单的"Run Module"命令（快捷键为 F5），可调试程序，并在 Python IDLE 交互式窗口中显示程序执行结果。如图 5.6 所示。

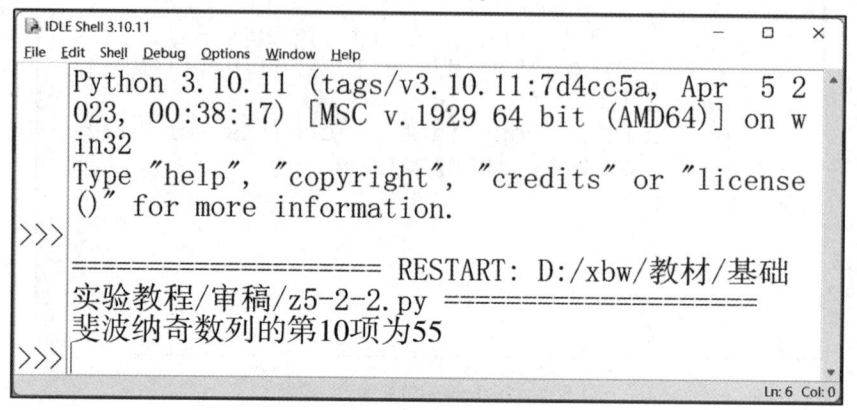

图 5.6　程序执行结果

注意：调试程序时会显示文件保存对话框（如图 5.7），单击对话框中的"确定"按钮即可保存并运行程序。如果单击"取消"按钮，则终止程序调试。

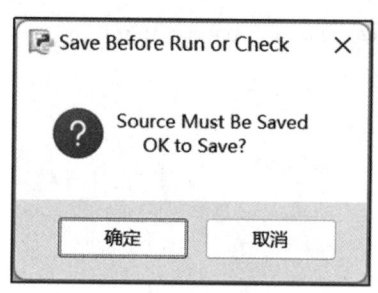

图 5.7　程序保存对话框

如果程序运行异常，需要修改代码，再调试程序，直到程序运行正确。

【特别提示】

程序调试正确后，在 Windows 资源管理器中双击调试完成的 Python 程序，即可运行。直接运行上面保存的程序，会发现看不到程序运行的结果。这是因为，程序已经运行完成，自动关闭了显示结果的窗口。为了看到程序运行的结果，需要在上述代码的最后添加一条语句"input(" 按回车键结束程序 ")"。

可以将完成调试的 Python 程序拷贝到其他电脑上运行。但目标电脑上必须正确配置 Python 运行环境（安装 Python IDLE 时选择 Path 设置选项）。

2. 问题 2 操作要点

（1）编写程序

利用 Python IDLE 文件式窗口新建程序，编写以下代码。

```
a=[0,1,2,3,4,5,6,7,8,9,10,11,12,13,14,15,16,17,18,19] # 列表存储编号
n=20  # 人数
k=0   # 开始报数位置
while n>1: #19 轮报数
    k=(k+2)%n # 需删除的编号位置
    n-=1 # 人数减 1
    del a[k] # 删除编号
print(a[0]) # 输出最后留下的编号
input( )  # 暂停，按回车键后终止程序
```

（2）调试程序

在 Python IDLE 文件式窗口编写代码后，按 F5 可调试程序。完成调试后，即可在 Windows 资源管理器中双击程序文件以运行程序。

3．问题 3 操作要点

（1）编写程序

利用 Python IDLE 文件式窗口新建程序，编写以下代码。

```
# 此岸允许状态集合
A={(0,0),(0,1),(0,2),(0,3),(1,1),(2,2),(3,0),(3,1),(3,2)}
# 彼岸允许状态集合
B={(0,1),(0,2),(0,3),(1,1),(2,2),(3,0),(3,1),(3,2),(3,3)}
c=[3,3] # 此岸状态
d=[0,0] # 彼岸状态
p=[(3,3)] # 求解路径（此岸状态序列）
while True: # 循环搜索状态序列
    # 船到彼岸
    if ((c[0]-2,c[1]) in A) and ((d[0]+2,d[1]) in B): #2 个商人上船
        c[0]-=2 # 更新此岸商人人数
        d[0]+=2 # 更新彼岸商人人数
    elif ((c[0],c[1]-2) in A) and ((d[0],d[1]+2) in B): #2 个随从上船
        c[1]-=2 # 更新此岸随从人数
        d[1]+=2 # 更新彼岸随从人数
    else: #1 个商人和 1 个随从上船
        c[0]-=1 # 更新此岸商人人数
        c[1]-=1 # 更新此岸随从人数
```

```
            d[0]+=1  # 更新彼岸商人人数
            d[1]+=1  # 更新彼岸随从人数
        p.append(tuple(c))  # 在路径中添加此岸状态
        if d==[3,3]:break
        # 船到此岸
        if ((d[0]-1,d[1]) in B) and ((c[0]+1,c[1]) in A):  #1 个商人上船
            c[0]+=1  # 更新此岸商人人数
            d[0]-=1  # 更新彼岸商人人数
        elif ((d[0],d[1]-1) in B) and ((c[0],c[1]+1) in A):  #1 个随从上船
            c[1]+=1  # 更新此岸随从人数
            d[1]-=1  # 更新彼岸随从人数
        else:  #1 个商人和 1 个随从上船
            c[0]+=1  # 更新此岸商人人数
            c[1]+=1  # 更新此岸随从人数
            d[0]-=1  # 更新彼岸商人人数
            d[1]-=1  # 更新彼岸随从人数
        p.append(tuple(c))  # 在路径中添加此岸状态
    print(p)  # 输出求解路径
    input( )  # 暂停，按回车键后终止程序
```

（2）调试程序

在 Python IDLE 文件式窗口编写代码后，按 F5 可调试程序。完成调试后，即可在 Windows 资源管理器中双击程序文件以运行程序。

说明：以上代码只能得到问题 3 的一个解。如果需要得到全部解，请读者自行修改代码。

任务 5　编写程序文档

【任务描述】

针对任务 4 的问题 3 所创建的程序，编写程序文档。

【文档参考】

1. 程序名称：商人过河问题求解。
2. 程序功能：给出问题的一个解（此岸状态序列）。
3. 运行环境

（1）操作系统：Windows 10 或以上。

（2）Python 开发环境：Python IDLE 3.10 或以上。

4. 程序的安装和启动

本程序无需安装，在 Windows 资源管理器中双击程序文件即可运行程序。

5. 注意事项

本程序运行时不需要输入任何数据，直接给出问题的一个解。在显示程序运行结果的窗口中，按回车键即可结束程序，关闭窗口。

在 Windows 命令行窗口使用 pip 命令（Python IDLE 自带命令）安装 pyinstaller（命令：pip install pyinstaller，需联网）后，即可将 Python 程序编译为 EXE 文件。该文件可脱离 Python 开发环境直接运行。

下面给出编译 Python 程序文件 C:\pythonStudy\myP01.py 的主要步骤：

（1）在 Windows 资源管理器中，右击 C:\pythonStudy 文件夹，再单击弹出菜单的"在终端中打开"命令。

（2）在弹出的窗口中输入：pyinstaller –c –D myP01.py。

其中"–c"表示程序运行时显示 Windows 控制台。"–D"表示将相关文件打包到一个目录中。如果只需要生成一个 exe 文件，可改为"–F"。

（3）如果编译成功，会自动生成 C:\pythonStudy\dist\myP01 文件夹，在该文件夹中会有已编译的文件 myP01.exe。

第二节　拓展性实验

任务 1　创建类

【任务描述】

创建一个等差数列类。要求：

1. 画出类的结构图（包括属性和方法）。
2. 创建 Python 程序 Arithmetic.py。将类的定义保存到该文件中。

【操作步骤】

1. 画出类的结构图

等差数列类主要包括以下成员（结构如图 5.8）：

（1）属性。主要有：首项、公差。

（2）方法。主要有：求第 n 项、求前 n 项的和。

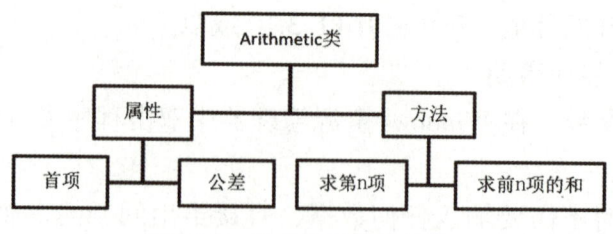

图 5.8 等差数列类的结构

2. 创建 Python 程序 Arithmetic.py

参考代码：

```
class Arithmetic( ): # 定义类
    def __init__(self,a=0,d=1): # 类的构造函数，创建对象时自动调用
        self.a=a   # 定义对象属性：首项
        self.d=d   # 定义对象属性：公差
    def getItem(self,n=1): # 定义对象方法：求第 n 项
        return self.a+(n-1)*self.d # 返回数列的第 n 项
    def sum(self,n=1): # 定义对象方法：求前 n 项的和
        return self.a*n+n*(n-1)*self.d/2 # 返回数列前 n 项的和
```

任务 2 数组操作

【任务描述】

1. 使用"冒泡排序"算法描述对数组 32，18，22，93，18，46，81，52，75，64，93，41，76 的递增排序过程。

2. 使用"折半查找"算法描述在上面已排序的数组中查找数据 56 的过程。

3. 在上述数组（未排序）中如何将 70 插入到第 5 个位置？

4. 在上述数组（未排序）中如何删除重复的数据（多个相同数据保留一个）？

【操作步骤】

1. 使用"冒泡排序"算法对数组排序

数组 32，18，22，93，18，46，81，52，75，64，93，41，76 递增排序过程：

（1）第 1 轮：18，22，32，18，46，81，52，75，64，93，41，76，93

（2）第 2 轮：18，22，18，32，46，52，75，64，81，41，76，93，93

（3）第 3 轮：18，18，22，32，46，52，64，75，41，76，81，93，93

（4）第 4 轮：18，18，22，32，46，52，64，41，75，76，81，93，93

（5）第 5 轮：18，18，22，32，46，52，41，64，75，76，81，93，93

（6）第 6 轮：18，18，22，32，46，41，52，64，75，76，81，93，93。

（7）第 7 轮：18，18，22，32，41，46，52，64，75，76，81，93，93。

（8）第 8 轮：无交换，排序完成。

2. 使用"折半查找"算法在已排序的数组中查找数据

在数组 a=[18，18，22，32，41，46，52，64，75，76，81，93，93] 中查找 56 的过程：

（1）数组 a 的第 7 个元素为中间元素，即 a[6]=52。

注意：数组 a 第 k 个元素是 a[k–1]。k=1，2，…。

（2）56>52，取数组 a 右半部分（a=[64，75，76，81，93，93]）继续查找。

（3）数组 a 的第 3 个元素为中间元素，即 a[2]=76。

（4）56<76，取数组 a 左半部分（a=[64，75]）继续查找。

（5）数组 a 的第 1 个元素为中间元素，即 a[0]=64。

（6）56<64，取数组 a 左半部分（a=[]）继续查找。a 为空，查找完成。56 不在原数组中。

3. 在数组指定位置插入元素

将 70 插入到数组 a=[32，18，22，93，18，46，81，52，75，64，93，41，76] 的第 5 个位置，过程如下：

（1）a[4] 及之后的元素后移。

（2）将 70 插入到数组：a[4]=70。

4. 删除数组中重复的数据

基本思路（设数组共有 n 个元素）：

（1）k=0（尝试从数组 a 中删除与 a[k] 重复的其他元素）。

（2）j=k+1（取 a[k] 之后的元素 j）。

（3）如果 j>n–1，转（6）。

（4）如果 a[j]=a[k]，数组 a 中删除 a[j]。

（5）j=j+1，转（3）。

（6）k=k+1。

（7）如果 k<n，转（2）。

（8）结束。

【特别提示】

1. 冒泡排序的原理：通过多轮遍历数列，每轮均对数组全部相邻元素进行比较，如果顺序错误就交换。直到没有交换，数列排序完成。

2. "折半查找"也称为"二分查找"，是一种在有序数组中查找特定元素的算法。基本思路是：

（1）选取数组中间的元素作为比较对象。

（2）如果要查找的元素与中间元素相等，返回该元素的位置。转（4）。

（3）如果要查找的元素小于中间元素，则在数组的左半部分继续查找，转（1）。否则，在数组的右半部分继续查找，转（1）。如果选择的数组部分为空，则表示数组中不存在要查找的元素，转（4）。

（4）结束。

3. Python 中可以利用列表存储一维数组。利用 Python 的内置函数即可实现列表的排序、查找、删除、插入等操作。

（1）列表排序

有两种方法可实现列表排序：

方法一：使用 sorted 函数。

示例：a=[32，18，22，93，18，46，81，52，75，64，93，41，76]，则 sorted(a) 的值为 a 升序排列后的列表。sorted(a,reverse=True) 的值为 a 降序排列后的列表。

方法二：使用列表的内置函数 sort。

示例：a=[32，18，22，93，18，46，81，52，75，64，93，41，76]，则 a.sort() 即可对列表 a 升序排序。a.sort(reverse=True) 即可对列表 a 降序排序。

（2）在列表中查找元素

使用"in"运算符可确定元素是否在列表中。

对于上述数组 a，表达式"46 in a"的值为 True，"88 in a"的值为 False。

使用列表的内置函数 index，可确定元素在列表中的位置索引。对于上述数组 a，a.index(22) 的值为 2。注意：如果元素 x 不在列表 a 中，则 a.index(x) 会触发异常。

（3）在列表中删除元素

列表有两个内置函数均可删除元素：

remove 函数：根据数据删除元素。例如，a.remove(81) 表示从列表 a 中删除数据为 81 的元素（如果有多个 81，则只删除左起第 1 次出现的数据）。

pop 函数：根据索引删除元素。例如，a.pop(3) 表示删除列表中索引为 3 的元素（即左起第 4 个元素）。

（4）将元素插入到列表

利用列表的内置函数 insert 可将元素插入列表。例如，a.insert(3,36) 表示在列表 a 的索引位置 3 插入数据 36。

任务 3　链表操作

【任务描述】

假定某双向链表的结点包括3个域：数据 d，父结点指针 p，子结点指针 c。链表如图 5.9。其中 h 为链表头结点指针，r 为链表尾结点指针。请描述以下操作的算法：

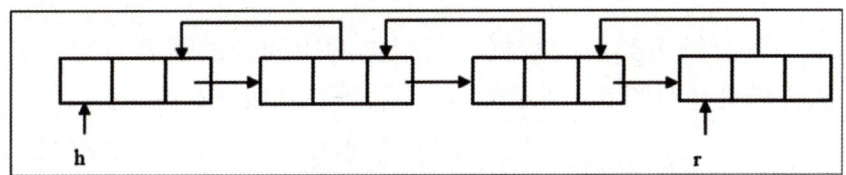

图 5.9　双向链表

1．在链表头插入结点（数据为 3）。
2．在链表尾插入结点（数据为 4）。
3．删除数据为 8 的结点。

【操作步骤】

1．在链表头插入结点
（1）创建结点：a。
（2）将结点 a 插入到链表头：a->p=null，a->c=h，h->p=a。
2．在链表尾插入结点
（1）创建结点：a。
（2）将结点 a 插入到链表尾：a->c=null，a->p=r，r->c=a。
3．删除数据为 8 的结点
有两种方法：
方法一，从头指针开始，向后搜索数据为 8 结点。
基本思路：
（1）搜索的开始结点：f=h。
（2）如果 f.d=8，则搜索成功，转（6）。
（3）f=f->c。
（4）if f=null，搜索失败，转（6）。
（5）转（2）。
（6）结束。
方法二，从尾指针开始，向前搜索数据为 8 结点。
基本思路：
（1）搜索的开始结点：f=r。

(2) 如果 f.d=8，则搜索成功，转（6）。

(3) f=f–>p。

(4) if f=null，搜索失败，转（6）。

(5) 转（2）。

(6) 结束。

【特别提示】

Python 中没有链表类型的数据，可根据解决问题的需要自定义链表类型。下面的示例代码是针对图 5.9 所示的双向链表编写的，仅作参考。

```
class Node(): #结点类
    def __init__(self,data): #创建结点时自动调用，需传入数据
        self.data=data #定义类属性 data，保存结点数据
        self.p=None #父结点
        self.c=None #子结点

class Link(): #链表类
    def __init__(self):
        self.h=None #链表的头结点
        self.r=None #链表的尾结点
    def add_h(self,data): #在链表头添加结点
        x=Node(data) #创建数据为 data 的结点
        x.c=self.h #链表头结点是 x 的子结点
        if self.h:self.h.p=x #链表非空时，链表头结点的父结点是 x
        else:self.r=x #链表为空时，链表尾结点是 x
        self.h=x #更新链表头结点
    def add_r(self,data): #在链表尾添加结点
        x=Node(data) #创建数据为 data 的结点
        x.p=self.r #x 的父结点是链表尾结点
        if self.r:self.r.c=x #链表非空时，链表尾结点的子结点是 x
        else:self.h=x #链表为空时，链表头结点是 x
        self.r=x #更新链表尾结点
    def find(self,data): #查询值为 data 的结点
        f=self.h #从头结点开始查询
        while f: #当存在结点时
```

```
            if f.data==data:return f  #找到结点，返回该结点
            f=f.c  #f.data 不是要查找的结点数据，继续从子结点中查找
        return None  #循环完成，未找到结点
    def remove(self,data):  #删除结点
        f=self.find(data)  #查找数据为 data 的结点
        if f:  #找到结点
            if f.p:f.p.c=f.c  #f 存在父结点时，f 父结点的子结点是 f.c
            else:self.h=f.c  #f 不存在父结点时，链表头结点是 f.c
            if f.c:f.c.p=f.p  #f 存在子结点时，f 子结点的父结点是 f.p
    def size(self):  #返回链表长度
        n=0
        f=self.h  #从头结点开始计数
        while f:  #f 是结点
            n+=1  #结点数加 1
            f=f.c  #取 f 的子结点
        return n
```

思考题

一、单项选择题

1. 程序是用计算机语言编写的（　　）的集合。

   A．算法　　　　　　　　　　　B．指令序列

   C．规则　　　　　　　　　　　D．数据结构

2. 在设计程序时要综合运用算法、数据结构、程序设计方法和（　　）。

   A．语言工具　　　　　　　　　B．流程图

   C．人工智能　　　　　　　　　D．编译器

3. 程序设计的基本步骤不包括（　　）。

   A．分析问题，建立数学模型　　B．设计算法

   C．编写、调试程序　　　　　　D．程序维护

4. 软件开发经历了程序设计阶段、软件设计阶段和（　　）的演变过程。

   A．需求分析阶段　　　　　　　B．程序调试阶段

   C．软件工程阶段　　　　　　　D．文档编写阶段

5. 软件工程的目标是在给定成本、进度的前提下，开发出具有适用性、有效性、可修改性、可靠性、可维护性、可重用性、可移植性、（　　）和满足用

户需求的产品。

    A. 可互操作性　　　　　　　　　B. 强壮性

    C. 友好、优化　　　　　　　　　D. 普遍性

6. 软件生命周期是指从形成开发软件概念起，使用直到（　　　）为止的过程。

    A. 正式通过调试　　　　　　　　B. 结清全部开发费用

    C. 失去使用价值消亡　　　　　　D. 需要更新升级

7. 软件工程瀑布模型说明整个开发过程是（　　　）。

    A. 迭代进行的　　　　　　　　　B. 顺序进行的

    C. 分阶段进行的　　　　　　　　D. 分模块进行的

8. 结构化程序的基本结构不包括（　　　）。

    A. 顺序结构　　　　　　　　　　B. 选择结构

    C. 循环结构　　　　　　　　　　D. 嵌套结构

9. 面向对象程序设计中，对象之间的协作机制称为（　　　）。

    A. 函数　　　　B. 方法　　　　C. 消息　　　　D. 属性

10. （　　　）机制不仅增加了面向对象软件系统的灵活性，而且显著提高了软件的可扩展性和重用性。

    A. 继承　　　　B. 多态性　　　C. 事件　　　　D. 封装

11. 属于程序设计低级语言的是（　　　）。

    A. 汇编语言　　　　　　　　　　B. C语言

    C. JAVA语言　　　　　　　　　　D. Python语言

12. 下面有关算法的描述中错误的是（　　　）。

    A. 算法就是解决问题的步骤和方法

    B. 对数值运算的算法比较成熟

    C. 解决同一问题往往有多种算法

    D. 算法主要是为了解决数值问题

13. 评价算法的指标是（　　　）。

    A. 正确性、可读性、健壮性、有效性

    B. 正确性、可读性、健壮性、有限性

    C. 正确性、可读性、健壮性、效率

    D. 确定性、可读性、健壮性、效率

14. 使用传统流程图描述算法时，用作判断框的是（　　　）。

    A. 矩形　　　　　　　　　　　　B. 菱形

    C. 平行四边形　　　　　　　　　D. 圆角矩形

15. N-S流程图的基本结构有（　　　）。

A．顺序结构、选择结构、循环结构

B．矩形框、线段、文字

C．输入输出框、判断框、处理框

D．矩形、菱形、流程线

16．算法的描述方式有（　　）。

A．自然语言、流程图

B．自然语言、传统流程图、N-S 结构化流程图

C．自然语言、传统流程图、N-S 结构化流程图、伪代码

D．自然语言、传统流程图、N-S 结构化流程图、伪代码、程序设计语言

17．常用的数据存储结构有（　　）。

A．变量、数组、链表

B．连续存储结构、分散存储结构

C．顺序结构、链式结构和散列结构

D．顺序结构、分支结构和循环结构

18．假定数组 a 的数据依次为 3，2，1，4，则 a[0] 的值为（　　）。

A．3　　　　　　B．2　　　　　　C．1　　　　　　D．4

19．下面对数组的描述中，错误的是（　　）。

A．数组中各元素按逻辑顺序依次存储

B．数组元素所占的存储空间是连续的

C．所有数组元素具有相同的数据类型

D．不能直接读写数组元素

20．冒泡法排序的基本思路是：通过多轮遍历数列，每轮（　　），如果顺序错误就交换。直到没有交换，数列排序完成。

A．求出数列剩余元素的最小值

B．均对数组全部相邻元素进行比较

C．数组的第一个元素分别与其后的元素比较

D．数组的每个元素分别与其左侧的元素比较

二、填空题

1．软件生命周期一般包括以下阶段：软件计划与可行性研究、需求分析、软件设计、编码、软件测试和_____。

2．结构化程序的选择结构又称_____。

3．面向对象程序设计中，类是具有相同属性和_____的对象集合。

4．_____是面向对象技术中一种实现代码重用、提高软件开发

效率的有效途径。

5. 算法基本特征：有穷性、确定性、有效性、不一定有输入、_____。

6. 使用传统流程图表示分支结构和循环结构都使用的图框是_____。

7. 数据结构研究的内容主要包括数据的逻辑结构、存储结构及其_____。

8. 链表由结点组成。每个结点包含用于存储数据元素的变量和用于存储指向其他结点的_____。

9. 采用_____算法在链表中查找数据。

10. 链表中的数据之间的关系可以是线性结构、树形结构和_____。

三、操作题

1. 给出求解以下问题的数字模型，用流程图描述算法，使用 Python 编写代码，并编写程序文档。

问题：假定井深 30 尺。井底有一只青蛙，每跳高 3 尺就下滑 2 尺。青蛙至少需跳几次才能跳出井口？

2. 使用 Python 创建一个名为 Series 的数列类。要求：能够根据数列通项公式创建对象，并调用对象方法 item 得到数列的第 n 项，调用对象方法 sum 得到数列前 n 项的和。

创建对象示例代码：

s=Series("n**2+3*n-2") # 根据通项公式 $a(n)=n^2+3n-2$ 创建 Series 对象

a=s.item(3) # 得到数列第 3 项

b=s.sum(5) # 得到数列前 5 项的和

print(a,b) # 输出 a，b 的值

3. 如何从一维数组中选择全部未重复的元素？请给出算法描述并使用 Python 编写代码实现。

4. 写出使用冒泡排序法对链表递减排序的算法，并画出流程图。

附录　思考题参考答案

第一章　Windows 10 操作系统应用

一、不定项选择题

1．D　　2．ABCD　　3．B　　4．C　　5．ABCD　　6．ABD　　7．AD
8．BD　　9．CD　　10．D　　11．BC　　12．AB　　13．CD　　14．ABD

二、填空题

1．打开资源管理器　　2．在任务管理器中结束任务或终止进程
3．Shift　　4．"网络"和"计算机"　　5．Shift　　6．"查看"

三、操作题

1．默认情况下，按下机箱电源按钮的操作是关机。如需修改设置，可按以下步骤进行：

——右击"开始"菜单。

——单击弹出菜单的"电源选项"。

——在弹出的窗口中，单击"其他电源设置"。

——在弹出的"电源选项"窗口中单击"选择电源按钮的功能"。

——在弹出的窗口中（如图6.1），从"按电源按钮时"右侧的列表中选择"关闭显示器"。

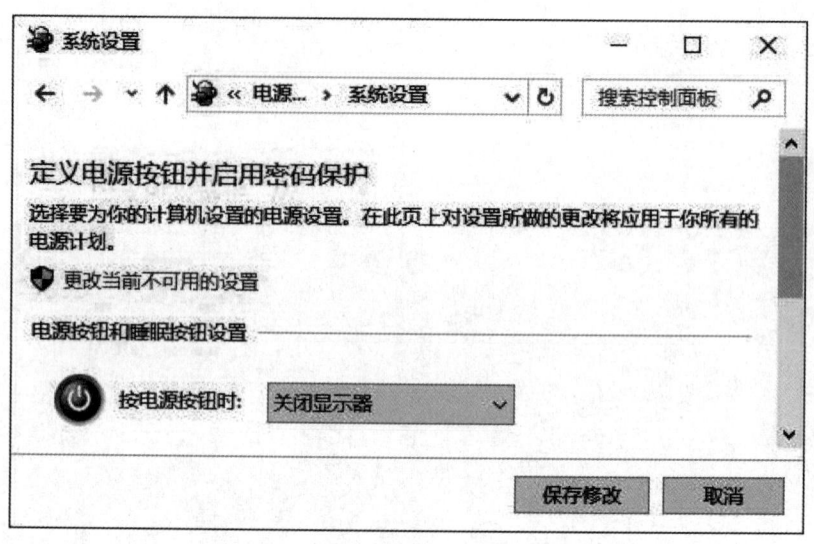

图 6.1 "开始菜单属性"设置窗口

2．某台计算机上安装的打印机可为局域网内其他计算机使用，设置方法是：

——在 Windows 桌面上右击"网络"图标。

——单击弹出菜单的"属性"命令。

——在弹出的窗口中，单击"更改高级共享设置"命令（在窗口左上部）。

——选择"启用文件和打印机共享"和"关闭密码保护共享"选项。

——单击"保存修改"按钮，关闭窗口。

3．正在运行的程序在任务栏上显示其图标。右击该图标，再单击弹出菜单的"将此程序锁定到任务栏"命令，即可将其锁定到 Windows 的任务栏。

4．删除 Windows 桌面上的"计算机"图标后，可按以下步骤恢复：

——右击 Windows 桌面空白区域。

——单击弹出菜单的"个性化"命令。

——单击屏幕左侧"主题"。

——单击屏幕右侧"桌面图标设置"。

——在弹出的"桌面图标设置"窗口（如图 6.2）中，选择"计算机"选项。

——单击"确定"按钮。

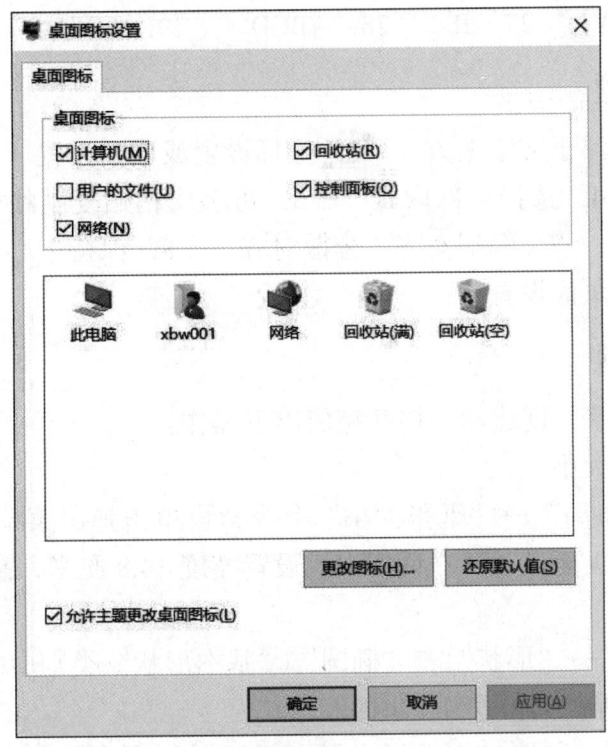

图 6.2 "桌面图标设置"窗口

5. 更改计算机主题的操作步骤为：

——右击 Windows 桌面空白区域。

——单击弹出菜单的"个性化"命令。

——在弹出的窗口中，选择需要设置的主题即可。

设置屏幕分辨率的步骤为：

——在上面打开的窗口中，单击"显示"命令（在窗口左下部）。

——单击新窗口中的"调整分辨率"命令（在窗口左上部）。

——在"分辨率"右侧的下拉列表中选择需设置的分辨率。

——单击"确定"按钮。

第二章　WPS 文字处理

一、不定项选择题

1. ABC　　2. ACD　　3. B　　4. ABD　　5. A　　6. ABCD
7. ABCD　8. ABCD　9. ABCD　10. ABC　11. D　　12. D
13. ACD　14. ABCD　15. ABCD　16. A　　17. C　　18. ABC
19. ABCD　20. ABCD　21. BCD　22. D　　23. ABCD　24. ACD

25．BD 26．A 27．B 28．ABCD 29．ABCD

二、填空题

1．嵌入型 浮于文字上方 2．上标设置或取消设置 插入换行符
3．复制形状 4．选择全部内容 5．可多次粘贴复制的格式 6．首行缩进 悬挂缩进 7．两端对齐 分散对齐 8．保持中心不变缩放形状
9．文档按节进行页面设置

三、操作题

打开 WPS 文字，创建新文档并完成以下操作：

1．设置纸张大小

单击"页面布局"→"纸张大小"命令，再单击弹出菜单项"其他页面大小"。在弹出的"页面设置"对话框中，设置宽度 14.8 厘米，高度 10 厘米。

2．绘制图章

单击"插入"→"形状"→"椭圆"（"基本形状"类别中的第三个），按下 Shift 键在文档中画出一个适当大小的圆。

右击绘制的圆，再单击弹出菜单的"设置对象格式"命令。在弹出的窗口中，"填充"选择"无填充颜色"，"线条"设置为"粗细 6 磅"，复合类型选择"由粗到细"，颜色深红（R=192，G=B=0）（效果参考图 6.3 左一）。

图 6.3　图章设计效果

设计图章内文字。单击"插入"→"艺术字"命令。在弹出的艺术字样式列表中单击第一行第二个选项，在艺术字输入框输入程序设计组委会。字体颜色设置为深红。

选择艺术字后，单击"文本工具"→"文本效果"命令。单击弹出菜单的"转换"→"圆"命令（"跟随路径"第三个），拖动艺术字四角或边线适当调整、旋转（效果如图 6.3 左二）。将艺术字与圆组合。

绘制五角星。单击"插入"→"形状"命令。单击弹出列表项"五角星"命令（"星与旗帜"类别第四个），在文档中画出一个适当大小的五角星。设置五角星"无轮廓"，"深红"单色填充。将五角星移到圆上并组合，效果如图 6.3

右一。

3. 证书图片的设计

通过百度，找到一幅证书图片，再利用 PhotoShop 进行编辑，得到证书图片，将证书图片插入到文档中。效果如图 6.4 所示。

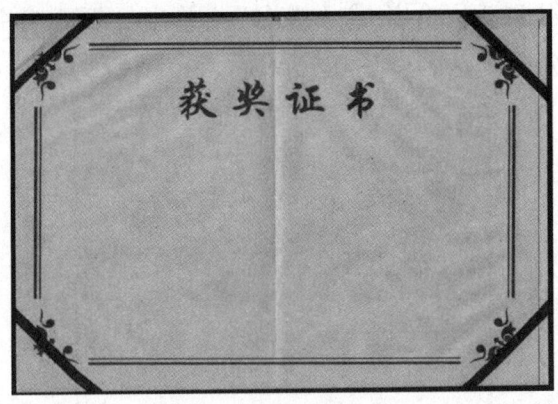

图 6.4　证书图片效果

4. 创建数据源

按 Win+E 打开资源管理器，创建文本文档 D:\data.txt，在文档中输入以下内容（注意逗号为半角逗号）：

姓名,获奖名次

赵少兵,三

钱伟,二

孙立华,二

李公仆,一

周四海,三

5. 编辑文本

输入全部信函的公共文本，并设置适当的字体和字号，效果如图 6.5 所示。

图 6.5　输入文本后的效果

6. 按数据源记录生成每个人的证书

单击"引用"→"邮件"命令,打开"邮件合并"选项卡。在该选项卡中:单击"打开数据源"命令,在弹出的窗口中选择前面创建的数据源文件D:\data.txt。

在"同学"文本前插入合并域"姓名"(单击"插入合并域",在弹出的窗口的"域"列表中选择"姓名"后单击"插入"按钮,如图6.6)。

图6.6 "插入域"对话框

单击"查看合并数据"后,插入的合并域会显示第一条记录的信息。单击"合并到新文档"命令,在弹出的对话框中(如图6.7)单击"确定"按钮即可生成包含全部信函的新文档,保存该文档即可。

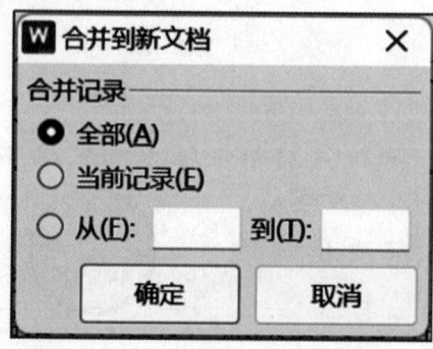

图6.7 "合并到新文档"对话框

第三章　WPS表格处理

一、不定项选择题

1. B　　2. C　　3. D　　4. D　　5. A　　6. B　　7. ABCD
8. C　　9. A　　10. C　　11. B　　12. ABCD　　13. A　　14. ABCD
15. ABCD　　16. D　　17. ABC　　18. A　　19. C　　20. ABCD
21. D　　22. ABCD　　23. AB　　24. AB　　25. D　　26. AC　　27. C
28. AB　　29. B

二、填空题

1. .et　　2. 1　　3. 6 6　　4. 先输入半角符号"'"，再输入身份证号码（或将单元格格式设置为"文本"后，再输入身份证号码；或先输入"="，再在一对引号中输入身份证号码）　先输入半角符号"'"，再输入分数（或将单元格格式设置为"分数"后，再输入分数）　5. 右对齐　6. 分类（或排序）
7. "百分比"　　8. 单击"数据"选项卡中"删除重复项"命令　　9. 二
10. =COUNTIF（A:A,"*会计*"）　　11. 条件字段　条件表达式　　12. 数据有效性　　13. 条件格式　　14. 图表空白区域　　15. 班级

三、操作题

1. 随机生成销售量数据

——选择单元格区域：D4:G10

——输入公式 =INT(RAND()*81)+10。

——按键 Ctrl+Shift+Enter。

说明：公式中使用随机函数 RAND 后，任何单元格数据的变化均会使公式中的 RAND 函数重新产生随机数。为了避免在修改数据的过程中销售量数据不断变化，建议先在其他单元格区域产生随机数，再将其复制后粘贴（"选择性粘贴"→"值"）到 D4:G10 区域。

2. 由公式填充"星级"列

——在 H4 单元格输入公式：=REPT(" ★ ",COUNTIF(D4:G4,">75"))。

——向下拖 H4 单元格的填充柄，至 H10 松开鼠标。

3. 表格线的绘制：从略。

第四章　WPS 演示文稿

一、不定项选择题

1. A　2. ABCD　3. ABC　4. ABCD　5. ABCD　6. ABCD
7. ABCD　8. BD　9. ABCD　10. ABCD　11. ABCD　12. ABC
13. ABC　14. ACD　15. ABCD　16. ABCD　17. CD
18. ABCD　19. ABD　20. ACD

二、填空题

1. 标题幻灯片　2. 空白　3. 重置　4. 新建幻灯片　5. 备注页阅读视图　6. 讲义母版　备注母版　7. 鼠标移过　8. 在上一动画之后使用触发器　9. 插入　10. 退出动画　动作路径

三、操作题

播放背景音乐设置要点：

1. 选择第一张幻灯片。
2. 单击"插入"选项卡的"音频"→"嵌入背景音乐"命令。
3. 在弹出的窗口中选择音频文件。
4. 在"音频工具"选项卡（如图 6.8）中进行相关设置。

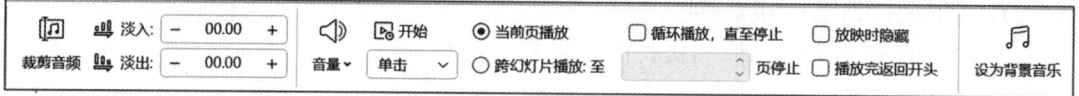

图 6.8　音频工具选项

其他设置从略。

第五章　程序设计基础

一．单项选择题

1. B　2. A　3. D　4. C　5. A　6. C　7. A　8. D
9. C　10. B　11. A　12. D　13. C　14. B　15. A
16. D　17. C　18. A　19. D　20. B

二、填空题

1. 运行维护　2. 分支结构　3. 行为　4. 继承　5. 有输出

6．判断框　　7．操作　　8．指针　　9．顺序查找　　10．网状结构

三、操作题

1．操作要点

——分析问题、创建数学模型

设青蛙跳第 k 次后的高度为 h，则当 h<30 时，青蛙下滑 2 尺再跳第 k+1 次，这时高度 h=h+1（下滑 2 尺跳 3 尺，实际增加高度 1 尺）。

一般地，设井深 H 尺，青蛙每次跳 a 尺下滑 b 尺（a>b），青蛙跳第 k 次后的高度为 h，则青蛙跳第 k+1 次后高度 h=h+a−b。当 h<H 时，青蛙所在高度可通过 h=h+a−b 递推，直到 h≥H。

——算法描述

数据初始化：k=1，h=a。

当 h<H 时，h=h+a−b，k=k+1。依此递推，直到 h≥H。执行流程如图 6.9 所示。

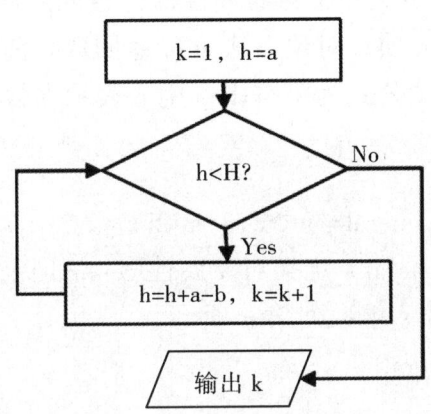

图 6.9　青蛙跳出井口流程图

——Python 参考代码

```
def count(H=30,a=3,b=2):
    #井深 H 尺，青蛙每跳 a 尺下滑 b 尺。青蛙跳出井需多少次？
    k=1
    h=a
    d=a-b
    while h<H:
        h=h+d
        k=k+1
    return k
```

```
s=input(" 输入井深，青蛙跳的高度，青蛙下滑高度："）
H,a,b=eval(s)
print(f" 青蛙需 {count(H,a,b)} 次跳出井口 ")
input(" 暂停，按回车键结束…")
```

——程序文档（参考）

程序名称：青蛙跳出井口问题求解

程序功能：输入井深、青蛙跳的高度和下滑高度，给出青蛙出井需跳的次数。

运行环境：Windows 10 或以上；Python IDLE 3.10 或以上。

程序的安装和启动：本程序无需安装，双击程序文件即可运行程序。

注意事项：本程序未处理输入数据的异常。如果输入字符等无效数据，可能造成程序终止。

2．根据题意，需要定义一个对象属性保存数列的通项公式；需要定义对象方法 item 返回数列的第 n 项；对象方法 sum 返回数列前 n 项的和。

参考代码：（注意通项公式为字符串，用 n 表示项数）

```
class Series():
    def __init__(self,general="n**2+3*n-2"):
        self.general=general # 定义对象属性 general 保存数列通项公式
    def item(self,n=1): # 求数列第 n 项
        v=eval(self.general)
        return v
    def sum(self,n=1): # 求数列前 n 项的和
        s=0
        k=0
        while k<n: # 逐项加到和 s 中
            s+=self.item(k)
            k+=1
        return s
```

3．从一维数组中选择全部未重复元素的基本思路是：

从数组 a 的第一个元素 a[0] 开始，逐一与数组中除本身外的元素比较，如果不存在与 a[0] 相同的元素，则将其添加到数组 b 中。如此重复，直到全部比较完成。假定数组元素个数为 n，流程图参考图 6.10。

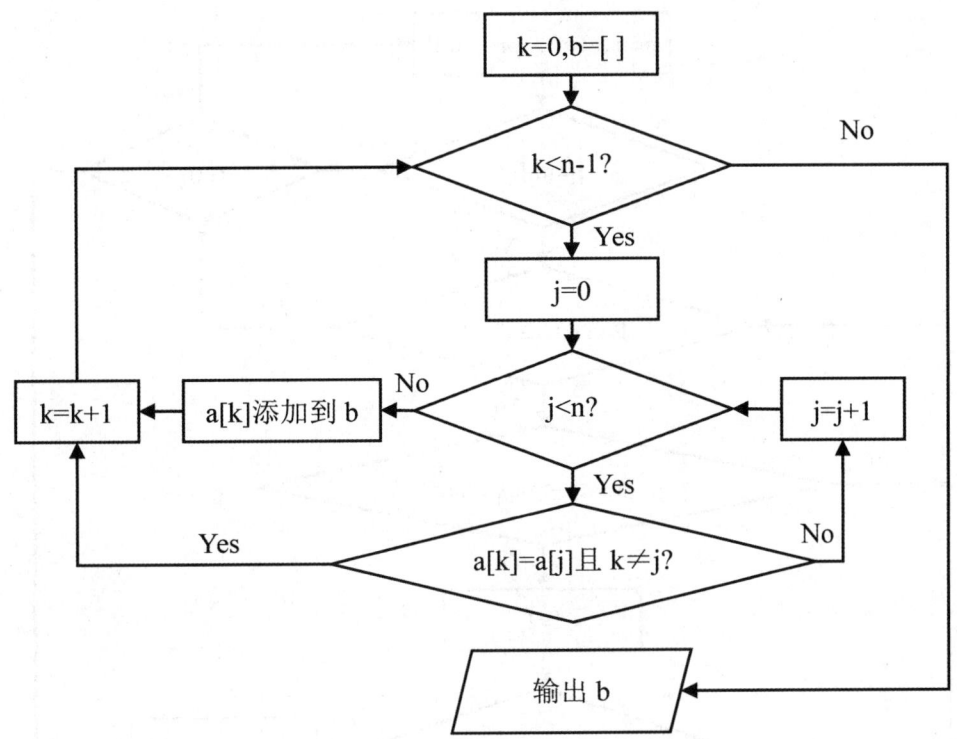

图 6.10 从数组中选择未重复元素的流程图

在 Python 中,可利用列表存储一维数组,直接利用列表递推式选择未重复的元素。参考代码如下所示。

```
s=input(" 输入数组全部元素：")
a=eval(s) # 将输入的数值序列转换为元组
a=[str(k) for k in a if a.count(k)==1] # 从元组中筛选出未重复的数值
print(" 未重复的元素有：",",".join(a))
```

说明：代码中未对输入无效数据进行处理。str(k) 表示将数值 k 转换为字符串,以方便使用字符串的内置函数 join 将列表的元素连接成字符串。",".join(a) 的作用是,用字符 "," 将列表的元素（必须是字符串）连接成字符串。

4．利用冒泡排序法对链表递减排序

设链表的头指针为 h,结点的指针域为 next（存储下一个结点的指针）,数据域为 data,利用冒泡排序法对链表递减排序的基本思路是：从 h 开始,每个结点与其后续结点比较数据,数据顺序错误则交换结点。一轮结束后再重复上述步骤进行下轮比较,直到没有结点交换为止。流程如图 6.11（其中 f 标记一轮是否有交换,prv 为指针,指向 p 的父结点）。

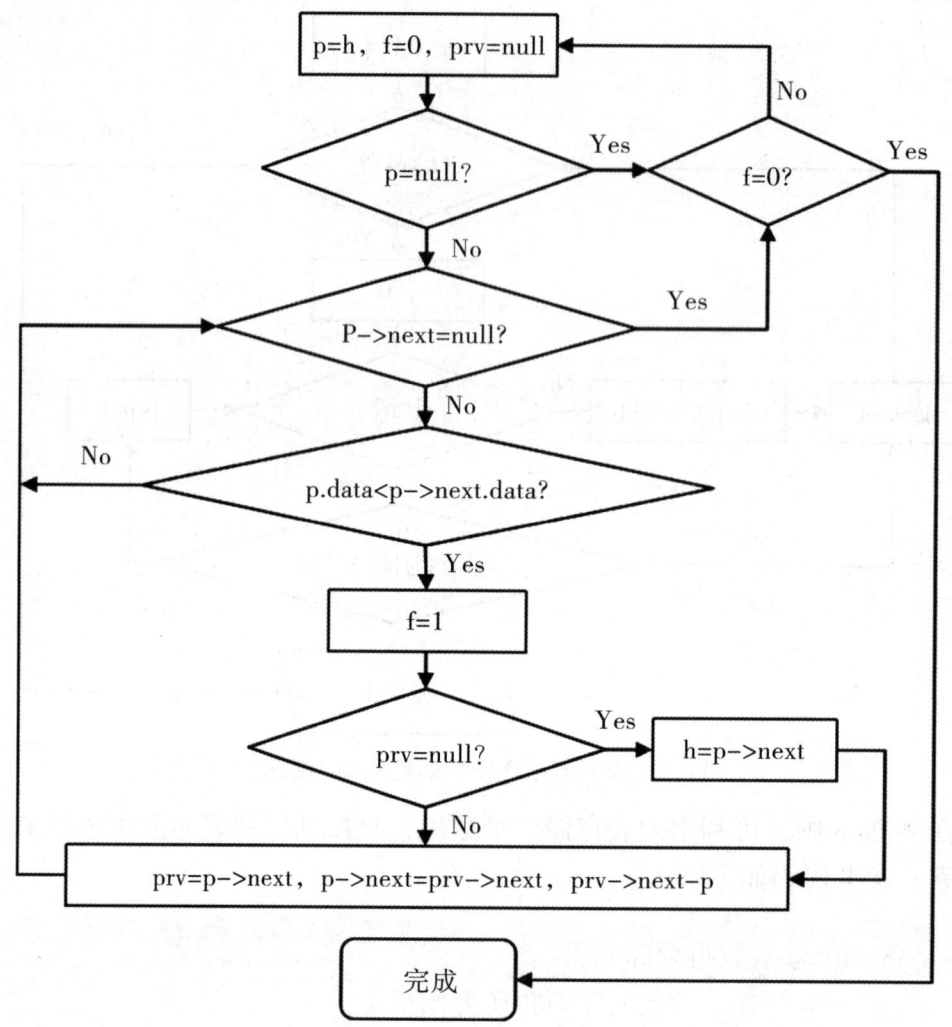

图 6.11 冒泡法对链表递减排序流程图

ISBN 978-7-5754-0236-1

定价：36.00元